# 人工智能的另一面

## AI时代的社会挑战与解决方案

[美] 大卫·巴恩西泽（David Barnhizer） 著
[美] 丹尼尔·巴恩西泽（Daniel Barnhizer）

郝英好 译

## The Artificial Intelligence Contagion

© David Barnhizer, The Artifical Intelligence Contagion, ISBN 978-0-9998747-7-6

First Published in English by Clarity Press, Inc., Atlanta in 2019
https://www.claritypress.com
The work has been edited by Publishing House of Electronics Industry to conform to China's evolving social standards.

The simplified Chinese Translation rights arranged through Rightol Media.
本书中文简体版权经由锐拓传媒取得，Email: Copyright@rightol.com

版权贸易合同登记号　图字：01-2020-3247

图书在版编目（CIP）数据

人工智能的另一面：AI 时代的社会挑战与解决方案 /（美）大卫·巴恩西泽（David Barnhizer），（美）丹尼尔·巴恩西泽（Daniel Barnhizer）著；郝英好译 . —北京：电子工业出版社，2020.8
书名原文：The Artificial Intelligence Contagion
ISBN 978-7-121-39382-2

Ⅰ．①人… Ⅱ．①大… ②丹… ③郝… Ⅲ．①人工智能 Ⅳ．① TP18

中国版本图书馆 CIP 数据核字（2020）第 148995 号

责任编辑：李　洁
印　　刷：三河市鑫金马印装有限公司
装　　订：三河市鑫金马印装有限公司
出版发行：电子工业出版社
　　　　　北京市海淀区万寿路 173 信箱　邮编：100036
开　　本：720×1000　1/16　印张：19　字数：280 千字
版　　次：2020 年 8 月第 1 版
印　　次：2020 年 8 月第 1 次印刷
定　　价：88.00 元

凡所购买电子工业出版社图书有缺损问题，请向购买书店调换。若书店售缺，请与本社发行部联系，联系及邮购电话：（010）88254888，88258888。
质量投诉请发邮件至 zlts@phei.com.cn，盗版侵权举报请发邮件至 dbqq@phei.com.cn。
本书咨询联系方式：lijie@phei.com.cn。

## 推荐语

在人工智能（AI）开发的热潮中，我们看到了人类的自傲。我们沉迷于人工智能的强大功能，却有可能忽视了其给人类带来的其他挑战。大卫·巴恩西泽和丹尼尔·巴恩西泽巧妙地带领读者感受人工智能带来的社会挑战，并提供了相关解决方案，使人类在AI蓬勃发展的时代能够主动出击。

——肯尼思·A.格雷迪（Kenneth A. Grady）
Elevate Services公司、MDR Lab及LARI公司咨询委员会成员

我们需要清醒地看待人工智能对社会、经济、人口就业及全人类的深远影响。对于任何试图理解即将到来的变革时代的人们来说，人工智能的蓬勃发展无疑是一个风向标。

——大卫·库珀（David Cooper）
Massive Designs公司总裁兼技术专家

# 目录

**第一部分**

## 人工智能：前所未有的变革

| | | |
|---|---|---|
| 第1章 | 善、恶、丑 | 002 |
| 第2章 | 变革：快速、全面、势不可当 | 013 |
| 第3章 | 专家对人类失业形势的预测 | 019 |
| 第4章 | 与我们一样，抑或更好 | 029 |

**第二部分**

## 人工智能/机器人技术正在影响着全球经济、社会等方面

| | | |
|---|---|---|
| 第5章 | 人工智能导致的失业并非创造性毁灭和经济复兴的循环 | 036 |
| 第6章 | 人工智能/机器人技术和经济生产力与创造就业的大脱钩 | 041 |
| 第7章 | 人工智能/机器人技术与支离破碎的社会秩序 | 045 |
| 第8章 | 生产力与劳动力需求脱节的社会代价 | 053 |
| 第9章 | 我们的孩子失业后还能做些什么？从社会、经济的阶梯上滑落 | 057 |

第 10 章　不断变化的就业市场中的赢家和输家　　068

第 11 章　未来最需要的技能　　086

第 12 章　年龄诅咒成为新的"人口炸弹"　　094

第 13 章　6 个案例研究　　105

第 14 章　如果没有人工作，谁来购买商品和服务　　127

## 第三部分

## 人工智能是什么？它对我们有什么影响？

第 15 章　人工智能系统：基本概念　　136

第 16 章　人工智能系统是否会对人类的生存构成威胁　　146

第 17 章　先进的人工智能/机器人系统将如何看待人类　　151

第 18 章　人工智能技术的变异效应　　155

## 第四部分

## 现有的经济和社会生态系统

第 19 章　收集一切，了解一切，利用一切　　162

第 20 章　人工智能驱动互联网给社会带来的破坏性后果　　169

第 21 章　拆分谷歌、亚马逊和脸书　　174

## 第五部分
## 向解决方案迈进

| | | |
|---|---|---|
| 第22章 | 具有创新性的收支策略 | 192 |
| 第23章 | 政府注资：在人工智能/机器人驱动的经济形势下保持稳定性的策略 | 203 |
| 第24章 | 西方的全民基本收入（UBI）：解决方案还是灾难 | 209 |
| 第25章 | 美国的政府工作和私营部门的工作津贴 | 221 |
| 第26章 | 行动，刻不容缓 | 229 |
| 尾注 | | 235 |
| 致谢 | | 287 |
| 作者简介 | | 289 |
| 译者的话 | | 293 |

Part 1　　第一部分

人工智能：
前所未有的变革

# 第1章
## 善、恶、丑

英国科学协会主席吉姆·阿勒哈利:"有人曾问我这样一个问题,对于人类的未来而言,我们最迫切需要探讨的重要问题是什么?之前我已经提到过气候变化、恐怖主义、抗生素耐药性、流行病威胁或世界贫困人口等问题。但在今天,我确信我们更应当重点关注人工智能的未来,它将成为决定所有其他问题好坏的主导因素。"[1]

撰写本书,并不是说书中描述的内容会以某种方式或者在某个时间点发生。与任何试图感知人类未来的其他人一样,我们无法对任何的确定性负责。关于我们正在创造的"事物",麻省理工学院(MIT)的人工智能研究人员描述了我们在理解此类事物时所面临的困境:"我们能够理解规模较小的神经网络(深度学习算法),但是,当它扩大为每层包含数千个单位的上百层神经网络时,其理解难度将大幅提升。"[2]

人工智能正渗透到人类社会的各个方面,并保持着快速发展的趋势。在数据管理和解决问题方面,人工智能系统实现了远超出人类能力范围的惊人突破。人工智能/机器人系统有助于创造经济效益,大幅降低生产经营活动中的操作和人工成本。通过植入物、附加物和其他方式,人体增强技术正在全球范围内迅速扩张，从而实现人工智能与机器人技术的融合。

例如，许多瑞典人通过在皮下植入计算机芯片以便与人工智能应用程序更好地交互，他们认为这样更方便，且能够提升生活质量。英国公司BioTeq已经为150名员工完成芯片移植，而提供此项技术的瑞典公司Biohax已经与多家英国公司进行谈判，共同商讨为员工植入微型芯片的事宜，其中一家公司的员工人数多达190 000人。[3]

英国工会大会（TUC）对这种发展趋势以及员工是否会接受芯片植入感到担忧。工会大会总书记弗朗斯·奥格雷迪表示："据我们所知，员工对雇主利用技术进行控制和微观管理感到十分担忧，因为此举将削弱员工的隐私权。微型芯片跟踪技术将赋予老板更多的控制权。这项技术存在明显的风险，雇主不能无视这些风险或强迫员工植入芯片。"[4]

不可否认的是，人工智能、机器人系统正在发挥神奇的作用。这类例子不胜枚举。在人工智能（AI）的支持下，机器人医生可对大脑、眼睛、前列腺系统和其他病症进行精准高效的手术操作，其效果优于大多数人类医生。麻省理工学院（MIT）开发了一款3D打印机，可在24小时之内以低廉的造价"打印"出一栋400平方英尺的住房，这为解决灾区和贫困地区的住房问题带来了巨大的希望。美国陆军正在开发的外骨骼机器人系统将大幅提升士兵的体能和生存能力。对于不得不依靠轮椅活动的人群来说，这套系统一旦改装为民用系统，将迎来一次重大突破。

日本和中国也在为老年群体开发机器人护理员，与此同时，中国开发的聊天机器人可花费大量的时间与独居者进行交谈，日益加深了人们与人工智能系统的联系。中国还面向幼儿群体推出了可爱的小型机器人助教，教育工作者无须担心因此失业，因为此类系统尚不能承担全部的教育职能。与人工智能、机器人相关的积极变化似乎还在不断增加，上述例子只是最具代表性的开发成果。

无处不在的人工智能应用正日益表现出奇妙的亲密感和侵入性的共生关系。Alexa和Siri像"朋友"一样为我们提供指引，遵守我们发出的指令。我们经常需要通过在线程序证明我们不是机器人，因为一旦进入互联网，我们所做的每件事都会被跟踪、存储和挖掘。很多企业正在利用大数据挖掘技术创建"我们"的虚拟画像，更有效地预测我们的行为、偏好和需求。

既然有这么多的积极进展，我们为何不能宣称人工智能和机器人技术的快速发展是人类聪明才智和创造力的绝佳体现呢？从谷歌和亚马逊这些公司的角度来看，人工智能使事情更便利这件事只有好处没有坏处。正如他们所说，这些具有操纵性质且侵犯隐私的行为可帮助我们获得更加高效、富有成效的购物和研究体验。然而，我们是从西方国家普通公民的角度来说人工智能的另一面，而非公司、投资者或政府的角度。

众多欧洲组织对谷歌发起的一项投诉显示谷歌试图为我们提供帮助的结果却是：投诉者声称谷歌对客户账户的秘密操纵行为违反了欧盟隐私法。根据《欧盟通用数据保护条例》（GDPR），谷歌被处以数十亿欧元的罚款，发起投诉的组织分别来自捷克共和国、希腊、荷兰、挪威、波兰、斯洛文尼亚和瑞典。其受到质疑的行为如下文所述。

七个欧洲国家的消费者团体向国家监管机构提出投诉，指控互联网巨头谷歌公司秘密追踪用户位置的行为违反了欧盟的数据保护条例。投诉者（认为）……这家互联网巨头利用"欺骗性设计和误导性信息"诱导用户持续接受追踪。"格鲁·梅特·莫恩指责谷歌在缺乏合理司法依据的情况下使用通过操纵技术获得的极为详细和全面的个人数据。"[5]

有时，我们取得的成功超出了合理的范围。例如，大多数人均认为核武器是一项不该被发明出来的技术。将细菌和病毒作为大规模杀伤性武器是人类鲁莽行为的另一个例子。值得注意的是，基础技术在本质上并不具备危害性。但是，狂妄自大的人类无法抗拒创造更强大工具的念头，一旦创造成功，我们同样无法克制自己不去使用这些工具。

上述例子及其他技术表明，人类为了追求美好生活而创造出来的事物也可能走向反面，催生重大的不幸。牛津大学杰出的人工智能研究员兼哲学家尼克·波斯特洛姆在其极具深度的著作《超级智能》（*Superintelligence*）中提出，不受控制和无法控制的高级人工智能系统存在极高的危险性。波斯特洛姆警告称，人类目前尚未自我毁灭的唯一原因是——他们足够"幸运"，意外地避免了我们正在创造的"各种技术大杂烩"中潜在的威胁。[6] 在这种威胁中，为政府、个人和公司提供服务的人工智能驱动系统的危险性变得越来越大。

为了更好地理解人工智能/机器人技术的潜在作用和威胁，先来看看人工智能/机器人技术和"物联网"领域的主要参与者，日本软银首席执行官孙正义所描述的未来可能发生的看似遥远的事情。他认为，人工智能系统的智商水平将会在未来30年内达到令人难以置信的10 000分，最快甚至有可能在2030年达到该水平。[7] 相比之下，代表人类最高智慧之一的爱因斯坦只能达到200分。虽然将人类智商直接等同于人工智能智商更具象征意义而非确定性，但人工智能系统的确在许多方面表现出不可思议的能力，其中包括处理速度、数据管理、模式识别和解释、系统性意识等。

应用于人工智能/机器人技术，其智商真正代表的是"不同和另类的"智能。其无法与人类大脑功能进行直接对应或者匹配。作为最近才进化形成的物种，我们所拥有的千年历史仅占据宇宙演化过程的极少一部分（在人类出现之前，宇宙存在的时间已经超过100亿年）。如果宇宙完全遵循"做最好的自己"或"战利品归胜利者所有"和"适者生存"的运作模式，那么人类只能在一个短暂的过渡阶段中创造自己的接班人。

无论采纳何种IQ定义，孙正义对人工智能系统快速扩张能力的预测使人们感到既恐惧又兴奋。但是，孙正义的观点也许是错误的，人工智能"大脑"只能达到500或1000分的智商水平。部分群体希望能实现上述开发成果，并将其视为在人类能力范围之外解决问题的一种方式。此外，他们还将人工智能、人类和机器人物理性能的融合视为人类的下一个进化步骤。

斯蒂芬·霍金、迈克斯·泰格马克、尼克·波斯特洛姆、尤瓦尔·赫拉利等引领时代的知识分子认为人工智能/机器人技术将对人类社会构成重大威胁。为了理解他们得出这个结论的原因，我们可将剑桥大学著名物理学家斯蒂芬·霍金提出的见解作为出发点，他认为人工智能/机器人系统的发展可能会导致人类的终结。[8]2018年霍金去世前曾发出警告，在智力、能力和力量上取代并超越人类的人工智能最终将摧毁人类社会。他的担忧可概括如下。

从理论上讲，计算机可以仿效并超越人类的智慧……这将对我们的经济造成巨大破坏。在未来，人工智能将发展出自己的意志——这种意志将与人类的意志产生冲突。简言之，强大的人工智能技术的兴起对人类而言要么是最好的，要么是最坏的。[9]

面对人工智能/机器人技术的迅猛发展和失控风险，霍金曾警告世人，人类的贪婪和无知将不可避免地催生出"流氓人工智能系统"。[10]持有相同观点的并非霍金一人。牛津大学的尼克·波斯特洛姆专注于人工智能系统的开发，他警告说，成熟的人工智能/机器人系统可能会成为人类最后的发明，我们就像一群正在玩炸弹的小孩。[11]

特斯拉首席执行官埃隆·马斯克将人工智能的发展描述为人类文明面临的最严重的威胁。他曾向员工表示，防止杀手机器人毁灭人类的可能性只有5%～10%。[12]麻省理工学院物理学教授迈克斯·泰格马克对马斯克的观点做出了回应，他警告说，人工智能/机器人系统将突破人类的控制，并在它们被摧毁之前反过来奴役人类。[13]

如果霍金、泰格马克、波斯特洛姆和马斯克等人所表达的担忧在一定程度上应验，我们最终见证的可能不仅是一项技术，而是一种从根本上对人类构成威胁的替代物种的出现。[14] 人工智能/机器人领域的部分群体认为人工智能技术标志着下一个进化阶段,并希望通过人工智能技术取代人类,[15] 泰格马克对此感到十分惊讶。上述观点带来了这样一种可能性:人工智能系统的发展将超出为"我们"服务的范围,更令人沮丧的是,在意识到自身优势之后,它们将以同样的方式对待我们,并希望通过消除干扰的方式来提高自身的发展效率。[16]

人工智能/机器人技术正在经历快速飞跃的发展阶段,正如我们随后将讨论的内容,拥有不可思议的"百万兆级计算"数据处理能力和量子计算机的惊人进步已使该技术达到了难以想象的水平。美国和中国在该领域的发展速度几乎并驾齐驱。[17] 当我们沉浸在人类智慧和创造力所取得的辉煌成就中,更多严峻的问题也随之而来:技术的进步将带来更加强大的监控系统、军事与武器技术和自动驾驶车辆,造成工作岗位的大规模削减,产生深入和复杂的数据管理系统远远超出人类的能力范围。

微软创始人比尔·盖茨正在思考一个问题:人们为何对人工智能和机器人技术的爆炸性扩散带来的负面影响如此漠不关心?[18] 比尔·盖茨认为,人工智能/机器人技术不仅仅是人类控制一系列工具的又一次技术进步。相反,人工智能/机器人技术将成为游戏规则的改变者,它正在改变人类社会的组织规则并与之相悖。企业家理查德·沃特斯得出的结论是:在人工智能/机器人技术的趋同性、日益减少的就业机会、不断增加的社会救助和增收需求的驱动下,我们正处于转型的起步阶段。他警告说,盲目地将此类系统视为工具是一种错误的观念。[19]

我们面临的局面是:公共和私人机构尚未做好准备应对人工智能/机器人技术即将带来的破坏性影响,这不仅关系到美国,还包括西欧、俄罗斯、中国、东南亚和日本。骏利资本创始人比尔·格罗斯警告称:"在2016年,尚没有任何人正视我们即将到来的未来。"[20]

抛开霍金、泰格马克、波斯特洛姆、马斯克和《未来简史》(*Homo Deus: A Brief History of Tomorrow*)的作者尤瓦尔·赫拉利等人基于深刻的洞察、强烈的信念和担忧所描述的致命威胁,现实情况是:无论人工智能的长期发展趋势如何,我们仍需应对当下和近期所面临的极其严峻的挑战。尽管本书针对人工智能探讨了潜在的严重后果,但我们最担心的是其短期内带来的影响。这些影响将对我们的子孙后代产生重大冲击,此外,其发生的可能性更确定、更紧迫。其带来的后果包括社会分化、大规模失业、加剧不平等和贫困现象、暴力行为以及针对一切事物的恶性竞争。

随着人工智能和机器人技术的融合,人类已经打开了潘多拉魔盒,并且可能无法消除所有逐渐显现的弊端,不仅如此,更多情况下人们似乎是想逃避此类问题。[21] 人工智能和机器人系统的结合,使其在越来越多的工种上超过人类,比我们能力更强、更高效——包括全网监控、自主军事能力、超大规模的信息检测和处理——已成为这次转变的主要驱动力,正在进一步撕裂我们支离破碎的社会。[22]

谈及我们已经进入的转型时期,马云表示,未来几十年,人工智能给人们带来的痛苦多于快乐,并给人们带来社会与经济方面的不安全感。马云警告说:"往后30年时间里,社会冲突将渗入各种不同阶层、不同行业的人。"他补充道:"其中一个关键的社会冲突是——人工智能的崛起和日益增长的预期寿命将导致老龄劳动力争夺日益减少的就业机会。"[23]

考虑到发生社会动荡的可能性,Facebook(脸书)前任项目经理安东尼奥·加西亚·马丁内斯选择辞去工作并隐居荒野,他认为,未来的30年内,日益发展的人工智能/机器人系统将在不断加速和颠覆性的过程中取代50%的人类工作。马丁内斯得出的结论是:人工智能对就业形势的破坏将为社会带来严重的后果,例如,人们可能通过高级别的暴力和武装冲突对有限的资源展开争夺。[24]

另一个关键的考虑因素是,部分企业和特定团体人士对人工智能技术的滥用对民主制度构成越来越大的威胁。此类利益集团正在利用人工智能技术入侵基本的隐私空间,并监视、影响、恐吓和惩罚任何被视为存在威胁的人士,或者违反其主观经验或在法律上具有根深蒂固敏感性的人士。

"自由之家"对65个国家进行的年度调查发现,全球互联网自由在2018年连续第八年下降,该组织将其称为"数字独裁统治"。《2018年网络自由报告》发现,在线宣传和虚假信息正日益"荼毒"着数字空间,而肆无忌惮的个人数据采集行为则侵犯了隐私权。

国际隐私权组织关于全球监测行业的报告在分析从事监测行业的528家公司的地理分布时发现:

绝大多数此类公司均位于经济发达的重型武器出口国,公司总部主要集中在美国(USA)、英国(UK)、法国、德国和以色列这五个国家。[25]

美国有线电视新闻网(CNN)在2014年9月的报道中指出,监测技术已被应用于执法领域:

FBI目前可通过面部识别技术快速识别个人身份。即将引入的识别技术包括:虹膜、声纹、掌纹和行走步态。其被称为FBI的新一代识别系统,该机构表示这套系统已全面投入使用。这套系统不仅适用于FBI,世界各地的警察均可使用该系统。它们可在例行交通检查时快速识别指纹,或是在调查犯罪活动时查找罪犯的面孔。[26]

事实上,电视和电影中广泛出现的公用设施可能夸大了无处不在的闭路电视监控系统,几乎每个角落的民众都能收到其发送的信息,任何行为都将"无所遁形"。根据美国公民自由联盟(ACLU)的报道:

摄像头或闭路电视(CCTV)在美国人的生活中正日益得到广泛的应用。对恐怖主义的恐惧和廉价摄像头的出现加速了这一趋势。举例来说,警方正计划在曼哈顿下城区建立一个集中监控中心,警方可通过成千上万遍布于市区周围的摄像头查看监控画面——在过去的几年里，由警方操控的摄像头数量在其他许多城市中呈激增趋势。[27]

著名期刊《科学》发表的一篇文章指出，科学家们提倡每个美国人都应将其DNA信息保存在国家数据库中。正如彭博新闻社所解释的那样，这样做的理由是：阻止警方和企业获取数百万人的DNA信息以及类似DNA的特征信息已经为时已晚。我们的观点是：由于人类DNA信息的获取和使用已经十分普遍和随意，我们不妨创建一个全国性的DNA数据库系统，以便更有效地加以监管。[28]

## ‖ 加剧西方财富不平等、大规模失业、阶级冲突和去民主化

通过强调人工智能/机器人技术与破坏民主之间的联系，本书旨在说明西方所谓民主国家无法应对因稀缺资源而加剧的社会斗争所导致的压力、竞争、社会分裂、愤怒和暴力行为。这不仅仅是财务问题。人工智能/机器人技术对西方社会的负面影响已经显现，其中包括日益稀缺的机会、不信任感、言论自由和开放性遭到破坏以及社会流动性下降。

虽然我们经常听到美国和西欧正在面临"中产阶级空洞化"，但是，我们并没有注意到这个问题将对社会的构成产生何种影响，以及这种空洞化对于我们的政治、经济和教育体系意味着什么。正如某经济学者所说："无论你是否愿意接受，从经济全球化带来的生产力增长中受益的仅仅是一小部分高技能人才和资本回报率。"[29]

数量稀缺的高技能人才正日益为特殊阶层带来利益，尤其是资本所有者和控制者，大多数群体则被排除在人工智能/机器人现象所产生的经济利益和财富之外。仅有少数人可通过人工智能/机器人技术获得巨大的财富。其中一个特别引人注目的例子是，亚马逊创始人贝索斯的个人净资产已突破1500亿美元，而为他工作的大多数员工却只能依靠食品券和其他政

府补贴来维持生计。[30]

由于人工智能/机器人技术的出现,工作岗位不断消失,获得的经济回报从劳动力向资本急剧转移,加重了政府和普通民众的负担和成本,大多数人在收入、机会和地位方面将被甩在身后。这种担忧甚至没有涉及富裕国家以外的大多数贫困人口所面临的困境。在较为富裕的国家中,最富有和最具权力的群体以及因长期失业而出现的大量落后群体将在短期内进一步走向分裂。

对于人工智能的进步而可能导致的失业问题、军事影响以及经济和社会动荡问题,甚至联合国都对此表示关切,并建立了一个专门研究该问题的欧洲中心。[31]

我们面临的重大挑战之一是找到解决问题的方法,确保政府有足够的收入支持和救济因经济体制转型而被留下的数百万人,[32] 其中包括应对特大城市爆炸性增长的紧张局势的能力。到2025年,预计全世界将有60%的人口居住在拥挤不堪的城市地区。特大城市包括纽约、洛杉矶、波士顿、费城、伦敦、巴黎、罗马、德里、里约热内卢和墨西哥城以及北京、东京、休斯敦和亚特兰大,等等。[33] 但我们不应只关注大城市,底特律、克利夫兰、圣路易斯、迈阿密、新奥尔良、达拉斯和美国以外的许多其他大城市同样面临着不稳定、不可持续的风险。

从卡车驾驶员转行成为作家的芬恩·墨菲总结了普通劳动人民、公民与企业、政府之间巨大的脱节。

我们希望通过工作来供养家庭。我们只是普通的公民。在担任足球教练之余,我们还需要参加学校的家长日活动并缴纳税款。谁来为技术造成的人力成本失控承担责任?不是获得巨大利益的公司,也不是车队所有者、软件工程师或政府。

墨菲补充道：

技术的尾巴正在动摇社会契约，致使数百万公民陷入贫困……美国和其他西方国家在解决下岗工人问题方面仍有极大欠缺。有些事情需要做出改变。首先，我们需要承认私营和公共部门均有责任在技术颠覆下进行人性化管理。[34]

# 第2章
## 变革：快速、全面、势不可当

　　人工智能/机器人技术正在以惊人的速度改变着工作、财富和社会秩序的本质。我们正在经历的并非是想象中的世界末日场景。摩根大通首席执行官杰米·戴蒙表示，未来10年内将会出现大规模的经济和就业问题，而他并非"灭顶之灾"的预言家。[1] 一份关于人工智能快速发展的研究报告指出："人工智能的后来者认为这项技术抓住了最后的希望，为计算机赋予了更高的智力水平。"[2] 他们承诺为人类提供一种与机器互动的新方式，并让机器以意想不到的方式进入人类世界。[3]

　　尼克·波斯特洛姆在他2014年出版的《超级智能》一书中大胆宣称，人工智能"选手"有望在10年左右的时间内击败顶尖的人类围棋大师。而在此后仅一年半的时间里，世界上最优秀的围棋大师就经历了被人工智能对手击败的羞辱感和挫败感。[4] 研究人员曾在极其复杂的博弈维度中使用协同人工智能算法进行竞赛，该算法展现出前所未有的协同能力。这项突破表明人工智能协作系统超越了以往的任何一项技术。《麻省理工学院技术评论》详细介绍了这项实验。

　　加利福尼亚州非营利组织"开放人工智能（OpenAI）"的研究人员开

发了一套由5个神经网络组成的名为"开放人工智能五（OpenAI Five）"的算法小组。该小组内的算法通过神经网络不但可以学习游戏规则，还可以学习如何与人工智能队友进行合作。"开放人工智能（OpenAI）"表示，该算法已在测试过程中击败业余的Dota 2玩家。这是发展人工智能技术的重要新方向，因为算法通常在独立状态下运行。使算法相互合作的方法是实现该技术商业价值的关键所在。例如，人工智能算法可在网上交易或广告竞价中合作战胜对手。协作算法也有可能与人类合作。[5]

人工智能技术取得突破的速度已远远超出该领域大多数资深专家的估计。[6]脸书险书联合创始人克里斯·休斯警告说，数字经济将继续摧毁就业机会。他认为，收入不平等现象将进一步加剧，而像脸书这样获得非凡成功的公司则是加剧收入不平等的关键因素。与理查德·布兰森、马克·扎克伯格、比尔·盖茨和埃隆·马斯克等越来越多的亿万富翁一样，休斯认为我们迫切需要创造某种津贴或无条件基本收入，以帮助应对不断加剧的不平等现象。[7]

一家致力于训练计算机以取代金融分析师等白领工作人员的公司负责人表示："这是从'指令集'向'计算机观察并学习人类'进行范式转换的过程。"[8]问题在于计算机人工智能系统的主要任务是学习如何完成人类的工作，其最终将使人类劳动者变得无关紧要。一家金融投资公司通过汽车收音机发布了一则广告，代言人宣称："我们将使用算法帮助你摆脱人力束缚并达到更好的效果。"

## 我们尚处于初级阶段，而人工智能已经向我们"发起挑战"

有报告指出，有人认为机器人做手术的效果优于大多数的人类外科医生，这说明还存在另一个"机器人替代人类劳动者"的利基市场。这涉及

## 第 2 章　变革：快速、全面、势不可当

在人类医生控制下进行手术的一名机器人外科医生。犹他大学的另一个项目涉及人工智能/机器人外科医生的开发。[9]机器人眼科医生为人类完成了第一台眼科手术。[10]

在这一点上，机器人外科医生是一种可以提升手术效果的工具。随着此类程序的普及，人工智能系统的编程方式有望减少某些领域对人类外科医生的需求，并由"外科手术管理程序"或部分人类参与者进行控制。新加坡推出的推拿机器人（EMMA）已经实现这一目标，这套可提供物理治疗的机器人系统允许个体从业者扩大接受治疗的患者数量及其操作安排，但是，随着对医务人员的需求不断减少，失业问题将不可避免。[11]

工作环境正在发生全面转变，包括农耕、收割和建筑领域。日本和澳大利亚一直致力于开发机器人农民。[12]美国加利福尼亚州的一家公司宣布其正在打造一种能够收割苹果的机器人，另一家公司则试图将其大部分草莓收割工作从人力操作转向机器人。[13]一家英国公司正在大力投资开发一套机器人收割系统，该系统的触觉能力、灵敏度和视野使其可在不损坏草莓的情况下采摘草莓等水果。显而易见，这是一项重大突破，使其可以适应多种工作场地和工作内容。[14]

一家澳大利亚公司正在开发一款机器人瓦工，目前已进入开发的高级阶段，这款机器人瓦工的速度是人类高级工人的四倍。[15]据报道，声称人类建筑工人极度短缺的美国正在采用类似的技术。[16]虽然3D打印技术尚处于相对早期的开发阶段，但其有望在众多产品制造系统中得到广泛应用。

与人工智能应用、机器人技术和Wi-Fi相结合的3D打印技术将在制造活动中发挥重要作用，其加载初始指令和产品设计规范后几乎可完全实现自动化操作。据报道，俄罗斯以10 000美元的造价在24小时内快速打印了一栋400平方英尺的房子，这证明3D打印/制造技术已得到迅速普及。艾米丽·瑞拉报告说："这栋房子的造价为10 000美元——部分微型住宅的价格可达到40 000～50 000美元。打印机的尺寸也相对较小（约为16英尺×5英尺，即4.87米×1.52米），可在30分钟内进行快速组装（或拆卸）。[17]

另一个可能的重大进展是，日本政府已经加入与美国和中国的竞争行列，计划打造全世界能力最强大的计算机。根据以每秒万亿次浮点运算为单位的测量运行速度和规模，中国取得的这项突破超越了美国的超级计算机。[18]在最近的一次竞赛中，美国似乎暂时重新获得了超级计算机的优势。[19]

由于日本和中国面临着严重的人口老龄化趋势（随后将在"年龄的诅咒"部分进行详细讨论），因此，这两个国家在开发机器工人和人工智能系统方面处于领先地位，这一点并不令人意外，因为需求是创造发明的驱动力。[20]与中国和大部分欧洲国家一样，日本需要利用机器工人应对其即将面临的人口状况。这种需求正在推动日本的研究活动不断向前发展。自19世纪开始记录以来，日本2016年的出生人口首次跌破100万人。据估计，到2025年，日本65岁以上人口中将有20%患有痴呆症。[21]

上述挑战似乎并未对过去20年来一直苦苦挣扎的出口驱动型经济体系造成足够的压力，日本90岁以上的人口在20多年的时间里从100万增加到了200万，政府需要为该群体承担大量的医疗保健费用和其他赡养义务。与其他国家一样，如果没有强大的出口基地来创造很高的财政收入，日本将会陷入严峻的困境。考虑到人口老龄化趋势和直线下降的出生率，如果不大规模地使用人工智能/机器人系统，出口基地的运作将难以为继。除了引进大量移民劳动者（这是日本一直较为排斥的做法），人工智能/机器人工作系统可使其生产成本保持与中国等其他国家相当的竞争力水平，而中国正极力将大部分的出口型生产活动转移到人工智能/机器人系统。

日本的机器人研发计划正在试验如何使用机器人作为老年人在疗养院中的生活护理员。[22]这一切听起来似乎有些难以置信，但是，对于必须通过此类机构照顾父母、配偶或祖父母的人而言，甚至是高级护理人员都能明白这样一个事实：通过进一步的调整，机器人护理员提供的护理服务质量将能够满足大多数机构目前能够接受的水平。

大量的研究正在探索如何使机器人护理员具备同理心、沟通能力、同情心和较高的工作效率。[23]虽然有些人可能会对此表示轻蔑，并认为机器人护理员表现出来的同情和关怀具有虚假性，但对于许多人类护理员来说，这种情况同样存在。这意味着，虽然有越来越多的老年人需要照顾，并且人们发现这种趋势为未来的劳动者提供了一条安全可靠的职业道路，但大量工作岗位可能会被机器人而非人类所占据。[24]

## ‖ 没有绝对安全的工作领域

使用机器人和无人机提供递送服务可减少人类劳动力产生的大量成本，包括工资、养老金和管理、培训新员工、带薪假期、家庭休假和医疗保健等支出。这些节省下来的人力成本在众多经济活动中为公司和投资者带来了可观的回报。伦敦目前正在使用自动驾驶地面无人机提供快递服务。[25]亚马逊获得了一项降落伞运输专利，配备引导系统的高空无人机可在特定高度投下带降落伞的包裹，以确保将包裹送达目的地。德尔福汽车公司已开始在新加坡测试随时待命的机器人出租车。[26]

阿莉萨·夸特探讨了"人类基础设施"的重要性，并解释了人类基础设施领域[27]应当重点关注的问题——人类将日益被新的经济和政治秩序所取代。[28]她解释说，关键的人类基础设施可以描述成卡车驾驶员兼作家芬恩·墨菲的回忆录《长途跋涉》(*The Long Haul*)中的那些人。卡特写道："墨菲解释说……如果长途运输向自动化方向发展，在未来10年内，他的驾驶员朋友们很可能会因面临威胁而丧失卡车的赎回权。由于受教育程度有限，并且已步入中年后期，他们最多只能在像沃尔玛这样的地方寻找一份工作。"[29]

在英国格林尼治，Skype网络创始人已经开始使用无人机和机器人提供在30分钟内将食物送到家的服务。[30]这种发展趋势正在迅速蔓延。不断将触角伸向众多行业的亚马逊也在提供这种服务，包括其收购的全食超市系统，这令现有的全食超市员工感到极度恐慌。亚马逊计划在未来开设多达3000家无人收银店。问题在于，这种策略还将使其他便利店及其员工以及经营此类小规模公司的所有者数量大幅减少。据预测,亚马逊这种"积极而昂贵的扩张形式将威胁到'7-Eleven'等便利连锁店、赛百味和帕尼罗面包等快餐店以及小型比萨店和墨西哥玉米卷卡车店。"[31]

这种发展趋势不会就此止步。我们正在见证美国机器人快餐厨师、比萨机器人、替代驾驶员的无人机运输系统,以及投资数十亿美元研发的自动驾驶汽车、公共汽车、运载工具甚至半挂车等。总而言之,数百万名人类劳动者将被这种人工智能/机器人技术取代,之后,他们因为资质和培训经历的不足,无法找到其他合适的工作。

虽然我们倾向于考虑由机器人接替较低水平的劳动密集型工作,但人工智能和机器人技术的结合产物将逐渐取代高端职业。具体实现过程是将人工智能系统和人类工作者结合使用:在某些方面由人工智能系统取代人类劳动者,在其他方面则提高人类劳动者的人工效率和生产力,从而达到减少人工数量的目的。[32]这种情况已经在医学、金融、新闻、会计和法律等领域实际发生了。[33]

大量的华尔街高薪工作正在被机器人和先进的投资算法所取代。不仅如此,报纸行业同样进入了整合阶段。[34]《纽约时报》正在削减其编辑人员,缩小规模,同时出售其豪华的总部大楼。随着技术不断取代人力并达到削减成本的目的,印刷媒体行业正在逐渐萎缩甚至消失。美国劳工部的统计数据表明,在过去的16年里,报纸行业60%的工作岗位已经消失。[35]

# 第3章
## 专家对人类失业形势的预测

从最高水平的智力活动到基本的服务和劳动领域，工作机会正在逐渐减少。著名的人工智能/机器人技术分析师托马斯·弗雷曾经在2016年对其2012年发出的警告"人工智能/机器人技术将取代全球近50%的工作岗位"进行解释说，考虑到这一趋势的发展速度和严峻程度，这个警告其实就是给人类提供的一次"叫醒电话服务"。弗雷说：

未来将有20亿个工作岗位逐渐消失（约占全球所有工作岗位的50%），这并不意味着前景暗淡无望。更确切地说，这就像是一次"叫醒电话服务"，可以让全世界都了解到事物的变化速度，并让学术界意识到他们所处的领域即将在家门口展开激烈的斗争。[1]

根据2016年世界经济论坛的预测，随着自动化技术的应用，到2020年，主要发达国家经济体可能会损失5 000 000个工作岗位。[2] 2020年之后，形势将更加严峻。部分估算结果表明，随着自动驾驶汽车的应用，仅在美国，卡车和其他形式的运输行业就将损失410万个驾驶员岗位。

所谓的"零工经济"是指优步（Uber）和来福车等平台形成的经济形态，人们在生存压力之下，靠打好几份工勉强维持生计。这种拼凑式的就业形式通常无法提供健康保险、养老金福利、充足的工作量或明显的薪酬等级。此外，即使在优步致力于使用自动驾驶汽车取代人类驾驶员的情况下，人工智能/机器人仍在进行中。未来10年，人工操作的优步和来福车交通方式以及传统的出租车驾驶工作将成为历史文物。

结合上文已经提及的失业趋势，下文的预测结果反映了一大批专家所担心的事情，他们预测未来几十年内，人类的工作场所将被人工智能/机器人技术彻底改变。

如果预测的准确度达到50%，我们将无法有效解决所面临的问题。以下是部分专家的预测观点。

- 到2025年或2030年，美国50%的工作岗位将消失（来源：加速迈进2030：未来的工作和工作场所，世邦魏理仕报告，2014年10月）；（来源：托马斯·弗雷：到2030年全球将有20亿个工作岗位消失，未来主义演说家，2012/2/3）。
- 到2026年，美国12 000 000个工作岗位将消失（来源："机器人将摧毁白领的工作"，美国全国广播公司财经频道（CNBC），2016/7/7）。
- 在最坏的情况下，人工智能/机器人技术将取代25个经济体中的8亿工作岗位。"工作与机器人：25个国家因自动化、机器人和人工智能技术而面临失业风险。"（来源：福布斯，2018/4/23）。
- 今天50%的工作将在2050年之前实现自动化（误差为20年）。到2045年，机器人将替代世界上大部分的工作岗位（来源：经济时报，2016/6/6）。
- 自动驾驶车辆（出租车、半挂车、运载车辆、公共汽车）将使美国损失400万个驾驶员岗位（来源："400万个驾驶员岗位将被自动驾驶汽车取代"，《保险期刊》，2017/6/27）。

- 麦肯锡全球研究院警告称，如果延续过去10年的"缓慢增长"状况，发达经济体中高达80%的人口将面临收入停滞或下降（来源："比父母更穷？关于收入不平等的新观点"，2016年7月）。

## 失业是一个累积过程而非孤立事件

在众多行业（包括生产和服务）中计算工作消失速度的困难之处在于：无法确定系统大部分或整体换成人工智能/机器人技术的时间。全面转成人工智能/机器人并非一朝一夕之事。在设计、制造、测试和引入人工智能/机器人生产和服务交付系统期间，企业应将人类劳动者的收入保持在"合理"水平，以确保在过渡阶段开展的经营活动保持盈利状态。[3]

人工智能/机器人进入特定的就业市场需要一个过程，这是因为采用人工智能/机器"劳动者"的公司必须测试、校准、评估和改善该系统在工作场所的表现，包括让客户在与机器人进行互动的场景下能够感到舒适。随着人工智能/机器人的开发、测试和完善，人工智能/机器人系统在工作场所中占据着日益重要的地位，人类失业率也将随之增加。

人类劳动者转变成人工智能/机器人系统的替代速度和替代规模取决于具体的经济活动领域。但无论如何，速度和规模都将随着不断取得的技术突破而迅速增加。随着此类系统在工作场所的实际应用中得到完善，消费者越来越适应这项技术，越来越多的行业被渗透，人类劳动者将面临更大规模的失业潮。这就是专家预测人类将大规模失业的原因，如上文所述，专家们通常使用10~20年的时间框架作为其预测基准。跨越临界点之后，转型过程将以惊人的速度向前推进。

我们发现，人工智能/机器人已经开始步入诸多人类的工作领域，包括医疗保健、养老服务、食品服务和加工、制造、农业、安全服务、技术支持、运输和专业驾驶、文书活动、接待、客户服务、教学、写作、新闻、低层和中层银行服务、仓储活动，等等。例如，护理和医疗服务是所谓最不容易被人工智能/机器人代替的"安全"工作之一，但是，人工智能/机器人技术已经渗透到这些方面，并且能够为医院和健康维护组织（HMO）节约大量成本。[4]在美国、中国和俄罗斯，研究人员正致力于开发人工智能和自学习机器人系统，甚至在尝试开发能够接收和响应人类情感的机器人（至少能够模拟关注或拥有同情心的机器人）。[5]

外包工作或消费者无法通过短期存款购买外国制成品（同时导致本国经济和社会衰退），这个问题已不再是人们面临的主要挑战。廉价的外国劳动力已失去大部分优势，其自身受到人工智能/机器人技术的威胁，如果不加以控制，公司将更加倾向于在生产过程中采用人工智能/机器人系统来节约国外和国内的人力成本（即使工资率保持不变或有所下降）。

在2013年关于计算机化对人类工作的巨大影响的一项研究中，牛津大学经济学家卡尔·弗雷和迈克尔·奥斯本表示，向人工智能/机器人技术的转变与我们所经历的其他转变有所不同。他们认为，这种转变不同于其他经济体制转型，在经济衰退过后，不会出现明显的就业复苏趋势，进一步地观察发现"这种转变引发了以下问题：(a)人类劳动力通过教育赢得技术竞赛的能力；(b)技术性失业的潜在发生范围，因为技术进步的加快将导致更高的工作流动性，从而导致更高的自然失业率。"[6]

在"机器人革命之后，我们的孩子还能做些什么？"夏洛特·西格提出了与卡尔·弗雷和迈克尔·奥斯本相呼应的观点，虽然人类将会面临大规模的失业，但在一些重要的工作领域，人类至少可以在一段时间内继续保持优势并超越人工智能/机器人系统。此类领域是我们的"安全网"，其特殊的人才和能力储备使我们的子孙能够在与人工智能/机器人系统共存的社会中占据一席之地。

西格在提出其论点时指出："有三种类型的角色无法轻易实现自动化，我们下一代人的就业将集中在这些领域。"[7]这类维持人类就业率的领域是指需要社交能力、创造力和灵敏性但无须人类像操作员那样进行持续监督和投入的领域。根据弗雷/奥斯本的分析报告，他们认为涉及社交技能、创造性和灵巧性的三类工作将成为人类就业的庇护所。

此类结论的问题在于，弗雷/奥斯本的研究报告发表于2013年。在该研究发布之日到2019年编写此书的短暂时间内，我们已经看到人工智能/机器人技术的持续发展正在突破这些研究人员所描述的限制条件。就技术能力而言，这个星球上并没有人真正了解人工智能/机器人技术的发展方向或其实现目标的速度。[8]但对于那些关注人工智能/机器人技术研发进展的人而言，目前所取得的突破并非好兆头，因为我们将无法保留足够数量的人类就业机会，即使是那些我们认为不会受到人工智能/机器人技术影响的就业机会。

根据西格的说法，"社交"类别是指人类拥有持续竞争优势的类别。她解释说，涉及复杂社交互动过程的工作对于机器而言并非易事。关于牛津大学的研究，西格解释说："对于谈判或护理等工作，机器人几乎不可能达到与人类相当的智能水平。"西格得出的结论是："教育、社会关怀、护理和咨询等职业均有可能在机器人革命之后得以保留。"[9]问题在于使用人工智能/机器人系统提供社会关怀、护理甚至咨询服务的重要工作正处于快速发展阶段。

另一个令人担忧的问题是，决定工作流程的人已经找到如何设计更适合人工智能/机器人系统的工作流程的方法，而不是在人类能力范围内进行简单的复制或保留。单纯依据或基于系统能力确定这些系统是否具备与人类的某项工作技能、工作质量和工作方法相匹配的方法是错误的。同样，我们不应高估人类普遍能达到的实际能力水平（好像这是所有人实行的标准一样），而是应当真正说明人工智能/机器人系统需要达到的质量、产出和互动水平，以便为人类劳动者提供可接受的替代方案。

虽然人类在多个领域比人工智能/机器人系统更胜一筹，但我们必须承认，人类劳动者通常达不到所要求的高质量的行为表现。如果仅针对最优秀的人类教师、顾问、护士等群体能够达到的性能水平来作为评估的标准，我们将无法正确评估人工智能/机器人系统在特定领域达到或超过平均水平所需完成的工作。举例来说，能力不足或平庸的教师、态度冷漠的社会劳动者、粗心大意的护士和工作效率低下的顾问、律师和医生等广泛存在于各行各业，因此，我们需要解决的问题是：机器人系统必须达到何种程度的"人性化"才能在此类工作中始终如一地提供适当的服务和协助？应当由谁来决定这个问题？

最后，在需要"自主操纵物体"的领域中，人类的优势是指人类的灵活性以及感知能力和范围均优于人工智能/机器人能力目前所能达到的水平。就目前而言，这种优势是真实存在的。西格解释道："浅显地说，就是指能够拾取和移动大小不同的物体。"弗雷说："……因此，清洁工、园丁和垃圾收集将成为最后一批实现自动化的工作。"[10] 即使如此，机器人的灵活性正在不断提升，人类劳动者的未来仍不容乐观。

弗雷和奥斯本在2013年发布的研究报告表明，到2030年，美国的失业率将达到47%。任何社会都没有能力应对这种经济上和政治上的噩梦，尤其是美国和欧盟等极其复杂的体系，如果预测的失业率与实际值差别不大，其将无法承担高昂的补贴，也无法履行安全保障承诺和义务。根据乔尔·科特金的分析结论，人工智能/机器人技术的出现所带来的结果与过去的经济革命不同，因为人工智能系统的设计方式使其能够取代我们通常认为的人类领域的高端或脑力工作。[11]

金融和商品市场专家霍华德·施耐德提出了一个疑问："国家在制造业和其他行业创造高薪工作的能力是否因全球经济变化而受到根本性的创伤（可能早于2008—2009年的经济危机，但其后果更加明显）？"[12] 他指出，亚特兰大联邦储备银行行长的观察结果表明我们正在面临超出人类经验范畴的问题。其结果可能是"工作市场将由大量低收入工人、少量高薪管理人员、专业和技术人员构成，而中产阶级则持续空洞化。"[13]

中产阶级的空洞化仍在发展。仅在2018年，劳斯莱斯就裁减了600名高级管理人员和4000名中层管理人员。[14] 花旗银行宣布，由于人工智能和机器人的发展，正在考虑削减10 000名"技术和操作"人员。德意志银行已经发出警告，随着人工智能的发展，其90 000名员工中有一半人将面临失业。[15]

根据《加速迈进2030：未来的工作和工作场所》(*Fast Forward 2030: The Future of Work and the Workplace*) 报告的结论："我们的工作方式将在未来15年内发生变化，我们对工作场所的规划和思考方式也必然会发生相应的变革。"[16] 该报告补充道：

人工智能将改变企业和人们的工作。流程工作、客户工作和大量中层管理岗位将随之消失。该报告得出的一个关键结论是：到2025年，近50%的职业将不复存在。新的工作岗位需要创造性智慧、社交能力和高情商以及利用人工智能的能力。[17]

市场调研公司福雷斯特的布莱恩·霍普金斯表示工作消失的现象仍在持续，并警告称："由人工智能/认知技术驱动的解决方案将取代各种工作岗位，受影响最大的领域包括运输、物流、客户服务和消费者服务。"[18] 福雷斯特的分析报告补充道："此类机器人或智能体是一套可理解人类行为并代表我们做出决策的人工智能系统。目前，此类系统较为简单，但在接下来的5年内，它们将在更加复杂的情境下代表我们做出更好的决策。"[19]

我们已经看到以往由人类劳动者占主导地位的农业和制造业工作岗位正在发生转变，随着越来越多的工作岗位实现自动化，许多重复性的低技能工作将逐渐消失或萎缩到工作机会有限的特定利基市场。[20] 机器人耕作系统的不断发展对美国的移民政策及此前已在美国从事农业工作的数百万移民的影响很大。

对于技能组合或受教育程度有限的劳动者来说，无法确定是否会有足够数量的其他工作可供选择。维布提·阿加瓦尔对目前的形势做出了如下解释：

下一代设备是可完全实现自动驾驶的拖拉机。之后将推出可自动种植、施肥和喷洒杀虫剂的设备。位于伦敦的CNH工业公司正在测试一种没有驾驶室的拖拉机，农民可远程监控种植和收割过程。预计马恒达集团（Mahindra & Mahindra）将面临来自数百万农民的阻力，因为他们的生计可能会受到自动化农场设备的威胁，例如，该公司正在开发的无人驾驶拖拉机。[21]

人工智能/机器人系统向农业的转移对发展中的经济体构成了巨大挑战，其经济发展在很大程度上依赖于农业，而此类工作需要雇佣大量劳动力。发达国家的农业人工智能/机器人形成了高效且低成本的竞争格局，这种竞争已经并有可能进一步削弱落后国家的农业出口活动。

由于在我们所处的社会中，大多数人主要或只能从事此类重复性的低技能工作，并且不太可能在短期内应对高端工作所需的创新性、技术性和科学性的能力，因此大量基层工作岗位的消失将带来巨大挑战。[22] 例如，沃尔玛在其商场中安装了360台"机器人清洁工"，这种初步尝试表明在此类活动中人类劳动者将被大规模取代。帕维尔·阿贝维对这一发展趋势进行了报道。

机器人已经来到你身边的沃尔玛公司，而这不仅仅是一个噱头。这家全球最大的零售商在美国的部分商场推出了360台可自动清洗地板的机器人，甚至顾客就在旁边时，这款自动清洁工具也可以自行清洁地板。沃尔玛已经开始尝试自动扫描货架上的缺货商品，并根据在线订单从库存中搬运商品。此外，随着亚马逊公司尝试推出无人收银商店，计算机视觉的进步有助于通过零售空间数据更好地了解消费者行为、改善库存跟踪甚至取消收银台。这款机器在初次使用时需要由人类进行操作，并接收人类针对需要清洁的空间布局所发出的"指令"。之后，机器人可自动执行任务。[23]

雷汉·萨拉姆在《大西洋月刊》中写道，在过去的2015年中，纽约出租车驾驶员自杀事件的增加趋势令人不安，其中有91%的驾驶员是来自贫困国家的移民。[24]有些人将此现象归结为优步对出租车的使用率导致出租车在竞争中处于劣势。伴随着这种现象，纽约市出租车牌照的市场价值出现了惊人的下降，优步和来福车的出现在出租车市场中形成了垄断格局。这种现象引发了一个令人不安的颠覆性问题：随着工作岗位逐渐被机器人所取代，受教育程度有限且工作技能水平较低的移民还能做些什么？当自动驾驶汽车的快速发展被纳入"方程式"，人工驾驶（出租车、优步和来福车、公共汽车、豪华轿车、半挂车等）被人工智能控制的交通工具所取代，挑战将变得更加严峻。

我们面临的根本挑战是：如何为数百万失去唯一就业机会的群体提供支持和帮助？如何减缓并尽可能缩小由人力向人工智能/机器人工作系统转变的过程和范围？为特定的职业类别提供再培训和教育显然应被视为解决方案之一，但是，我们需要通过坚定而持续的努力来保护和创造人们愿意且有能力从事的工作类型。

## 如果机器能够代替人类完成任何工作，人类还能做些什么？

在许多活动领域，人工智能/机器人系统的表现已经超过人类劳动者。进一步的开发和部署将使人工智能/机器人系统更加快速、强大、高效和可靠，并为雇主减轻负担，其表现在多数情况下均优于人类劳动者。2016年，莱斯大学计算机科学教授摩西·瓦迪在向美国科学促进会发表演讲时探讨了一个关键问题："如果机器能够代替人类完成绝大部分工作，那么人类还能做些什么？"[25]

瓦迪警告说，在未来30年内，世界上多达一半的人类劳动者将被机器取代。他观察到，这意味着未来人类每周只需工作几个小时，许多人将彻底失去工作。[26]值得警醒的是，工作是人类生活中必不可少的组成部分，即使我们以某种方式使人类享受到机器人活动所创造的休闲和舒适的生活环境，但这并非理想状态。他补充道："我不认为这是一个充满希望的未来，单纯的休闲生活并不具备吸引力。我坚信工作是保障人类福祉的关键所在。"[27]

卡耐基梅隆大学教授维韦克·沃德瓦专注于研究机器人技术和人工智能问题，他在2016年瑞士达沃斯世界经济论坛的演讲中提出了另一个至关重要的问题。沃德瓦警告说，由于技术变革和人类工作遭到破坏导致收入极端不平等的情况进一步加剧，从而产生社会冲突的重大风险。他所传达的信息是：

无处不在的快速变化也有其黑暗面。正如我们所知，工作机会将逐渐消失。美国和英国糟糕的政治状态体现了收入不平等所造成的影响和不断扩大的技术鸿沟。越来越多的人处于落后境地。社交媒体等技术沦为煽风点火和利用无知与偏见的工具。除非我们找到共享繁荣的方式，否则这种情况只会越来越糟。[28]

贯穿本书的核心观点是：在经济效率、投资回报、市场优势、避免造成员工负担等因素之外，人类社会有充分的理由继续使用人类劳动力。将所有注意力集中在经济效率、卓越绩效、速度和生产力，从而创造更高的投资回报，这对我们的社会造成了不利影响，如果任其继续发展，我们将无法从中恢复。尽管存在上述社会后果，但人工智能/机器人技术与人类劳动者之间的相对绩效优势是否应当成为工作场所生产管理的首要标准？

如果答案是肯定的，则意味着我们已经输了。

# 第 4 章
## 与我们一样，抑或更好

一位分析师将金融业和银行业的当前形势描述为"人类的巅峰时刻"，这是因为人工智能系统使此类行业不再需要大量的人力资源。自动化技术（如机器人）以及在股票、商品、外汇和金融工具领域采用的人工智能交易系统[1]正在以极其快速和复杂的方式进行运作，其令人难以置信的变化速度和即时反馈系统正在使人类失去对此类市场的控制力。

尽管程序员目前正在创建赋予人工智能和为其提供行动指令的系统，但此类系统的运行规模和速度已远远超出人类的能力范围，因此，人工智能系统正日益成为实际的决策者。这是由于系统将算法的指令应用于人类无法充分预测、理解或采取行动的情境。

在这种情况下，我们将继续见证算法系统和人工智能顾问不断取代人类劳动力。休·森解释说："算法已经能够在没有人为干预的情况下完成审查银行客户、资产定价和对冲部分订单等任务。随着此类流程的效率日益提升，完成该工作所需的人员数量也将有所减少。"[2]

高盛集团旗下的金融服务分析公司 Kensho 的首席执行官丹尼尔·纳德勒描述了金融业和银行业所持续面临的失业压力。纳德勒解释说："涉及将数据从一个电子表格转移至另一个表格的任何工作都将实现自动化。"[3]他认为,我们已经进入了永久性的就业滑坡阶段,因为人们根本无法赶上人工智能/机器人这个竞争对手。

有报告称,特斯拉汽车公司的埃隆·马斯克计划将旗下的一个汽车生产综合体打造成自动化的运作模式。主要原因是"人工速度"过于缓慢。马斯克解释说:"我们应当避免在生产线上使用人工操作,否则生产过程将自动下降至人工速度。"[4]这就是马斯克淘汰人工操作并加快特拉斯生产速度的原因。

数十年来,工厂车间的逐步自动化已成为制造业的一大趋势。如今,机器人以其快速、清洁和高效的特点在先进产品的制造领域发挥着重要作用。但是,特斯拉的首席执行官埃隆·马斯克希望工厂在接下来生产低成本3型汽车时能够将其继续提升到一个全新水平,将"制造机器的机器"打造成"外星人战舰"。这种机器最终将具备极高的复杂性,人类不需要直接操作,无须直接参与特拉斯3型汽车的实际建造过程。[5]

在转型过程中,特拉斯并非没有遇到过问题。随着新技术不断接受测试和改进,这些发展方面的小问题是不可避免的。有报告表明特斯拉3型汽车的生产设施被过分自动化,并且在实施生产计划方面存在问题。尽管如此,随着人工智能/机器人技术的进一步开发并融入国家和全球经济、政府和个人系统,在生产和服务的活动中淘汰人类劳动者的转型过程将进一步加速。例如,马斯克并未止步于汽车制造业的自动化。他宣布特拉斯正在寻求创建多种人工智能/机器人系统,其中包含可在众多领域取代人类劳动者的大量制造业应用程序。[6]

人工智能/机器人系统目前尚未完善,但这并不代表其质量和能力没有得到迅速提升。我们所经历的研究、开发、测试、应用、实施、熟悉和改进过程正逐渐被压缩。对于此类系统能否完成大多数人类无法做到的事情，并以更快、更好、成本更低廉的方式完成我们所做的大部分工作，极少数关注人工智能/机器人技术研究的人对此仍持怀疑态度。

人工智能的快速进步（包括"深度学习""机器学习"和复杂神经网络的设计）已经使人工智能系统的能力远远超出若干年前人们的想象。能够吸取经验的自我学习、自编程甚至自我复制的系统将在许多方面超越人类的能力和控制的范围。这听起来有些像科幻小说，但这一切是真实存在的。

就未来的人类就业形势而言，制造业的性质已经发生了根本性的变化。根据部分估算数据，美国制造业88%的岗位流失主要源自自动化程度的提高（包括机器人技术），而非廉价外国劳工的使用。[7]

然而，罗伯特·库特纳深刻地指出，在有效的法律程序之外，在未执行问责制时，不负责任地实施资本和金融全球化彻底扭曲了大卫·李嘉图的比较优势理论。[8]

人工智能/机器人技术的效率和成本节约的优势被进一步放大，为超级富翁带来惊人的财富，同时给另外数百万人带来极度的贫困。新的资本密集型制造业设施不会像在过去的经济体中那样成为就业机会的制造者。大多数设施将在某种程度上接近（或像特斯拉最新规划的生产设施一样接近）完全机器人化。随着企业在未来10～15年内经历资本投资周期，我们将看到越来越多的机器人化生产和服务系统。[9]

正如我们所说，改变生产和服务部门转型过程的唯一方法是有意识地制定和采用减缓或限制人工智能/机器人技术快速发展的策略，阿莉萨·夸特提出"放慢科技进步的步伐"，降低将人工智能/机器人技术融入人类工作系统的速度[10]。采取该策略需要对我们的税收制度以及关税和补贴的战略用途做出重大改变，以使我们创建的生产系统能够与使用人工智能/机器人开展大部分或全部生产活动的国家进行竞争。

除了被逐渐取代的体力工作，机器人和人工智能已经被用于手术和绘画领域。[10]佳士得拍卖行以432 500美元的拍卖价格售出了一幅人工智能程序创作的绘画，该价格是其估计值的45倍。该绘画的创作过程如下：

    这幅绘画作品……是Obvious（法国艺术组织，译者注）创作的贝拉米家族（虚构）的一组肖像画。Obvious是由雨果·卡塞勒斯-杜普雷、皮埃尔·福特雷尔和高蒂尔·维尼尔组成的巴黎团体。他们致力于探索艺术与人工智能之间的相互联结，他们采用的方法是"生成对抗性网络"，首字母略缩词为GAN。卡塞勒斯-杜普雷说："该算法由两部分组成，分别是生成器和判别器。我们为该系统提供了一套肖像数据集，其中包含14世纪至20世纪之间绘制的15 000幅肖像画。生成器可根据数据集生成新图像，判别器负责找出人造图像与生成器图像之间的差异。目标是使判别器认为新图像是真人肖像。最终，我们得到了想要的结果。"他补充道："肖像画为我们的观点提供了最佳证明，即算法能够模仿创造力。"[11]

    中国的阿里巴巴正在研究如何使人工智能系统具备审美能力的微妙技巧。[12]根据该公司首席执行官马云的预测，未来30年的某个时候，人工智能系统有可能担任首席执行官。他警告说，随着人工智能/机器人技术的转型，我们已度过长达数十年的困难时期。在某种程度上，马云的观点是正确的，但是，我们所面临的困境将比数十年的严重经济困难更加激烈、持久。[13]

    这不仅仅关系到可获得的新工作的绝对数量。不断变化的工作场所需要结合智力、远见卓识和技术能力。仅有少数人拥有优于常人或是赢得竞争所需的特殊技能组合。根据《纽约时报》发表的一篇文章分析，全世界可能只有10 000人有能力执行最高水平、最复杂的任务，这正是快速发展的人工智能/机器人领域所需的能力。[14]

    即使在本书中，我们也应当对此给予关注，因为我们正在将这10 000人与其他人所拥有的人类能力进行比较，在未来10年或20年内，日益先进的人工智能系统可能会超越此类能力。在某种程度上，如果孙正义的预测得到应验（人工智能系统的智力水平可能会在不久的将来远远超过任何人），若以人工智能系统的水平作为标准，即使最聪明的人类也会被判定为处于相对较低的水平。

## 人工智能/机器人系统正朝着自我设计的方向发展

人工智能已经能够编写电影剧本、创作诗歌、绘画、解决人类无法理解的问题、操作独立的武器系统，并且能够在人类无法达到的层面进行数据处理。此外，人工智能正在以我们无法理解的方式访问和操纵各种各样的信息，正在以其创造者无法理解的方式不断进化，即使原始程序是由他们设计而成。目前正在创建的人工智能系统可根据其自身的经验实现自主编程，无须人为干预。有关自我学习的早期发展成果已经表明，人工智能系统的能力极有可能在不久的将来发展至意想不到的水平。谷歌母公司、坐拥人工智能研究"深度思维"（DeepMind）的伞形公司（Alphabet）偶然发现，人工智能能够自我学习，阿尔法围棋系统在三天内教会自己如何下围棋。在此之后，阿尔法围棋系统自行开发了许多全新的围棋策略，远远超过了世界上最出色的围棋大师的能力。

对"阿尔法特"研究成果的解释，可查阅《谷歌深度思维：它是什么？它的工作原理是什么？你应该感到害怕吗？》（Google DeepMind: What is it, how does it work and should you be scared）。[15]最后一个问题的答案是肯定的。日益先进的人工智能系统正在通过深度学习、复杂的神经网络和机器学习等技术实现快速发展。重点关注此类技术将使我们创建的人工智能系统具备人类无法匹敌的能力，正如机器人本身正日益向人性化的方向发展，反之亦然。

## 机器人技术的发展成果

- 热衷于新技术的瑞典人开始尝试在皮下植入微芯片。[16]
- 波士顿动力公司的机器人可完成令人惊讶的跑、跳、爬等动作。[17]
- 机器人将在15年内超越人类,到2028年可感受到"真正的情感"。[18]
- "无法与人类区分"的超逼真机器人在伦敦一间酒吧谈论机器人入侵时砸碎了一只玻璃杯,顾客因此受到惊吓。[19]
- 中国香港制造的仿真机器人可战胜人类。[20]
- "情绪化"机器人可通过握手判断你的性格和性别:研究人员说,模仿人类行为是在人类世界中获得成功的关键(《每日邮报》,菲比·韦斯顿,2017/9/20)。我们正在训练有礼貌、具备同理心和有趣的机器人。专家表示,它们必须具备融入人类环境所需的社交能力。[21]

*Part 2*

**第二部分**

人工智能/机器人技术

正在影响着全球经济、社会等方面

# 第5章
## 人工智能导致的失业并非
## 创造性毁灭和经济复兴的循环

人工智能/机器人技术带来的影响具有特殊性,其并非奥地利经济学家兼哈佛大学教授约瑟夫·熊彼特提出的"创造性破坏"过程,即他称为"转型"而非"破坏"的周期性创新循环。在经典的"熊彼特模型"中,先前存在的经济形式被新技术摧毁,最终(在某些方面针对部分群体)被更好的工作形式所取代。[1]

对于那些在就业过程中被淘汰的人而言,熊彼特提出的经济转型和创新周期绝非令人愉快和轻松。因转型而下岗的群体深受其苦,但就宏观经济"最大数量、最大利益"原则而言,经历长期的痛苦和混乱之后创造出的大量新岗位最终将使整个群体获益。

在过去的转型过程中,这种创造性破坏过程随着时间的推移而达到平衡状态,使劳动者的技能从过时的活动调整为重建价值的新活动。例如,随着工业革命在20世纪初不断向前推进,在汽车出现之后,铁匠和马车制造商等高薪行业变得越来越无关紧要。

尽管这意味着先前的工业革命使处于经济活动边缘的工人面临失业的困境,但是这种变革尚能使铁匠凭其技能转成机械师或投身制造业,在某

## 第5章 人工智能导致的失业并非创造性毁灭和经济复兴的循环

些情况下,马车制造商可由生产马车转为生产汽车。即使在今天,此类变化往往仅是规模和类别方面的变化,而非完全取代。例如,铁匠可继续为拥有马的业主提供服务,或者从事金属艺术和装饰装潢工作。然而,随着该技能市场的急剧萎缩,岗位数量也会随之大幅减少。

在20世纪60年代和70年代初开始的以计算机为基础的工业革命时期,我们看到了与19世纪末和20世纪初的工业革命不同的景象。[2] 虽然自20世纪60年代后期以来,中低收入工人的实际就业工资基本保持不变,但自20世纪70年代中期大量引入计算机、计算机自动化技术和机器人技术以来,人均劳动生产率已得到大幅提高。[3]

目前正在进行的基于人工智能/机器人技术的工业革命将使越来越多的工作失去价值,同时在投入更少人力的情况下提高生产力。许多人仍然坚信创造性破坏过程将遵循过去的模式,并在一段时间后为失业者创造新的就业机会,同时可促使其他群体提升其完成现有工作的能力。在某种程度上,这是私人执业律师最常面临的状况,他们能够以较少的人力投入完成更多工作。

然而,"小投资大效益"也意味着只需要少数律师来完成工作,这不仅会对法律专业产生重大影响,还将导致数百所法学院的入学率和收入的大幅下降。以律师事务所和律师为例,随着人工智能/机器人技术的发展,人力市场将在短期内遭到巨大破坏,且过渡时间较短。

不同的工作类型和不同的地域受影响的程度是不同的,其影响具有范畴性和地域性,因为部分城市和地区将成为有活力的发展中心,而其他许多城市和地区将因此陷入困境。随着基于人工智能/机器人技术的第四次工业革命的展开,经济活动的热点将随之涌现,例如,硅谷、西雅图、北卡罗来纳州三角研究园、华盛顿特区、波士顿以及其他一些动态集群。一份报告显示,最具活力和表现最佳的经济增长区域包括普罗沃、犹他州、罗利、北卡罗来纳州和达拉斯,而最大赢家则是佛罗里达州的棕榈湾-墨尔本地区、奥林匹亚、华盛顿州和北卡罗来纳州希科里。[4]

值得注意的是，中西部"锈带"和南部的核心地州未列入报告中。美国不仅在一般的社会经济意义上被掏空，在地区和区域层面也已被掏空。多个地理意义上的核心州正在面临人口流失的危机，由于更多年轻人迁移到更具活力的地区，城市犯罪率和贫困率也随之升高，且剩余人口缺乏足够的经济机会。事实是，美国大多数区域将处于落后境地，其居民在社会流动性方面几乎没有任何增长机遇或机会。

无论地理位置如何（无论是否具有重要的经济意义），从绝对意义上讲，其就业机会都将大幅减少，且任何地区的高质量就业机会也将日益减少。随着众多区域将成为"经济死亡区"，考虑到人口结构、逐渐减少的资源和不平等现象，部分城市将面临不可持续的风险。

另一方面，尽管有人可能会争辩说，只有在确定自动化、计算机化或机器人系统能够以更高的质量完成工作时，我们的工作才会被取代，但取代我们的新系统的表现不一定优于人类甚至与人类相当。虽然表现质量可作为其中一个考虑因素，但如果我们将其视为唯一因素，甚至在许多情况下将其视为主要因素，我们将会因此陷入误区。

我们只需要问问自己，在向企业致电或政府机构寻求信息的过程中，必须跳过计算机系统设定的一系列流程才能接通人工服务是否真的比直接与人类接线员对话更加方便。使用人工智能系统替代人工的原因仅仅是由于人工智能系统更加便宜、可靠，不会因为生病和休假而误工，无须休产假，并且可为雇主减少相关的负担和支出。

## ‖ 就业崩溃意味着社会模式的崩溃

为什么工作具有如此重要的意义？首先，工作为我们创造一种组织体系，将我们与他人联系起来，使我们能够开展富有成效的工作，通过活动充实我们的生活并形成纪律。工作不仅仅是一项财务活动。工作、机会和强大的经济体系是将我们的体系结合在一起的"黏合剂"。

# 第5章 人工智能导致的失业并非创造性毁灭和经济复兴的循环

埃伦·拉佩尔·谢尔撰写了一本引人入胜的著作,书名为《工作:激进变革时代的工作及其未来》(*The Job: Work and Its Future in a Time of Ridical Change*),她在书中介绍了奥地利小镇马林塔尔所发生的事情。19世纪末期,这个小镇依靠棉花和毛纺生产厂提供就业岗位并获得收入,由此维持其社会凝聚力、价值和秩序。[5]谢尔写道,从各方面来看,马林塔尔是一个充满幸福感、安全感和活力的小镇,金融家将工厂引入这个贫困的农业区,旨在为该城镇及其居民谋福祉。

这个小镇维持了数十年的繁荣景象,直至1929年爆发影响美国和欧洲的经济大萧条。在此期间,"货币急剧膨胀,多家银行倒闭,消费者需求大幅减少"。马林塔尔的工厂也被关闭并拆除,1200人因此失业。马林塔尔的大部分居民在一年之内靠救济金维持生计。[6]马林塔尔的研究人员还发现一个奇怪的现象,人们开始失去时间观念,不再佩戴手表,饮食毫无规律,大多数人均表示他们无法记起白天做过的事情。[7]尽管该地区是社会主义政治思想的坚定支持者,但一项研究发现:

虽然被剥夺了生计,但村民们并没有发起联合抗议或煽动政治行动。相反,他们选择了撤退。曾经热闹的图书馆现在空无一人。废弃的公园被杂草覆盖。社交俱乐部被解散。孩子们失去了信念。失业本身已成为一项工作,这项徒劳无功且痛苦的工作导致居民互相排斥而非向制度发起反抗。人们生活在孤立、悲观和痛苦的情绪中。他们相互监视和告发,特别是在金钱方面,使用"欺骗"手段领取救济金的人很快被邻居和曾经的朋友向当局告发。后院和门廊的家庭宠物(大多数是宠物狗)已经销声匿迹。[8]

我们提出的观点是,随着人工智能/机器人技术对人类工作的影响越来越显著,美国和欧洲的许多地区均有可能成为"下一个马林塔尔"。虽然不平等现象、机会、对贫困人口的支持、性别和种族公平等其他问题无疑均具有重要意义，但实际上，所有此类问题都需要一套久经考验且涉及多方面的经济制度才能为社会成员提供充足的资源，使其有机会发展和追求个人梦想。有些人可能不喜欢工作，而有些人只是不喜欢他们从事的特定工作，但工作场所带来的机遇、挑战、关系和人际互动可帮助大多数人获得成长。归根结底，健康的社会需要工作、创新、机会和创造力带来的推动力。当它消失的时候，我们所得到的并非黄金休闲时光，而是枯燥乏味的生活。正如我们之后在困扰社会的成瘾问题背景下所讨论的内容，虽然此项技术在某种程度上做出了积极的贡献，但人工智能应用最糟糕的地方在于其包含一系列不健康的成瘾性刺激，其中大部分被刻意设计到应用程序中以吸引消费者。我们的孩子甚至许多成年人都无法抗拒这样的诱惑，布拉德·赫德尔斯顿在他的电子书《数字可卡因：平衡之旅》(*Digital Cocaine: A Journey Toward*) 中将其称为"数字可卡因"。[9]

# 第 6 章
# 人工智能/机器人技术和
# 经济生产力与创造就业的大脱钩

据英国《金融时报》报道,在众多发达国家中,中产阶级的收入和规模均有所下降。[1] 由于将全球化、自动化和外包到低成本生产国家等因素,使制造业的就业减少,导致西方中产阶级的危机持续恶化。支撑美国经济的制造业工作岗位是关系美国经济健康的重要部分,因为制造业的收入标准支撑着蓝领中产阶级,并产生了其他大量不同类型的工作岗位。

在2016年发布的一份报告中,本杰明·帕金解释说:"2013年,除了1200万直接从事制造业的人员外,制造业还为美国提供了大约1710万个间接就业岗位,直接和间接岗位共计2910万个,占美国就业总人数的五分之一以上(21.3%)。"[2] 制造业持续向成本较低的地区转移并产生重大影响。随着制造业逐渐从美国和欧盟国家向外转移,曾经受益于此的经济较发达国家的劳动者失去了收入基础。

中产阶级劳动者普遍享有较高的薪酬水平,而制造业就业是创造其他直接和间接工作岗位的生产力,这意味着:当制造业实行外包或实现自动化时,制造业工作之外的就业机会也将被削减。[3] 当制造业的生产核心出现退化时,整个系统(经济、政治和社会)都将遭到破坏。

随着制造业的核心及其工人和较高的工资收入逐渐消失，依赖于制造公司的消费活动和高薪劳动者消费支出的第二产业、第三产业面临生计枯竭的风险。布鲁金斯学者罗伯特·利坦的分析报告与麻省理工学院支持美国中产阶级空洞化的研究相似，报告认为，"2001年的经济衰退标志着公司开始利用更为有效的全球供应链、技术和其他方法（例如，将美国地区的工作进行外包）以更积极的方式对人员编制进行管理的转折点。"[4]

麻省理工学院经济学教授大卫·奥托尔解释了美国的失业形势和更替状态。他指出，"新的就业机会产生于经济金字塔的底端，中间层次的工作由于自动化和外包正在不断流失，而高端工作目前的增长趋势由于自动化的原因正在逐渐放缓。"[5]对于曾经从事中产阶级高薪工作的群体以及选择范围有限的年轻人而言，这些新的低端岗位意味着收入下降。霍华德·施耐德警告称，对技术和制造业实行外包的做法将对美国经济的未来构成风险，他解释说："部分高端制造业和研究行业通常被视为对美国就业和收入增长至关重要的行业，其收入和利润正日益脱离大多数劳动者的需求。"[6]

大卫·罗特曼解释了人工智能系统、计算机应用和机器人技术的巨大进步将以何种方式破坏就业形势。

麻省理工学院斯隆管理学院教授埃里克·布林约尔松和安德鲁·麦卡菲认为，计算机技术的巨大进步（从经过改进的工业机器人技术到自动翻译服务）是导致过去10到15年就业增长率低迷的主要原因。麻省理工学院的学者预计有多种职业未来的就业前景黯淡，因为此类强大的新技术不仅在制造业、文书工作和零售业得到了广泛采用，在法律、金融服务、教育和医学等专业领域也是如此。[7]

罗特曼继续说道："网络、人工智能、大数据和经过改进的分析方法等技术均可通过不断增加的廉价计算能力和存储容量得以实现，从而使得多项日常工作实现自动化。在邮局和客户服务等领域，大量传统的白领工作已经消失。"[8]罗特曼引用了斯坦福大学前经济学教授布莱恩·亚瑟提出的"自治经济"概念。

这个概念比完成人类工作的机器人和自动化技术更加微妙：它涉及"数字程序之间的对话和创建新程序"，使我们能够以更少的人力完成更多事情，并逐渐淘汰其他人类工作。[9]

布林约尔松和麦卡菲解释说，快速的技术变革对工作的摧毁速度快于创造工作的速度，并由此导致"收入中位数停滞不前和美国的不平等程度持续恶化"。[10]随着中产阶级的日益萎缩，就业和财富金字塔顶端的空间越来越有限，机会、流动性、社会和经济活力的流失不可避免，失业者应当何去何从？一个显而易见的答案是——"缩减"社会经济规模。

时间线非常明确。

从2000年开始，生产力与就业之间的界限出现分歧，生产力继续呈强劲增长势头，但就业率突然下降。到2011年，两条线之间出现了明显的差距，这表明经济增长并未创造就业机会。[11]

布林约尔松和麦卡菲将其称为"大脱钩"。布林约尔松说：

这是当今时代的一大悖论……生产力处于创纪录的水平，创新速度无与伦比，但与此同时，收入中位数有所下降，就业机会也随之减少。由于我们的技能和组织无法跟上快速进步的技术水平，因此，人类目前尚处于落后地位。[12]

我们的经济组织没有跟上发展趋势，因为推动商业决策的激励措施并非以保护人类的工作为目的。相反，在税收和财务及管理方面制定了大量有利于开发人工智能/机器人系统并将其纳入生产和服务活动的激励措施。税收法规为人工智能/机器人技术的开发和使用提供了巨大的利益,增加了经济优势,同时,又能够"逃避"雇用人类劳动者产生的各种联邦税和州所得税。随着人工智能/机器人系统的快速发展,这种情况将更为突出。

  人类工作所面临的威胁不仅仅来源于技术和性能的优势。人工智能/机器人系统不仅能在效率方面超越人类,它还拥有其他优势,包括成本低廉,可靠性高,不会抱怨、请病假、怀孕、罢工、休假、要求加薪或提供特殊的住宿条件等。由于大多数企业面临复杂多变的劳资关系,因此,不少雇主更倾向于放弃雇佣人类劳动者。

# 第7章
# 人工智能/机器人技术与支离破碎的社会秩序

英国华威大学的罗伯特·斯基德尔斯基对我们需要处理的问题具有深刻的见解。他解释说：

1914年至1945年爆发了两次世界大战，分崩离析的世界迫使人们生活在绝望之中。耶茨在其1919年创作的诗歌《第二次降临》(The Second Coming)中描述了当时"摇摇欲坠"的世界："精英们全都丢掉了他们的信仰，败类们却充满了激情在世上横行。万事崩溃；偏离轨道；无政府主义者在世上胡闹。"[1]

斯基德尔斯基写道，第一次世界大战结束后，信仰和规范的瓦解所带来的后果是：传统的政治统治制度因战争而受到质疑，煽动者和民粹主义者披着合法性的外衣进行独裁统治。正如第一次世界大战促使耶茨提出的警示：政治和社会中心已不复存在，我们被卷入了一个蛊惑人心的时代。

## ‖ 美国已不再存在任何的"中心"

虽然我们以"中心难以维系"的想法为出发点，但是，我们甚至都难以识别美国政治意义上的中心。我们经常听到这样的说法：我们是一个国家，一个群体，一个与同情、正义和分享相关的利益共同体。这听起来就像是一个完美的乌托邦，但这种宣言无关于人性、部落主义的现实和我们所创造的亚文化。我们将一切事物彼此割裂，而非共同发展成为一个充满活力、爱心、关怀与合作精神的共同体。史蒂夫·伊斯雷尔在一次竞选活动中表示，人们对一切事情感到愤怒，对基本制度的尊重几乎消失殆尽，此外，随着人们数十年来赖以维持生计的当地就业机会逐渐消失，他们对领导者的背叛感到无助、恐惧和愤怒。[2]

美国最高法院大法官克拉伦斯·托马斯针对此类关切问题发表了看法。托马斯指出，他担心是否有任何核心价值观可促使我们共同构成一个政治共同体。当被问及他是否对任何有关基本问题的争议所伴随的敌意感到惊讶时，他解释道：

不，我并不感到惊讶。我的意思是，我们之间的联系是什么？我们还有什么共同点？……我们一直都在说"合众为一"。我们目前的为一（unum）是什么？我们已经拥有合众。什么是为一（unum）？有些人认为宪法不值得捍卫，历史不值得捍卫，文化和原则不值得捍卫。当然，如果你是我，这些就是值得去捍卫的目标。这就是激励你继续前行的动力所在。[3]

可悲的是，美国已经分裂成各种狂热的特征群体。团结、妥协和治愈已无可能，正如托马斯大法官指出的那样，我们缺乏拥有足够力量的"unum"来促使我们遵守一套共同的原则。在10到15年内，我们可能会面临不断增加的犯罪活动和暴力、军国主义镇压、民兵武装冲突、治安维持会以及（在某些情况下）城市游击战等社会暴动事件。主要城市的大部分地区可能会进一步发展成为"禁区"和"地狱"，郊区和农村居民将搬迁到安全的避风港或在动员之下建立防御系统——这是超越目前封闭社区的关键一步。

人工智能技术支持下的社交媒体加速并加剧了社会形态的瓦解。脸书前用户增长副总裁查马思·帕里哈皮蒂亚表示，关于脸书，他感到"极度内疚"。"我们创造的工具正在撕裂社会的运行架构。我们创造的短期多巴胺驱动的反馈循环（包括各种社交媒体渠道的点击、喜欢和点赞）正在破坏社会的运作方式。"他补充道："没有促进理性对话与合作，只会复制错误信息和蒙蔽真相。这不是美国独有的问题，这是一个世界性的普遍问题。"[4]

## 西方社会机会不平等带来的愤怒与日俱增

金融家穆罕默德·埃尔-埃里安指出："当你开始谈论机会不平等的那一刻，就会激起政治愤怒情绪。"[5]一位分析师在谈到埃尔-埃里安的评价时指出，特朗普政府上任后首先面临的是经济增长问题。他表示："当前的低增长形势产生的不平等主要涉及三个要素：财富、收入和机会的不平等。三个要素中的最后一个（例如，多个欧元区国家的高失业率）是最具爆炸性的因素。"

互联网和人工智能之所以能发挥作用，是因为穷人不断被"富人和名人的生活方式"所包围，这与他们长期奋斗在各种工作岗位却只能勉强维持生活的现状形成鲜明对比，从而导致人们内心深处滋生出一种强烈的不公正、愤怒和嫉妒感。在一个持续拥有大量信息流的社会中，富人和名人的生活方式成为公众关注的焦点，唯物主义者的炫耀在其价值观中占据上风，从而激发了大部分群体的怨羡情结。

电视节目《富人和名人的生活方式》（*Life styles of the Rich and Famous*）

也许只是一个开始，但现在看来，"富有"和"小康"和"我想获得你所拥有的"以及"贫穷"与"无家可归和失去亲人者"之间的争论充满了政治气息，我们周围不和谐的声音已经发展成为持续的阶级冲突。[6]

美国的不平等现象是真实存在且日益恶化的。当不平等现象已经发展到一个国家百分之五十左右的底层人口所获得的财富不足以满足其基本需求，其中大多数人口处于贫穷和困苦中时，这已经是切切实实的不平等。这与"嫉妒"不平等或"相对"不平等形成鲜明对比，人们之所以感到愤怒，是因为看到其他人拥有更多财富。问题在于，大多数人对经济不平等感到愤怒的原因并非出于"公正"，而是"嫉妒"那些"做得不错"的人，或者是看到财务状况更为优越的其他人。

### 不断增长的收入与财富不平等

- 到2030年，世界上最富有的1%人口将掌控全球三分之二的财富；随着人们对不平等现象的愤怒达到"临界点"，各国领导人必须对此采取行动。[7]
- 研究发现，1%的富豪拥有全球一半财富：瑞士信贷报告着重指出超级富豪与全球其他人口之间的差距越来越大。[8]
- 世界进入新"镀金时代"，亿万富豪的财富飙升至6万亿美元：自20世纪初的卡内基家族、洛克菲勒家族和范德比尔特家族时代以来，超级富豪拥有的财富更加集中。[9]
- 全球10%的离岸财富掌握在少数人手中。[10]
- "避税天堂"的财富不断上涨，目前相当于全球GDP的10%。[11]
- 欢迎来到新"黑暗时代"，只有富人才能退休。[12]

## ‖ 一场新内战？

美国已经陷入困境。开始于20世纪90年代且日益困扰美国社会的内战无法解决也不会被解决。剑拔弩张的气氛弥漫开来。人们陷入仇恨、愤怒，并且无法逃脱他们亲手制造的"牢笼"。

毕竟，大多数成员坚信自己受到了不公正待遇、被欺骗，没有受到尊重。他们认为自己应当享有更多份额的社会资源和产品。有些人只是单纯喜欢拥有权力的感觉，否则他们新建立的身份隶属关系就变得毫无意义或者毫无影响力。

权力中心日趋走向多样化和分裂，行动者过于关注自身关切的问题，深层次的社会信仰、原则和信条被严重破坏，已无法挽回，并且不存在任何妥协的可能性。美国已经分裂成各种相互竞争的部落和特征群体，他们对复杂的民主体系知之甚少，且缺乏尊重。大多数人拥有狂热分子所特有的近乎疯狂的意识形态信仰体系。互联网是导致社会疯狂和偏执的罪魁祸首之一。以下分析提供的资料表明我们在何种程度上偏离了能够参与合法对话和政治妥协的共同体。

---

**特征群体分歧：种族、性别、宗教、家庭和意识形态**

- 美国政治走向部落化。我们准备好承认这个事实了吗？[13]
- 美国的政治分歧正在持续扩大，民意调查显示：文化和经济问题存在巨大分歧。[14]
- 美国各州党派分歧加剧已造成各种负面影响。[15]
- 愤怒情绪推动了美国的现代政治气候。[16]
- 左派利用种族冲突实行"分而治之"。卡尔森说，越来越多的人认为种族分裂是这个国家几乎所有问题的潜在原因。即使是与种族无关

> 的话题也会意外引起种族焦虑。这种影响将导致国家深陷愤怒、分裂和恐惧之中。[17]

应该通过基于正义的合理倡导来应对明显的系统性不公平的现象，但是我们经常看到具有煽动性、激进思想的有组织的激进分子和代表各种利益、直言不讳表达观点的特殊利益群体。他们希望利用主流媒体对其煽动性言论的报道，获得人们的关注和支持。他们陷入了我们倾向于称为"左派"或"进步人士"、"极端保守主义者"、"无耻之徒"抑或是"民族主义者"的阵营。

最终的结果是，我们并没有展开真诚的对话，而是高喊着刺耳的口号并因此助长暴力。

一些积极分子确实受到了不公正待遇，尽管这种不公正并非来源于他们所指责的坚持偏见、逆向种族主义和歧视观念的人士。在种族歧视方面，此类"社会正义战士"的身份应当得到一定程度的特殊考虑，因为他们的政治组织仍在遭受罪恶的奴隶制度和虽然有所减少但仍在持续的种族主义所带来的心理和经济的后果。

### 社会与主流媒体助长、形成和触发的仇恨与愤怒

- 心理学家表示，越来越多的年轻人认为他们应当享有权益：这种心理导向来源于"认为自己优于其他人并且更值得拥有某些事物"的信念。这种形式的自恋将带来失望情绪和抨击倾向等重大影响。[18]
- 脸书的最强武器：无休止地将自己与他人进行比较：脸书诱导我们不断地参与"我与你的互动"，并为我们带来困扰。重度使用者则更加不快乐、感到孤独并且刻薄。[19]
- "千禧一代"指责"婴儿潮一代"破坏了他们的生活。[20]

- 在帕克兰（Parkland）事件之后，美国民众对于隐蔽携带枪支许可证培训的兴趣飙升至100%："这是前所未有的大飙升。"[21]
- 联邦调查局反恐中心称"黑人身份极端分子"已构成暴力威胁：一份被泄露的报告称，人们担心"警察对非洲裔美国人的野蛮行为"会遭到报复，并由此引发对打击激进分子的顾虑。[22]
- 装甲警车工厂扩大生产以满足需求的做法引起了争议。[23]
- 调查：大多数"千禧一代""Z世代"成年人更倾向于发短信而非面对面交流。[24]

在过去的几年里，自警方开枪射杀手无寸铁的非洲裔美国人所引发的大规模激烈抗议通过视频被公之于众起，执法人员也因此遭到伏击和谋杀。谋杀和袭击等暴力犯罪持续攀升。巴尔的摩的谋杀案件数量已经连续三年超过300起。在逮捕弗雷迪·格雷并将其送交警察局的过程中，警察滥用权力的做法引起了民众骚乱，被视为"食人魔"的警察减少了现场执法人员的数量，以免其成为愤怒人群和抗议活动的导火索，巴尔的摩的许多居民则请求在其社区中增加更多警力。[25]

### 支离破碎的社会和受到威胁的民主

- Alphabet的埃里克·施密特谈及假新闻、俄罗斯和信息战。施密特说，让我无法理解的事情是，人们采用与民主背道而驰的方式利用这些系统操纵公众舆论。[26]
- 社交媒体中的机器人程序使民主面临威胁。但我们并非毫无办法：日益复杂的机器人可在与人类互动的过程中影响它们的政治观点。我们拥有的技术可应对这种情况——我们要有决心使用这项技术。[27]
- "小说情节正在超越现实"：YouTube的算法如何歪曲事实：YouTube前

> 内部人士揭示其推荐算法及如何推送引起分裂和阴谋的短片和视频。[28]
> - 脸书表示无法保证社交媒体有利于民主。[29]
> - 社交媒体巨头是吞噬自由和民主的野兽。[30]
> - 脸书在涉及800个账户和页面的大规模清理活动中删除了《华盛顿邮报》在2016年11月刊登的对立网站黑名单所列明的账户,其中部分账户拥有数百万订阅者。[31]

不幸的是,社会各阶层之间和内部的仇恨正在破坏这个国家。随着原本已经恶劣的环境进一步恶化,人们将因为失去工作和经济利益而走上街头进行抗议,公共和私人养老金体系面临崩溃,民众缺乏安全感,或者通过犯罪寻求生存。我们之所以会感到愤怒,是因为没有得到我们需要的东西或是我们认为正确和可能得到的东西。这种现象正在世界范围内蔓延开来,其核心在于失业、腐败、贫困、扭曲的全球经济形势(在国家之间和国家内部造成极其不公平的社会财富分配)和缺乏可预见的机会。其中一个后果是:来自贫困国家的合法和非法移民数量持续激增。但是,由于富裕国家同样处于恶劣的环境中,它们应当如何寻求救济?

联合国劳工机构警告说,除非决策者采取迅速行动,否则不断上升的失业率、不平等现象和缺乏体面工作等因素将加剧社会动荡。国际劳工组织表示,在经济和政治存在不确定性的背景下,全球抗议活动有所增加。在关于全球劳动力市场前景的一份悲观报告中,该机构还预测,随着大批受挫的求职者离开其国家寻求更好的发展前景,移民数量将在未来10年内持续上升。[32]

虽然在面对这种情况时可能需要增加执法力度,但这绝非最理想的解决方案,并且可能会如前文所述激起更加强烈的怨恨和冲突。

# 第8章
## 生产力与劳动力需求脱节的社会代价

大公司通过降低成本和控制利润来源的市场达到提高生产率的目的。使用人工智能/机器人技术可大大降低成本。采用人工智能/机器人技术意味着提高效率,减少与劳动力相关的费用以及因使用人工而产生的其他问题,从而淘汰人类劳动者并提高生产力。所有的一切均对资本极为有利,但劳动者将受到哪些影响?

劳动者的处境非常糟糕。伦敦《卫报》详细介绍了麦肯锡全球研究所关于众多发达国家就业收入停滞和下降的报告,2008—2009年的经济危机以及数百万"千禧一代"面临的不确定性是形成这种趋势的主要原因。

在涵盖2008—2009年金融和经济危机的10年间,最富裕的25个西方国家中有5亿人的收入处于停滞或下降状态……2005—2014年,25个发达国家中有65%~70%的人口没有增加收入。报告指出,收入停滞或下降的家庭数量急剧增加,当今年轻一代面临比父母更穷的风险。[1]

随着生产和服务系统从人工劳动力转向人工智能/机器人技术,经济活动所产生的回报将创造出一个拥有巨大杠杆和影响力的超级富裕群体。

相反，我们将看到越来越多在经济方面被剥夺权利的低端工人（仅获得最低生存收入）和大量长期失业者。

我们已经经历了某种程度上的结构调整，正如丽贝卡·格林菲尔德所说："许多失去高薪工作的人已经找到了工作，但只是零售小时工和餐饮服务等低薪工作。这些新的小时工不仅工资低廉，而且日程安排比经济衰退前的小时工更加难以预测"。[2]

更糟糕的是，零售业的工作岗位正在大量消失，从而导致人们的收入和社会地位随之下降。美国劳工统计局发布的一份研究报告称，有多达1600万美国人正在从事兼职、临时工或技术性临时工。报告还表明，除了不确定性和缺乏健康、养老金及其他福利之外，临时工的工资水平通常比从事同等稳定工作的人低20%~30%。[3]

工作岗位消失和收入停滞甚至下降意味着我们在现有税制下获得足够的政府财政资源的能力正在被逐渐削弱，财富创造方式的转变以及从劳动力到资本的利益分配是导致这一现象的主要原因。其中一项重要挑战是：重新设计联邦、州和地方政府获得所需收入的系统，以应对长期和永久性的未充分就业和失业问题。此项工作至关重要，因为人工智能/机器人技术转型将危及关键社会保障体系的完整性，此外，由于失去积极的工作经验、社会流动性的降低和越来越有限的工作机会，其将对个人和社会产生负面影响。

自2008—2009年经济合作与发展组织（经合组织）国家（希腊除外）经历经济衰退以来，英国的实际工资水平出现了最大跌幅。[4]英国一项有趣的分析试图解释为什么英国劳动者的工作时间越来越长，但整体生产力却糟糕透顶。在一篇名为《为什么英国劳动者的工作效率如此之低？》的文章中，夏洛特·西格写道："工作时间处于历史最高水平，但生产力已经崩溃——低工资、死板的工作规程和职业不安全感是罪魁祸首……这真是一个谜：工作时间处于历史最高水平，受雇人数比以往任何时候都多，但生产力却在下降——政府数据显示产出处于1991年以来的最低水平。为何生产率会直线下降？"[5]

西格认为，实际工资的下降和就业形势的不确定性是导致生产力下降、对未来产生恐惧和不确定性、雇主/员工忠诚度降低以及员工培训减少的关键因素。另一位分析师认为："人们意识到他们并没有得到公平的工资份额，大多数人签署的是短期合同，因此并不存在提高生产率的动力。"

就连能否找到工作都已成为其中不可避免的问题之一，更不用说处于停滞和下降状态的工资标准以及有限福利。无法确定工作时间或个人维持生计所需的工作量会导致影响个人和社会的不确定性。一份报告显示，有1000万名英国工人正在从事"不稳定的工作"，这一数字占英国劳动力总数的三分之一。这种不安全感形成的紧张氛围导致61%"没有安全感"的劳动者处于压力和焦虑状态。[6]

对于那些关注收入不平等增长的人而言，不平等现象和日益缺乏的就业机会将使形势变得更糟而不是更好。根据一项研究得出的结论："根据目前的预测，英国2022年的平均收入不会高于2007年的水平。工资水平在15年内不会上涨……这种现象前所未有。"[7]

经合组织从经济学、财富不平等、机会和社会公正的角度描述了形势恶化到多么糟糕的程度。经合组织告诫人们：

生产率增长缓慢将带来各种挑战，特别是在解决收入不平等、福利承诺、提高生活水平和投资激励方面。恢复美国商业部门的固有活力可作为促进生产率快速增长的一种方式。实现该目的需要具备竞争性的市场力量、有技能的流动劳动者以及促进创新的政策。[8]

当美国和全球竞争性市场力量推动经济活动转向人工智能/机器人技术并导致人类职业逐渐消失时，经合组织恢复美国商业部门活力的方案将难以执行。发展"有技能的流动劳动者"听起来是一个不错的主意，并且将帮助一部分人找到就业机会。但是，员工需求数量将有所减少，并且我们无法完全确定主要的新技能应当包括哪些内容。劳动力的流动性将成为其中一个因素,因为具有活力的就业中心将像硅谷和北卡罗来纳州的三角研究园一样不断发展。但即使具备一定的流动性,也无法保证足够的岗位数量。处于"活力"区域之外的领域将面临严重问题。

青年失业在西欧和美国属于普遍现象。根据不同的地理位置,青年失业率在20%~50%,该数字表明绝大部分西方国家的年轻群体并不具备成为高效率劳动者所需的技能、工作习惯、纪律观念和价值观,因为在获得并内化此类习惯和特性时,他们尚未开始职业生涯。这对受影响最严重的多国经济具有重要意义。

人工智能/机器人技术转型所带来的后果绝不仅仅是缺乏就业机会。就业性质发生变化、拥有体面工作或任何工作的可靠性、机会数量不断减少、缺乏社会流动性以及可获得的工作岗位质量下降都是日益引起人们担忧和不满的重要因素。在不断发展的"新经济时代",雇主不断变化的需求与只在"旧经济时代"出现的工人技能缺陷已存在明显脱节。[9]许多雇主因缺乏人才而无法填补现有职位,因为没有足够的人才具备必要的技能和知识。当劳动者好不容易具备所需的技能时,雇主可能已经做好准备使用人工智能/机器人来替换人类劳动者了。

# 第 *9* 章
## 我们的孩子失业后还能做些什么?
## 从社会、经济的阶梯上滑落

在所有发达国家中(包括北美、欧洲和澳大利亚),由于工作岗位逐渐消失,工作性质发生根本变化,潜在劳动者并未针对所需技能接受培训,甚至不具备工作能力,从而导致年轻群体面临严重的就业不确定性。[1]许多工作岗位更加难以获得或维持,但教育和生活支出持续增加,工资仍处于较低水平。[2]

一项分析强调了"千禧一代"所面临的失业和更换工作的困境。盖洛普公司通过这项研究得出的结论是:"千禧一代是最容易受到人工智能和自动化技术威胁的一代人,因为他们所处的职位更有可能被这项新技术所取代。"[3]

"第四次工业革命"正在以前所未有的速度和势不可当的步伐改变着人类活动和文化制度。挑战的核心在于:人工智能/机器人技术不仅取代了人类活动所涉及的体力劳动或计算能力,并且正逐步接管以往被视为人类智力活动所独有的创造性思维过程,目前的人工智能技术可在日益复杂的软件应用中捕捉此类过程。由于人工智能/机器人技术的应用将使总生产力进一步呈指数级增长,并导致对人类智力资本和输出劳动力的需求不断减少,我们将得到一条短暂上升的生产率曲线——即使是在价值和效率更低的人类劳动力获得的实际工资出现暴跌的情况下。

"千禧一代"中被视为中产阶级的人口比例低于任何时候的任何一代。[4]他们所经历的压力带来了多方面的影响。英国针对"千禧一代"展开的一项研究表明:即使在相对年轻的时候,他们也会面临严重的身体和心理的健康问题。健康基金会警告称:

"千禧一代"可能是第一代面临人到中年时健康状况比父母还差的人。由于就业、人际关系和住房问题,20多岁和30多岁的群体在30年内患上癌症、糖尿病和心脏病等"生活方式"疾病的风险更高……这种趋势与长期压力、焦虑、抑郁或生活质量下降有关……[5]

麦肯锡全球研究所的结论是:"在工业化历史上,除了战争或自然灾害时期,与其他社会群体相比,年轻群体的收入水平首次呈下降趋势。"[6]该研究所称:"如果延续过去10年的'缓慢增长'状况,高达80%的收入群体可能会在未来10年内面临收入停滞或下降的情况。提高自动化程度将导致30%~40%的家庭在增长加速的情况下仍然无法增加收入。"[7]

"无产阶级""中间无产阶级"两个词已经被广泛用于描述目前的形势。"无产阶级"是指经济状况不稳定的群体,即那些迅速发展的拥有不稳定的工作岗位且工资较低的群体。相比之下,"中间无产阶级"是指经济状况较为适中和宽裕的群体,但趋势并未朝着这个方向发展……处于这个社会经济层面的群体所拥有的工作越来越不稳定,包括短期合同或轮班工作。[8]

第9章 我们的孩子失业后还能做些什么？从社会、经济的阶梯上滑落

## 美国年轻一代能否与勤奋工作且更具进取心和创造力的同代人竞争？

有些人对"千禧一代"面临的困境感到同情，但与此同时，他们认为态度上的转变是造成这个问题的主要原因。例如，玛莎·斯图尔特认为美国的"千禧一代"是被溺爱、软弱和懒惰的一代，对于未来会面临艰难时期的人而言，这并非理想的特质。[9]斯图尔特的言论可能会让一些人感到不快，但这并不表示其毫无根据。

诸如要求坚持极端的政治正确性，以免任何人的感情受到伤害，以及部分群体宣扬他们对于宽容的坚持，但认为自己有权参与极具攻击性甚至暴力性的抗议活动，而非对此表示轻蔑和不满，这种现象令人难以理解。

在人工智能/机器人技术领域，雇主可引用这种态度证明尽快转向非人类劳动力的合理性。雇主表明其必须与那些从不满足且不断提出要求的人打交道，以免被指责为"不够善解人意"，这不仅模糊了雇主降低劳动条件的事实，并且试图证明他们剥夺劳动就业权利的合理性。如果替代方案是从人类劳动者转向机器人生产和服务系统，此类系统可根据指令行事，不会生病或出现个人问题，不会对毒品或其他物质上瘾，不会因为任何人的严词批评或糟糕的评价而提出起诉，注重利润和工作本质的雇主基本上可以自己做出决定。

另一方面，正如有的读者所提出的问题，上述分析似乎过于片面地强调雇主对劳动者的不满。戴安娜·克里尔指出：

从劳动者的角度来看，存在福利被剥夺、加强监视和不稳定性等问题。在其他文化中得到认可的人类功能的合理需求（例如怀孕）却被视为机能障碍。通过关闭商店并在其他地方开设新店剥夺员工的资历；强迫员工签署弃权书，防止其提出诉讼等。

克里尔的分析是正确的。我们的措辞的确更偏向雇主对普通劳动者的担忧。但这使问题的核心得以突显，即劳动者和许多雇主之间从根本上存在着权力不平衡，因为他们的业务活动具有可被人工智能/机器人系统取代的特征。在缺乏监管或政府干预的领域，如果将生产或服务活动转向人工智能/机器人技术，对人类劳动者应尽的义务可能会随之消失。事实上，如上文所述，政府甚至在鼓励和促进这种转型。除非我们的整个政治体系能够制定出相关的激励和抑制的措施，以鼓励和促进对人类工作的保护和创造就业机会，并在投资者决定过渡至人工智能/机器人生产系统时施加成本，否则我们将面临人类劳动者大规模失业的风险。

如果希望避免这种情况，则需要修改游戏规则并调整权力不平衡状态。这种情况只有在社会预见迫在眉睫的危险时才会发生，同时应致力于制定能够稳定人类工作的经济规则，并减缓和限制向人工智能/机器人过渡的速度和规模。

马克·鲍尔莱在2008年的一项前瞻性分析中提出了导致当前形势的另一个关键因素，他对"数字时代"所带来的结果做出了详细而明确的分析。鲍尔莱所著的《最"愚蠢"的一代：数字时代如何让美国年轻人变得"愚蠢"并危及我们的未来》(The Dumbest Generation: How the Digital Age Stupifies Young Americans and Jeopardizes Our Future）值得一读。[10]这份令人惊叹的报告强调了鲍尔莱的立场——过度使用数字工具可能会削弱人们的思考质量，这份报告表明人类的智力水平自第二次世界大战后一直呈下降趋势，且下降速度在过去的几十年中持续加快。报告认为主要原因包括教学质量和阅读兴趣下降，以及注意力被电视和电脑所吸引。据伦敦《泰晤士报》报道：

这种下降趋势（每代人至少下降7个百分点）开始于1975年出生并在20世纪90年代初进入成年期的人群。科学家表示，这种退化可能来源于数学和语言教学方式的变化，或是注意力从阅读书籍转移至电视和电脑。然

## 第 9 章　我们的孩子失业后还能做些什么？从社会、经济的阶梯上滑落

而，智力的本质也可能在数字时代发生变化，并且无法通过传统的智商测试得到体现。[11]

同样有趣的是，一份报告表明，硅谷的"技术精英"不希望自己的孩子在数字设备的环绕中成长。内莉·鲍尔斯在《纽约时报》2018年10月发表的两篇揭示性分析"贫富孩童之间的数字鸿沟并非我们所愿"和"硅谷即将达成关于屏幕和孩子们的黑暗共识"的文章中写道：

屏幕对孩子的影响让硅谷的父母越来越恐慌，他们开始转向无屏幕的生活方式，并对新的数字鸿沟问题提出了担忧。穷人和中产阶级家庭的孩子可能会在屏幕的陪伴下长大，而硅谷精英阶层的孩子将回归木制玩具，享受与人互动的奢侈。[12]

鲍尔斯补充说，通过销售数字技术挖掘并创造数百万美元财富的硅谷技术专家突然产生了"来到耶稣面前"的感受。他们发现，持续使用数字系统正在损害孩子们的智力发展。她写道：

科技杂志《连线》前编辑，一家机器人和无人机公司的首席执行官兼GeekDad.com的创始人克里斯·安德森称："在糖果和毒品上，数字产品显然更接近毒品。制造这些产品的技术人员以及那些关注科技革新的人们都天真地以为情况可以控制。但我们根本无法控制。它与正在发育的大脑中管理愉悦感的部分直接相关。这不是普通父母可以理解的东西。"……"在我开始发现症状和后果之前，我并没有意识到我们所做的事情对孩子们的大脑来说意味着什么。"[13]

阿里巴巴创始人马云曾提到，教育制度不该让学生为不会存在的制造业岗位做准备。[14]这不是唯一的问题。学生们多年来在学校里过着养尊处

优的生活,很少经历过失败,即使成绩平平也能获得奖励和奖章,他们不会感受到自我威胁,这让西方国家的年轻群体无法与其他文化中没有被过度保护的同龄人进行竞争。

我们也不应该责怪年轻人,因为他们在很大程度上是成年人行为的受害者。部分年轻群体因为过度纵容和溺爱的父母而受到伤害,此类父母尽其所能为孩子提供轻松的生活环境,他们的子女因此被宠坏。还有其他一些群体在不健全的家庭中成长,无法由父母共同进行教导,无法为其制定和实施行为准则。还有一些人生活在贫困的环境中,因此不利于获得大多数中产阶级家庭认为理所当然的各种优势和教导。

缺乏明确的标准、良好的育儿方式、明智的教育政策以及有效的指导和支持系统,此类问题不仅仅存在于美国。

我们需要面对这样一个事实——孩子们的系统性背叛将导致年轻一代缺乏为在高水平活动中赢得竞争和高效完成工作所需的培训、协作、教育、标准和纪律。例如,英国决议基金会的分析师亚当·科莱特表示,鉴于英国雇员的工作习惯存在严重缺陷,英国的经济体系需要通过机器工人提高生产力。[15]仍然适用于人类劳动者的新工作不一定适用于美国劳动者。在美国人中,大多数年轻人缺乏与其他国家的人(特别是亚洲国家的竞争对手)或人工智能对手进行竞争所需具备的基本工作习惯。皮尤研究基金会的报告指出:

"只有29%的美国人认为本国K-12阶段的科学、技术、工程和数学(STEM)教育为世界最高水平或高于平均水平……对美国科学促进会成员进行的一项附带调查发现,只有16%的人认为美国的K-12 STEM教育为最高水平或高于平均水平;相比之下,有46%的人认为美国的K-12 STEM教育低于世界平均水平。"[16]

假设上述分析具有有效性,皮尤中心的研究结果意味着:在全球化和

## 第9章 我们的孩子失业后还能做些什么？从社会、经济的阶梯上滑落

竞争激烈的经济形势下，即使出现新工作，美国人也不可能成为填补大部分职位空缺的主力军。[17]他们要么在技能方面表现不佳，要么在竞聘不需要技巧的工作时工资要求过高（无论是不切实际的期望还是实际需求），不具备竞争力。

在美国，我们经常能听到这种说法：涉及受过STEM教育的工作者的职业对大学生而言代表着最有保障的就业前景。然而，在许多情况下，学习此类大学专业的学生表现出令人不安的退学倾向。他们通常给出的理由是此类学科难度太大、负担过重。一些研究人员对当前的形势做出了令人不安的判断，他们指出："研究报告称，在主修STEM课程的美国大学生中，有50%的学生已经退学……"[18]

无论原因是什么，这对社会凝聚力或就业多样性而言绝非善事。考虑到与城市学校系统结果相关的残酷而令人沮丧的统计数据，最大的挑战和悲剧在于学校正在违背学生的利益。这个问题已经持续数年，且无法立即得到解决。与拥有强大教育背景或成长在更具支持性和鼓励性的家庭环境中的人相比，在此类系统下接受教育的大多数人在竞争中显然处于劣势地位。

有人指责大多数美国学生倾向于回避难度较大且负担过重的教育学科，这种说法可能是正确的。科学和数学在学科内容方面有着严格的要求，并且需要做好长期的准备工作。如果不具备此类学科所要求的基本素质，则补救性的教育方法也无法填补这种空白。

教育部发布的教育评估报告指出，美国公立学校中有65%的8年级学生缺乏阅读能力，67%的学生缺乏数学能力。[19]在竞争日趋激烈的环境中，其他国家对年轻人的学业表现提出了严格的要求，而美国学生则准备不足，缺乏高水平的学习，且不够熟练，未来前景堪忧，丧失的机会比可能发生的情况更多。

在美国学校制度下，将有更高比例的毕业生在竞争优质岗位时处于劣势。政治和道德方面的问题随之产生。为了了解美国所面临的困境的严重

程度，我们提供了关于城市学校状况的部分数据。数据表明，不少大型美国公立学校的制度几乎完全处于混乱状态，大多数毕业生无法在雇主寻求高级技能人才的经济环境中赢得竞争。

对于在部分城区就读的学生而言，结果要糟糕得多。在教育部公布的2017年NAEP考试成绩所涉及的27个大型城区中，底特律公立学校中数学和阅读能力达到精通或更高水平的学生比例最低。在底特律的公立学校中，只有5%的8年级学生的数学能力达到精通或更高水平，仅有7%的学生在阅读能力方面达到精通或更高水平。在克利夫兰的公立学校中，只有11%的8年级学生在数学能力方面达到精通或更高水平，仅有10%的学生在阅读能力方面达到精通或更高水平。在巴尔的摩的公立学校中，只有11%的8年级学生在数学能力方面达到精通或更高水平，仅有13%的学生在阅读能力方面达到精通或更高水平。在弗雷斯诺的公立学校中，只有11%的8年级学生在数学能力方面达到精通或更高水平，仅有14%的学生在阅读能力方面达到精通或更高水平。[20]

尽管我们在本书中提及的大部分内容均与美国的制度有关，但欧洲国家也存在严重的经济问题。欧盟年轻劳动者的平均失业率高于20%，而在南欧国家，年轻群体的失业率约为50%。诺贝尔奖获得者兼经济学家约瑟夫·斯蒂格利茨解释说：

有关青年失业问题的统计数据承载着数百万欧洲年轻人破灭的梦想和希望，他们中的许多人都在努力工作和学习。这些数据反映了离开本国移居国外的求职者所面临的家庭分裂现状。它们预示着在未来的几十年内，欧洲的增长速度和生活水平将会更低。此类关于经济的事实反过来又产生了深刻的政治影响。冷战后时期的欧洲基础正在动摇。[21]

第9章 我们的孩子失业后还能做些什么？从社会、经济的阶梯上滑落

欧洲基础的动摇正在创造一种新的体系，在这种体系中，我们没有丝毫的理由相信能够有足够体面或令人满意的工作来满足人类劳动者的需求，即使我们拥有足够的洞察力来设计最优秀的教育体系。[22]就目前的就业前景而言，我们正处于"进退两难"的境地。[23]大学和我们的教育及培训体系的其他要素仅能协助学生为特定领域做好准备，此类领域的岗位数量有限，或者代表不断变化的就业类型（随着人工智能/机器人技术的转型过程持续推进，并在日益广泛的活动领域取代人类劳动者，此类目标持续呈下滑趋势）。[24]

## 兼职、短期工作或零工经济并非解决方案

至关重要的是，我们应当意识到，零工经济这样的假想替代方案并无任何神奇之处，人们将多份兼职工作拼凑在一起，从一个零工岗位换到另一个零工岗位，就好像他们是表演者和音乐家一样。零工方式对一些人来说是可行的，但对大多数人而言却是死胡同，他们会发现很多问题，例如，工作压力与日俱增、竞争异常激烈、缺乏足够的机会以及无法获得医疗保险和养老金等关键福利。优步和来福车对出租车行业的损害则更大，并因此导致出租车驾驶员的收入大幅下降，自杀率大幅上升。[25]在不同的岗位或临时工作之间过着游牧民一般的传奇生活，与其说是针对当前问题的一种解决方案，不如说是一场迫在眉睫的噩梦。我们可参考一份关于英国零工经济的报告。

现代工作的一天已经开始。数千名快递员抵达当地的分站，并花费一个小时的时间整理堆积如山的包裹，里面装着从英国最知名的品牌网站购买的各种形状和大小的商品。每一件快递都必须在当天送达。一位优步驾驶员有些恼怒地对我们说："如果我们中的大多数人都成为私家出租车驾驶员，工作岗位根本不够。"[26]

正如这位敏锐的优步驾驶员所提出的问题，指望有足够的零工工作来满足劳动者的需求只是一个白日梦。你很快就会发现，可供转换的工作比想象中的要少，即使能够找到工作，也无法获得就业保障。[27]在此情况下，劳动者几乎完全处于企业经营者的控制之下，大多数劳动者的工资将持续走向低谷。许多人类劳动者将成为一种可互换的劳动力商品，无论管理者在任何时候决定以任何理由替换他们，都会有无数的替代品可供选择。

我们已经经历了人工智能/机器人技术带来的"失业潮"对人类和人类行为的一些社会影响。皮尤研究中心的一项研究发现，"2000年至2014年间，在美国229个大都市中，203个城市的中等收入家庭的成年人比例有所下降。这表明，中等收入阶层面临一致的下降趋势。中等收入阶层被定义为收入处于全国收入中位数的三分之二到两倍之间的群体"[28]。

美国全国广播公司的一份分析报告称，千禧一代正在经历"长大或成年"的艰难时期，他们将其称为就业短缺带来的影响。18岁至34岁与父母同住的未婚和非独居群体正在急剧扩大。[29]一个惊人的事实是，尽管千禧一代面临着上述所有问题，但如果美国德美利证券（TD Ameritrade）就他们如何看待未来所发布的最新调查结果具有准确性，那么许多千禧一代似乎正生活在梦想世界中：

53%的千禧一代认为他们有一天会成为百万富翁。尽管如此，25%的人表示他们永远不会结婚，30%的人计划永远不要孩子。近20%的人表示，他们仍然依赖父母的经济支持。他们预计将在56岁时退休，但在36岁之前不会开始为退休存钱。[30]

美国和欧洲以及日本、俄罗斯和中国的出生率均出现下降趋势，甚至已经低于更替水平。正如本书在"年龄的诅咒"案例研究中所讨论的，这意味着如果30%的千禧一代没有孩子，并且有孩子的家庭平均只有一个孩子，我们的社会将日益向人口年龄范围的上限倾斜。在美国、英国、欧

## 第 9 章　我们的孩子失业后还能做些什么？从社会、经济的阶梯上滑落

盟、日本和中国，这种情况已经发展到令人不安的程度。随着这些社会的年龄扭曲程度越来越严重，就业形势将受到重大影响，社会补贴和医疗保健成本将随之增加，社会凝聚力将逐渐丧失。随着传统的家庭结构和联系逐渐消失，许多人的孤独感也会越来越强烈。

# 第10章
## 不断变化的就业市场中的赢家和输家

关于这一点，首先我们提出了一项令人沮丧的宏观经济预测，在不久的将来，我们将失去大量的人类工作岗位。在本章中，我们暂且回避此类可能性，将目光转向可能诞生一些赢家的微观就业领域，以及那些可能存在就业消失的领域。

报告显示，大多数年轻人将在其一生中面临频繁的职业变动，其从事的工作类型将多达15~20种，而非面对单一的雇主从事单一的职业。这种情况被描述为矩阵或横向的工作系统，而非垂直或按层次划分的职业道路。这种情况并非没有挑战。

对于许多人来说，职业阶梯似乎已被弃用，但取而代之的可能更加令人恐惧。职业网络（或称"网格"）是指一条职业道路，在这个网络中，横向调动与传统的晋升和向上流动一样，是劳动者实现其最终目标的关键所在。许多人仍在思考如何应对这种不那么平坦的职业道路所带来的大量机会。与跨国公司合作的咨询公司克莱克斯（Coreaxis）首席人才发展策略师凯特·泰南表示，劳动者"正在转向一个网络或者迷宫——没有任何需要你去攀登的职业阶梯"。[1]

## 第 10 章 不断变化的就业市场中的赢家和输家

最艰巨的挑战之一是,许多领域的工作岗位将逐渐消失,即使是在多层面的横向工作环境中,仍有大量的求职者无法找到工作。但是,如果频繁的横向调动变得越来越普遍——无论是在员工还是雇主的驱使下——都将对员工的忠诚度和绩效表现产生重大影响。[2] 报告还指出,考虑到各种就业环境正在发生变化和破坏,人们需要大规模开展多样化的技能和就业再培训项目。

对于大多数人来说,除了那些最幸运、人脉最广、最有才干的人外,任何体面的薪资水平或者代表机会和社会流动性的工作可能都是不切实际的选择。许多人将被困在永无休止的激烈竞争中,同时还要兼顾多份工作,以求收支平衡。人们将越来越普遍地从一份低薪的短期工作转换到另一份工作,而此类工作无法提供足够的退休或健康福利,就业保障有限或根本没有保障。但对大多数人来说,转换工作的主要原因是出于职业不安全感或工作岗位消失,并非其主动做出的选择。

随着人工智能/机器人技术的转型,对于所有应该工作或需要工作的人而言,其所需的工作数量或质量将难以得到满足。是否可获得优质岗位还取决于一个特定的经济地区是否拥有足够的就业机会来支持横向工作变动。各种区域性的经济活动将一如既往地为大量人群提供就业机会。但在许多其他地区,就业选择的质量和数量将受到限制。

就业不足的地区将被就业过剩的地区所取代。一个多世纪前,在美国从农业经济向工业经济大规模转型的过程中,我们发现,如果没有就业机会,"你就无法将人们留在农场"。同样的道理,那些更有能力、抱负和才华并且能够愿意搬家的求职者将转移到数量有限的工作和文化的中心。大量技能较差和处于劣势的人将被留在经济相对落后且就业机会有限的地区。

这也不能说明低薪劳动者是否有能力承担为寻找工作而搬家和重建住所的费用。正如我们已经看到的那样,随着大篷车和源源不断的移民大军从落后国家踏上危险而艰辛的旅程,前往较为富裕的西方经济体,我们似乎正在目睹美国大萧条和20世纪30年代沙尘暴危机的重演。然而，如果就业岗位的消失达到预期规模，美国很可能会再次面临这种严峻的形势。

## ‖ 就业增长（理论性）

以下工作类别被视为具有长期可持续性的潜力。这些类别来源于美国大学理事会研究人员的分析结果，我们添加了简短的补充内容，以说明此类假设是否与人工智能/机器人技术发展过程中所发生的情况相一致。正如我们所指出的，此类预测结果的问题在于，即使在此类就业领域，人工智能/机器人设计师也在迅速取得重大进展。因此，尽管美国大学理事会的分析师认为以下领域比其他许多领域更加安全，但人工智能/机器人技术势不可当的发展步伐可能会让这种希望落空。

- 家庭健康助理（日本和中国在该领域的研发速度表明，此类职位极易受到人工智能/机器人发展的影响）。
- 理疗师（同样容易受到人工智能/机器人发展的影响，新加坡的推拿及其EMMA机器人理疗师就是取得重大进展的一个早期例子）。
- 财务顾问（在美国，大量财务顾问岗位已经在多数情况下被人工智能系统所取代）。
- 信息安全分析师（人工智能系统已经开始取代此类职业）。
- 软件工程师（未来10年或20年尚处于安全期，但是，针对目前正在进行人工智能系统编写和编程软件的高级研究可受到影响）。
- 注册护士（容易受到人工智能/机器人发展的影响，部分医院已开始使用）。
- 卡车驾驶员（容易受到快速发展的卡车和汽车自动驾驶系统的影响）。
- 医疗服务经理[3]（未来20年尚处于安全期）。

《今日美国》2017年发布的一份报告显示，对以下职位的需求将不断增长：

- 数据科学家。
- DevOps（或开发运维）工程师。
- 数据工程师、分析经理[4]。

DevOps是最受重视的领域之一。但是，DevOps所涉及的内容及有效地完成这项工作所需的主要技能尚未完全确定——在快速发展和变化的环境中，这并不足为奇。

术语DevOps对于软件项目中的不同涉众有不同的含义。DevOps是一种人生哲学（有人称为运动），可促进软件开发人员和运维经理之间的合作。DevOps开始作为职务名称出现在招聘网站的空缺职位列表中。但是，DevOps经理和DevOps工程师等职位所需的技能尚未得到确定。[5]

"大数据分析"是另一个据称正在兴起的领域。考虑到企业正在处理的海量、多样化数据馈送业务，这种说法不无道理。但即使在这种情况下，我们也发现了一些问题，例如，可能创造的就业岗位数量，以及有效完成此类工作所需的高技能水平。大数据分析或数据科学的概念被描述为"检查大型和各种数据集（即大数据）的过程，该过程旨在揭示隐藏模式、未知的相关性、市场趋势、客户偏好和其他有助于企业做出明智商业决策的信息。"[6]

将数据科学家作为一种安全职业选择的问题是：没有多少人天生具有处理大量数据、辨别数据集之间联系的能力，也没有多少人能够准确评估这种相互关联的含义。这意味着，尽管大数据分析将成为一些人的工作，但所需和可获得的岗位数量较为有限。随着人工智能系统的复杂性不断提高，人工智能应用程序不断得到开发和调整，由人工智能驱动的应用程序能够以远超人类能力的方式识别大量数据中包含的模式、关系和含义。这意味着，虽然可能对有限数量的人类数据科学家存在临时需求，但在某种程度上，大部分工作仍将由人工智能系统完成。

有意思的是，经过各种因素的综合考虑，可能会出现一类火爆而稳定的行业——机器人防范。在如此迅速的发展速度下，习惯于缓慢变化的僵化的教育体制无法预测、理解并连贯地传授所需的技能和知识。这并不意味着传统的教育机构和流程在某些情况下无法发挥作用，但其运作模式的发展速度过于缓慢，以至于无法跟上瞬息万变的形势。关于这一点，我们所面临的问题是：没有任何学历教育可真正提供关键技能、知识基础和经验来确保人们针对新经济时代及任何可能面临的形势做好充分准备。这对我们的教育领导者提出了挑战。

其中一个考虑因素是，高水平的技术娴熟度将成为许多工作的基本要求。其中包括处理、组织和集成大规模数据集及跨部门进行团队合作的能力。做到这一点需要理解不同学科活动领域的假设、方法、限制和能力。在一个高度专业化的时代，必须有人能够超越封闭我们的"盒子"。这需要我们将知识和经验进行特殊组合。

## ‖ 数据科学家和"公民数据科学家"（CDS）

还有一大类的工作正在形成，具有代表性的职业包括新近出现的数据科学家和"公民数据科学家"（CDS）。CDS似乎与上文所讨论的"开发运维"和"分析翻译"有一定的相似之处。主要由商业咨询公司开发的这些类别旨在面向某一类新兴的专业人员/通才，他们能够利用数据工具，应用于特定的工作环境。此外，此类人员应当能够以可理解的方式向与之共事的其他人解释和塑造信息，并且能够协调团队活动，根据需要提供战略性的洞察和建议。总而言之，在许多公共和私人机构的背景下，这将是一个非常复杂和重要的角色。

有趣的是，CDS一词之所以开始流行，是因为该角色比通常代表正式数据科学家工作的角色更加广泛和多样化。高德纳是一家专注于技术的领先商业咨询公司，该公司对接受过正式培训的数据科学家的工作进行了如下描述：

> 对于希望从"大数据"计划的信息资产中获得洞察力的组织而言，数据科学家是至关重要的角色，其需要具备广泛的技能组合，此类技能可在团队合作的过程中发挥更好的作用，例如，协作和团队工作是与业务涉众展开合作以理解业务问题的必要技能。分析和决策建模技巧是发现数据内部关联和辨别模式所必须具备的能力，构建用于分析的相关数据集需要具备数据管理技能。[7]

威斯康星大学的数据科学项目针对数据科学家在组织中所做的工作提出了自己的观点。

- 确定为组织提供最大机会的数据分析问题；
- 确定正确的数据集和变量；
- 从不同的数据源收集大量结构化和非结构化数据；
- 清理和验证数据以确保准确性、完整性和一致性；
- 设计并应用模型和算法挖掘大数据存储；
- 分析数据以确定模式和趋势；
- 解释数据以发现解决方案和机会；
- 使用可视化和其他方法将结果传达给利益相关者。[8]

威斯康星大学随后在解释中补充道，在2013年出版的《数据科学实战》(*Doing Data Science*) 一书中，凯西·奥尼尔和蕾切尔·舒特描述了数据科学家的职责。

一般而言,数据科学家是指知道如何从数据中提取含义和解释数据的人,他们需要通过统计学和机器学习及人类获得工具和方法。他们花费了大量时间进行数据收集、整理和加工,因为没有绝对纯净的数据。这个过程需要坚持不懈的努力及统计和软件工程技能——此类技能是理解数据偏差和针对代码调试日志输出的必备技能。[9]

数据科学家这一角色接受教育和培训的人数相对有限。如上文所述,在过去的几年里,越来越多的咨询公司将 CDS 这个概念作为一种机制,以解决缺乏经过正式培训的数据科学家的问题。CDS 所扮演的角色如下文所述。

传统数据科学家应对此类挑战的专业技能往往代价高昂且难以获得。CDS 可作为减少当前技能差距的有效途径。如今,技术已成为 CDS 崛起的关键推动因素。对于非专业人士而言,技术将更加易于使用。分析和商业智能工具的应用范围正在不断扩展,人们可更加轻松地进行数据访问和分析。[10]

马修·阿特韦尔写道:

早在 2016 年,高德纳(咨询公司)就创造了 CDS 一词,意思是"创建或生成使用高级诊断分析或预测和规定功能的模型,但其主要职能并不包括统计和分析领域"。……谷歌发布的 AutoML 平台 beta 版重新引发了人们对未来转向 CDS 环境的讨论。从本质上讲,AutoML 为特定的业务用途提供了一种最佳的机器学习算法。所有使用者均需要提供带标签的数据,即可供算法进行学习的带有结果的数据。无须掌握数据科学知识。[11]

如果CDS不需要掌握实际的数据科学知识，则意味着个人和组织将完全依赖于人工智能机器学习程序，并假设由此类程序处理的各种应用和数据具有充分的准确性、相关性和完整性。但这种假设和依赖关系存在一定的危险性。

## 特殊的人力工作

人工智能/机器人技术在很多方面都能发挥有益的作用，但并不能完全取代人类劳动者。主要原因在于工作量低于大型资本密集型系统运行所需的最佳盈利规模。这并不意味着人工智能/机器人技术无法完成规模较小的工作，虽然大型企业不会因为利润空间和市场规模太小而烦恼。即使在这种背景下，具体情况也取决于各类机器人系统的大规模生产能够在多大程度上降低单位成本，从而达到大规模消费和商业应用的程度。

或许大多数能够在人工智能/机器人技术转型过程中幸存下来的职业既不属于资本密集型行业，亦未涉及大体量的市场。其中有相当一部分幸存职业将是由商人、机械师、从事小件物品修理、房屋改造和类似工作（例如，电气、管道、供暖、汽车修理、园林绿化、家政服务等）的群体所经营的小规模企业或个体企业。其他职业则涉及人们并未打算接受非人类角色的利基市场，因为人与人之间的接触是交易过程的一个重要组成部分，例如，造型、时装设计、理发、室内设计、现场戏剧表演、体育运动和教练、艺术制作和类似的人类工作。[12]

即使在小规模的维修企业中，也可能存在与产品维修成本和产品更换相关的问题。举例来说，烤面包机、打印机等产品的生产和销售成本已经处于极低的水平，因此，当维修活动需要收取每小时35美元或更高的服务费，且最终费用可能会达到该数字的两到三倍时，通常已经没有必要进行维修。随着人工智能/机器人系统生产的产品越来越便宜（人类劳动力几乎已被完全淘汰，生产成本大幅降低），这种情况只会更加糟糕。虽然总会有一个经营商品的小型黑市或跳蚤市场，但只有少数人能通过此类活动维持生计。

手工制品通常具有特殊性，且仅对有限的市场具有吸引力。也许机器人可以做到这一点，但如果买家追求值得炫耀的出处，这种独特性将成为人类艺术家或工匠的优势。在某种程度上，工艺品生产者可归类为特殊类别或者某种程度上的有机农场主。其中一个挑战是：除非产品的销售成本极高，否则工匠们最终需要创造多个产品才能维持生计，但这样做会降低产品的独特性。这一事实再次表明，只有少数足够幸运或有才华的工匠才能占据食物链的顶端，但大多数人只能勉强度日。"复古"运动将继续进行，并试图让我们回到年轻时的怀旧时代。如果某个人想要的只是由自动系统在瞬间完成的"汽车旅馆"组合画，那么他所选择的只是装饰性的色彩，而非具有创造性的艺术风格。这种情况下的解决方案包括：采用本书在"解决方案"部分所讨论的 UBI 支付形式提供财务基础，或者实施补充就业保障计划，至少确保相关群体及其家人不会弹尽粮绝，且能够拥有住处并享有医疗保障。

在不久的将来，当机器人已经成为日常生活中司空见惯的一部分时，讲究派头的诉求、声望和地位等因素将导致人们针对特定的服务和产出雇用人类劳动者。即使在这种情况下，考虑到针对机器人和人工智能技术所做的研究，在未来的几年内，人工智能/机器人系统尚无可能有效地完成此类工作。但至少在未来的几十年里，我们当中年龄较大、不太懂技术或适应度较低的群体不会接受由人工智能/机器人实体扮演某些角色。随着新一代人不断取代老年群体，这种情况正在迅速发生变化。对于电子人工智能/机器人实体及其如何以五十多岁的群体永远无法理解的方式发挥作用，"千禧一代"和现在出生的人将表现出更高的适应度和接受度。

## 政府、安全、军事和科学工作

政府工作最有可能成为大规模职业幸存的领域。公务员岗位、教师岗位及有强大工会支持的岗位将继续存在。政府工作具有与经济生产力无关的优势，因为政客们需要能够支持他们的雇员。尽管许多私营部门的工作岗位均面临被淘汰的风险，但"市政厅"基本上不会受到影响，即使机器人可以做得更好，即使经过编程的机器人在处理无法预料的公众反应时能够给予周全的考虑。

实际上，地州和联邦层面的雇员人数可能会有所增加，因为需要有人来担任针对被人工智能/机器人取代的数百万失业人口而专门设置的职务。然而，如果缺乏通过收税改革提高收入的相关策略，至少就目前的工资水平而言，政府就业市场能够吸收的人数仍然较为有限。其他可能被保留的领域包括安全、消防、警察、军队、部分类别和等级的教学岗位。

涉及STEM领域的部分工作岗位将拥有一定的市场需求。然而，与更加勤奋和聪明且从不认为世界欠他们一份生计的外国竞争对手相比，美国人不太可能在此类工作岗位中占据主导地位。随着最有利于此类人才的市场进入亚洲国家，美国可能会发现自己正处于旁观者的位置。STEM工作向非美国地区转移的趋势正在扩大，因为美国大学正在将它们掌握的技术和科学知识传授给外国学生。这些学生从美国大学获得了卓越的智力成果，然后将这些技能和知识带回自己的祖国。这种教育技术的转移使各国能够通过多年跨越式的发展推动其经济、竞争力和军事技术。

## 顾问

至少在一段时间内，心理治疗和咨询将成为人类劳动者数量可能会有所增加的就业领域之一，这是由于脱离传统的工作环境或缺乏工作场所的正常人际互动导致人们长期处于低迷状态。

我们已经看到，随着人们与自己的人工智能系统进行交互并建立起新的依赖关系和人机关系，并沉溺其中，在他们之中出现了一系列新的成瘾和依赖的症状。[13]在第19章"人工智能技术的变异效应"中，我们将更详细地讨论数字技术成瘾和塑造效应这一日益严重的问题。随着越来越多的人处于无业状态，他们可能会陷入一种懒散的状态，或者会使用成瘾性活动来填满他们的时间。具有讽刺意味的是，严重的精神疾病和极端的依赖关系将增加与医疗保健相关的需求和成本。BBC发布的一份分析报告详细介绍了一项针对沉迷于电子游戏（就像对可卡因上瘾一样）的年轻群体的大规模康复计划。本·布莱恩特在"儿童康复中心：像对待可卡因一样对待电子游戏"[14]一文中描述了他的经历。

我刚刚抵达心理健康诊所，这家心理健康机构位于荷兰南部一条林荫大道的一个安静角落里。电子游戏在我脑海中挥之不去是有原因的。这家诊所只面向13～25岁的人群，世界各地的人们因为心理健康问题来到这里接受专业治疗，包括屏幕成瘾和医学界不确定如何分类更不用说治疗的其他行为问题。大多数接受治疗的人均表示他们沉迷于智能手机、社交媒体或电子游戏。

2018年，世界卫生组织首次承认他们或许是对的。2018年6月，该机构正式将游戏障碍纳入国际疾病分类（ICD）——用于记录人类疾病的百科全书。这家诊所的治疗方案更具有前瞻性：它将电子游戏与毒品、酒精和赌博放在同等地位，并要求那些完成为期10周的治疗方案的人在余生中戒掉所有电子游戏。[15]

支持社交媒体的人工智能技术的发展和应用还带来了其他严重的负面影响——失去与人接触的机会，加重孤独和抑郁情绪。针对这种现象进行的一项分析支持这样一种观点：使用社交媒体是孤独感增加的原因或结果。心理学家解释说："根据美国心理学家的说法，Twitter（推特）、

Facebook（脸书）和Pinterest（图片分享网站）等社交网站让越来越多的人感到孤独。一份报告显示，每天使用社交媒体超过两小时会使一个人经历社交孤立的概率增加一倍。报告还称，接触到他人理想化的生活可能会引发嫉妒心理。[16]

最终，许多人将被虚拟现实（VR）游戏和增强现实（AR）体验所束缚，这些体验可使人产生依赖性，甚至将人类与仅存在于他们的大脑、思维和人工智能"云"中的VR"世界"、人、其他"生物"及关系联系在一起。[17]《幸存者》（*Inside the kids-only rehab that treats video games like cocaine*）这类真人秀节目的流行预示了未来的发展趋势。

由于我们已经经历过对电话和游戏的沉迷，随着人们的空闲时间越来越多，且虚拟现实程序创造的"世界"质量日益得到提升，将有数百万人不可避免地被吸引到"虚拟"世界中，对他们来说，这些"虚拟"世界比"护目镜"外或"植入物"外我们所居住的粗糙世界更加真实、更有价值、更令人眼花缭乱。我们必须将咨询行业的规模扩大一倍或两倍才能帮助人们克服这种成瘾问题。

中国已率先采取措施限制未成年人接触网络游戏的时间，试图遏制日益普遍增长的网络成瘾现象。一份报告指出，中国主要的互联网服务提供商腾讯已经设定了明确的限制。该报告表明："腾讯在游戏收入方面位居全球第一，其在一份声明中表示，《王者荣耀》是能够带来快乐的，但过度游戏无论对玩家还是家长都不会带来快乐"[18]。总而言之，这些成瘾现象、越来越无法建立人际关系、抑郁和孤独等问题将成为咨询行业的金矿，但是，如果我们希望建立一个富有成效与合作精神的社会，则应当尽可能克服此类问题。

## ‖ 最具有危机感的工作

英国智库"改革"发布的一项研究显示，未来的整体失业状况令人不寒而栗。预计75%～80%的失业人口将集中在以下领域：技术行业；护理、娱乐及其他服务性行业；简单劳动职业人员及销售和客户服务行业。这种趋势不会就此止步。在流程、工厂和机器操作领域，就业机会预计将减少60%以上，行政和秘书岗位的失业人口估计将超过40%。[19]

浏览以下清单，试想每个类别中都有40%～80%的工作岗位消失，那么大规模的失业将意味着什么？在每个工作活动领域，人类雇员将随着人工智能/机器人替代品的出现而被淘汰。金融和零售活动等工作领域已经承受着巨大的压力。随着人工智能/机器人系统不断得到发展，其他职业也将随着时间的推移而受到侵蚀。这份清单甚至没有提及制造业，除非在不久的将来能够落实保护和保留人类制造业工作岗位的策略、激励和抑制措施，否则制造业的工作岗位将持续流失。

- 金融与投资、会计、银行业。
- 营运经理、零售（正在经历大规模岗位流失和关闭店铺）、文书和归档、记录保存和检索、完成公式化任务的技术专业人员（注册会计师、报税编制员、工人赔偿计算人员等）、测量工人（抄表员、游泳池维护人员等）。
- 人工递送服务。地面和空中的自动输送系统正在飞速发展。在此情况下，包括公共汽车、运货卡车和面包车、半挂车、出租车、豪华轿车、校车的驾驶员，优步和来福车驾驶员在内的有偿驾驶岗位预计将迅速减少。具有讽刺意味的是，许多出租车驾驶员发现他们的收入随着优步和来福车的出现而有所降低，工作岗位也在逐渐消失。这实际上是一个过渡阶段，因为优步和来福车的驾驶员将会发现他们的工作正在被自动驾驶汽车所取代，部分城市已经出现这种趋势。据推测，在农村和人口稀少地区工作的部分人类驾驶员仍然可以提供运输服务。
- 保险顾问及代理、房地产中介、旅游顾问及代理。

- 快餐厨师、主厨、食品准备、服务员、餐饮服务。
- 律师、律师助理、有关法律支持的辅助工作、低级法官、治安法官和法官助理、法院书记官、法学教授。
- 外科医生及其他医疗岗位、医疗诊断、护理、生活助理、家庭健康助理、咨询师和情绪治疗师、物理治疗师、疗养院工作人员和家庭护理等领域均有大量岗位将被取代。
- 公共机构(联邦、州和地方)、私营企业中层管理机构。
- 安全机构、警察、军队、监视。
- 砌砖工人、住宅建设、房屋建筑、道路建筑及维修。
- 新闻、写作、报纸、各类媒体。
- 教师和教育工作者、大学和中小学教职工、图书管理员。
- 草坪修剪、采摘葡萄酿酒、苹果收割等大规模收割工作、牧牛和畜牧工作、制造(大型系统)、制造(小型系统)、汽车生产、机械维修及保养、仓储。
- 零售服务和收银员。

《机器人来了：人工智能时代的人类生存法则》( The Robots are Coming: A Human's Survival Guide to Profiting in the Age of Automation )的作者约翰·普利亚诺表示，以下工作类型正在面临威胁。大部分工作利基不会完全消失，但可获得的职位数量将大幅减少。普利亚诺的部分预测结果包括以下职业：

| | |
|---|---|
| 抵押贷款经纪人 | 邮政工人 |
| 记账员 | 数据录入员 |
| 律师 | 电话接线员 |
| 广播员 | 农民和农场主 |
| 中层管理人员 | 快餐厨师 |

| IT 劳动者（现场） | 新闻记者 |
| 理财规划师 | 初级保健医生 |

## ‖ 托马斯·弗雷对失业形势和新增工作的预测

未来学家托马斯·弗雷根据其预测结果列出了即将失去大量工作岗位的5个领域及可能新增的工作类型。在2016年的一次演讲中，弗雷修正了他在2012年做出的预测，即全球20亿人口将面临失业。弗雷着重提出了到2030年可能会发生变化的领域：电力行业、汽车运输、教育、3D打印机和机器人。[20]

在不深入研究弗雷分析结果的情况下，我们仅对其提出的5大类别进行综述。他指出，虽然这些特定行业和类别将失去数以亿计的就业机会，但也需要考虑其他受到影响的就业领域。以下简要的分析反映了弗雷的观点，并删除了他所提供的简要说明。

### 1. 电力行业

**正在消失的岗位**

- 发电厂开始关闭。
- 燃煤电厂开始关闭。
- 对铁路和运输工人的需求大幅减少。
- 风电场、天然气和生物燃料发电机也将关闭。
- 乙醇工厂将被淘汰或改变用途。
- 公用事业公司的工程师职位正在消失。
- 线路修理工已经消失。

**新增就业岗位**

- 空调机组大小的制造业发电机组将全面投入生产。

- 安装人员将全天候投入工作。
- 拆除全国范围内的电网（为期20年的项目）。其中大部分将被回收利用，仅回收过程就需要雇用成千上万名工人。
- 开放微电网业务的每个社区均需要新一代的工程师、经理和监管者。
- 更多其他岗位。

## 2. 汽车运输业正在向无人驾驶的方向发展

### 正在消失的岗位

- 出租车和豪华轿车驾驶员正在消失。
- 公共汽车驾驶员正在消失。
- 卡车驾驶员正在消失。
- 加油站、停车场、交通警察和交通法庭正在消失。
- 对治疗伤者的医生和护士的需求大幅减少。
- 比萨（和其他食物）送餐员正在消失。
- 邮递员正在消失。
- 联邦快递和联合包裹的快递员正在消失。
- 随着人们从自有汽车转向随需应变的运输系统，汽车生产总量也将逐渐下降。

### 新增就业岗位

- 配送调度员。
- 自动化交通监控系统的管理团队。
- 自动化交通设计师、架构师和工程师。
- 无人驾驶汽车的"乘车体验者"。
- 无人驾驶操作系统工程师。
- 紧急情况下的应急人员。

### 3. 教育

#### 正在消失的岗位

- 教师。
- 培训员。
- 教授。

#### 新增就业岗位

- 教练员。
- 课程设计。
- 学习营地。

### 4. 3D打印机

#### 正在消失的岗位

- 如果我们能自己打印出合身的衣服，服装制造商和零售商将很快消失。
- 同样，如果我们能自己打印出鞋子，鞋厂和鞋店将变得无关紧要。
- 如果我们能打印出建筑材料、木材、石材、石膏墙、瓦片、混凝土和其他各类建材，建筑行业也将随之消失。

#### 新增就业岗位

- 3D打印机的设计、工程和制造。
- 对3D打印机维修人员的需求将大幅增加。
- 3D打印机的产品设计师、造型师和工程师。
- 3D打印机的"墨水"销售商。

## 5. 机器人

### 正在消失的岗位

- 捕鱼机器人将取代渔民。
- 采矿机器人将取代矿工。
- 农业机器人将取代农民。
- 检查机器人将取代人类检查员。
- 无人机战士将取代士兵。
- 机器人可从3D打印机中取出建筑材料并使用其建造房屋。

### 新增就业岗位

- 机器人设计师、工程师、修理工。
- 机器人调度员。
- 机器人治疗师。
- 机器人培训员。
- 机器人时装设计师。[21]

# 第11章
## 未来最需要的技能

在新经济时代生存所面临的一项挑战是：确定和获得在不断变化的工作环境中取得成功所需的新技能和战略方法。即使上一章关于热门工作的各种预测均被应验，无论此类新技能和工作策略是什么，也无法保证有足够的人类工作可供选择。在许多情况下，有意义和令人满意的工作将让位于维持生计的工作。这意味着许多人将把生活寄托在他们讨厌的工作上，或者依靠领取失业救济金度日，如果广泛采用全民基本收入（UBI）计划，则很有可能会发生这种情况。

## ‖ 创造力、数字素养、批判性思维、多样化知识和模式识别

关于创造力等技能的真正含义及如何确定一个人是否拥有这些技能，这是一个具有挑战性的问题。即使在定义、认知和实质性等因素之外，我们也需要考虑一个问题：相对于一个人所具备或不具备的先天素质，这些不同的技能组合在多大程度上能够被传授（即可传授性）。举例来说，创造力不是所有人都能拥有甚至不是大多数人能拥有的特质。在活动的具体方面也存在有关创造力的重要问题。有些人拥有艺术创造力，另一些人则

在经济领域拥有创造力,此外还有许多其他所谓技能的变体,例如,数学能力或模式识别。因此,我们有必要确定什么类型的活动需要具备创造力。

数字素养是技能列表的另一个常见组成部分,是许多"千禧一代"甚至10岁的孩子在某种程度上拥有的技术技能。虽然数字素养将成为必备的资质条件,但这只是其中一个微不足道的因素,除非其与相关工作活动领域中的高创造力和先进的创新能力等特质相关联。随着人工智能系统被广泛用于提升个人生产力,许多年轻劳动者将面临的问题是:理想就业领域中的空缺职位将日益减少。此类岗位将吸引大批求职者,但其需求量极为有限。

批判性思维、创造力、模式识别及在多个领域掌握深厚知识并有效地交叉引用、解释和应用此类知识的能力均可在边缘地带得到发展。这种能力可通过教育得到提高,但在此类技能的高端领域,只有少数人能够做到出类拔萃,而其他大多数人基本上都处在"努力尝试"的阶段。

令人惊讶的是,只有一小部分美国人有能力或愿意进行高层次的批判性思考。我们的教育体系在批判、分析和综合等这些已被证明可传授的技能方面均低于标准水平。[11]遗憾的是,我们的教育体系在大多数情况下拒绝教授现实批判性思维。原因有很多种。毕竟,努力思考是一个"痛苦"的过程。基于对事实和证据的处理与剖析,严肃而深入的分析"更适合"擅长此类活动的人,而非不擅长的人。

甚至在哈佛大学、耶鲁大学和伯克利大学等许多被视为"最佳"大学的高等学府中也出现了对批判性思维的抵制,这些大学本应该是此类工作的领导者。尽管我们的大学和教育机构在放弃其历来宣称的使命时所采取的令人沮丧的软弱态度在很大程度上可能取决于学者和管理者的经济利益和政治偏见,但大学仍然需要由人类来管理,这意味着不管人类宣称的理想状态是什么,人类的自身利益都将在其行为中发挥核心作用。

同样的问题是,腐败的大学和其他教育理念的核心元素也有可能基于以下事实：智力价值受到侵蚀，而关于知识领域（评价和介绍我们的系统所依据的原则）的必要研究日渐减少。这种侵蚀开始于数十年前，我们只需回顾艾伦·布鲁姆在1987年的著作《关闭美国人的思想：高等教育如何使民主失败，使当今学生灵魂枯竭》( *The Closing of the American Mind: How Higher Education Has Failed Democracy and Impoverished the Souls of Today's Students* ) 等资料，就能看到失败的速度和程度。这一事实表明，在整整一代教师和教育管理者中，有许多人并未理解或领会几个世纪以来启蒙运动的目标：为学生提供全方位的知识和视角，让他们能够毫无保留地分析和评判此类信息。

因此，我们有理由认为教育机构的内部情况是在无知和厄普顿·辛克莱曾经指出的事实的共同驱动下形成的："如果一个人只是靠不理解某些事情来挣钱，那么让他理解这些事情是非常困难的。"[2] 我们有太多大学不希望引起争议和愤怒，不希望看到激进的学生和积极分子在他们的"常春藤大厅"内游行，并希望确保源源不断的学生以他们习以为常的方式为大学"帝国"提供资金。冒犯敏感的申请者或是施加他们无法达到的严格标准可能会威胁到学院的福利及支付高级管理人员和教员工资的能力。

在上文中，我们提到了艾伦·布鲁姆在1987年出版的著作。事实上，各界人士试图对我们的大学所面临的现状发出警告，但却发现他们只是在荒野中发出声音。我们建议参考威廉·埃金顿所著的《美国思想的分裂：当今大学校园中的身份政治、不平等和社区》( *The Splintering of the American Mind: Identity Politics, Inequality and Community on Today's College Campuses* )。[3] 埃金顿描绘了一幅令人沮丧的画面，使我们看到无知和对思想的控制过程已经发展到了何种程度。

问题在于，在我们所创造的这个高度敏感和政治正确的世界中，批判性的质疑和批评可能会让你陷入困境。这是因为大量禁忌话题的倡导者不能容忍其他观点，甚至针对他们的立场和结论提出问题也会被视为攻击行为，因为诚实和批判性的互动冒犯了那些认为现实是不可改变的既定概念的人。由于他们的立场是基于信仰和信念，而非事实和逻辑，因此，许多人是真正的信徒，他们无法容忍对其教义的任何攻击。最终结果是，他们会严厉对待或排斥其认为具有挑战性或与其信仰体系的原则、舒适区或安全空间相抵触的人。令人惊讶的是，学术界有不少这样的人。

对于以表达和沟通技巧（口头、书面和视觉）为代表的就业优势，此类技能达到合理水平的人远远多于拥有深度批判技巧的人。这个数字只占整个就业市场的一小部分。

## "软"技能

人际交往能力、创造力、艺术能力、审美观念和判断能力等"软技能"通常被认为是人类所独有的技能。这一假设并未意识到人工智能系统在发展机器人能力的过程中已经取得良好的表现，这将使它们在众多需要或强调此类技能的工作环境中取代人类。已经处于开发阶段的先进人工智能/机器人系统将逐步取代我们之前认为"单纯由机器"无法进行的工作。

关于人工智能/机器人系统实现人类能力的可能性，一份报告列举了脸书研究人员一直在尝试开发的能够进行谈判和协商的"机器人"。这有助于我们深入了解人工智能系统的发展程度和速度。[4]具有讽刺意味的是——无论幸运还是不幸——在涉及谈判的脸书情境中，人工智能机器人显然已经学会如何撒谎和谈判。在模仿人类智力方面，这绝对是"过于人性化"的表现。[5]因此，人们会认为，人工智能系统会表现出一开始就被编程到其系统中形式在某种程度上的偏见观念。[6]

## 战略意识和行动技能

战略可以提高我们评估能力、诊断能力、预估风险和成本及解决问题和把握机会的能力。这种整体情境思维需要自我意识、快速感知和解释事件的能力及在压力下立即做出决策的能力。它还涉及实施所选行动路径并进行调整的能力，因为实现是一个过程而非固定事件。获得各种技能、战略意识和判断力需要结合经验、直觉、能力、重复性和训练。

最有效率的战略家会培养这样一种能力——把未来看作既是现在的延续又是现在的背离。高效率的战略家能够在此过程中审时度势，发现其可变因素、偶然事件、可能性、可解决和不可解决的困境和替代方案、时机和杠杆模式、节奏、人为因素和后果概率。

然后，战略家将确定最佳路径和替代方法，设想影响路径的交叉模式和结构，感知决策者的潜在行为、对手和盟友的素质以及许多其他因素。此外，战略家了解其知识和能力存在的局限性，并且知晓任何战略环境均涉及风险和风险管理能力。

战略是以目标为导向的。因此，我们需要确定可实现的目标，评估可用资源，构思可有效实施的计划然后执行此类行动计划，即使是在准备根据正在发生的事实做出调整的情况下。战略具有流动性和适应性，而非僵化或固定不变的模式。适应性因素至关重要，因为现实不是一个固定的事件，而是一幅"生动的挂毯"。这就是我们在理解人工智能/机器人含义的情况下需要解决的问题。

至少在一段时间内，人类相对于人工智能系统的其中一个优势在于能够识别细微的差别、更深层的意义、分类区别，以及在检查和评估信息的意义、效用和权重时确定其重要性。特定的技术知识和技能是获得成功的重要因素。但它们只是实现卓越技能所必需的一部分。

在针对人工智能和机器人技术的出现应用战略性分析，并考虑其对就业和社会的影响时，通才、思想家、专家、系统管理者和控制者将成为必要的工作类别。拥有这种技能的管理者和领导者总是有限的，并且只有少量的职位可供选择。当系统的其他部分趋于"简化"或"机器人化"时，高效战略家的重要性将日益突显。

战略家的综合方法包含战略分析技能和意识，以及理解事物如何在广泛的范围内而非狭窄的封闭系统中运作的能力。人工智能系统将逐渐发展出在一系列惊人的数据中访问大量信息的能力,并且能够在将信息应用于特定需求领域的同时整合此类信息。因此,人类必须清楚地了解他们所拥有的人工智能系统无法匹敌的特殊技能和品质。

## 掌握足够的知识来提出准确问题和搜索假设是一项关键技能

知识是问题识别和探究的重要组成部分。除非我们有能力提出需要回答的问题,否则将无法检验我们的理论、设想和假设,也无法对已获取的信息进行严格区分。过度依赖外部信息源会产生负面影响。我们需要拥有自己的概念结构,具备重要的知识深度和范围,以便提出搜索系统可帮助解答的关键问题。

单纯或过度依赖谷歌等系统也有不利的一面。史蒂文·普尔在一篇报告中指出,令人惊叹的谷歌系统实际上可能会使人们知道得更少。这是因为人们不再需要将信息"下载"到自己的大脑中,而是在需要了解任何内容时将谷歌用作即时数据源。[7] 这种现象将带来一定的负面影响。普尔问道:"还有人知道更多吗?人们可以随时通过手机轻松查找信息,这是现代人创造的奇迹之一。但是,我们是否过于依赖它呢?普尔在思考其可能带来的影响时提出了这样一个问题:"谷歌会让我们变笨吗?"

当然,答案取决于"愚蠢"的含义。如果我们越来越多地利用互联网进行"认知卸载",这可能仅仅预示着我们评估心智能力的方式所发生的文化转变。由于互联网可通过简单快捷的方式帮助我们回忆事实,我们对事实知识的印象可能会被削弱,而对理解和创造力的印象将更加深刻。正如研究人员自己所指出的问题:在事实之间建立创造性联系的能力取决于将其内化为知识,使其能够立即被推理思维所利用。[8]

一项新的研究表明，这种依赖可能会产生滚雪球效应，并警告说："我们越是依赖谷歌进行信息检索……未来，这种依赖性将日益增强。"[9] 普尔对人们过度依赖谷歌的担忧是："当你需要查找某些东西时，首先必须清楚你想知道的是什么。"[10]

当我们拥有实质性和充实的概念基础时，我们就有能力进行评估、评判、制订计划和进行选择。在这个过程中，我们还需要了解"事物"、信息"碎片"和专业数据集群如何作为系统的一部分与其他信息点进行交互，而不仅仅是孤立和互不相关的"事实"。在缺乏这种综合概念结构的情况下，我们可能已经掌握了一些互不相关的信息碎片，但缺乏理解和结合现实的能力，也缺乏在必须理解现实、寻求答案和采取行动的相关范围内采取有效行动的能力。

这意味着批判性思维及操纵各种知识和经验的能力在新经济时代和社会中变得越来越重要。问题在于，有效的评判需要人们真正了解某些事情，而不是简单地接受他人陈述的表面事实或自动接受"谷歌数据"。作为个体而言，如果无法创建精密、复杂、可靠和全面的概念结构，我们就会过度依赖外部框架。这些外部框架、分析和所谓的知识库本身可能存在缺陷，无论其是人类专家的意见还是包含其自身偏见、议程和局限性的谷歌或脸书等系统产品。

别误会我们的意思。我们乐于即时访问全世界的信息库。我们不再需要以蜗牛般缓慢的速度去图书馆，浏览大量索引，查找某个特定地点是否有我们需要的资料，并获得某个领域中最好的资料。我们一向热衷于探索理解不同学科和知识来源的可能性。互联网研究系统的访问速度和范围已发展到原来的15倍或20倍。通过将他人最好的见解和经验整合到我们理解这个世界的智力和感知系统中，我们将获得更加全面的理解。

在虚拟世界中，几乎所有东西都触手可及——假设我们不受偏见的限制——我们可以阅读、整合、对比来自相互冲突的不同数据库的材料；如饥似渴地消费数据、学习和利用结构、解释模式；根据我们对数据的解释预测趋势的影响和项目结果。这就好像给我们的大脑添加了一个"移动硬盘",可以扩展容量及访问和整合知识的能力。这种技术改变了我们,利弊各半[11]。好处在于它为我们提供了这种神奇的能力和获取信息的途径。坏处在于它具有成瘾性和强迫性,因为它改变了人与人之间的接触性质,并加快了生活节奏。[12]

我们所强调的问题是,我们这一代人有幸能够在"前人工智能时代"发展出独立的知识和概念结构。对于在几十年前受过教育和训练的人和那些只知道人工智能的人,这就是他们之间的一个关键区别。许多与"千禧一代"甚至新一代打过交道的人都认为他们实际上一无所知。他们并非以知识为基础,且似乎徘徊于社会的表层。当然,这种"一刀切"的言论并不适用于所有人,年轻一代中也有许多具有洞察力、受过教育和富有才干的成员。但有迹象表明,受教育程度低、缺乏技能、懒惰和"世界欠我一份生计"等因素所占据的比例正在显著上升,甚至在进一步削弱我们所面临的挑战。

# 第 *12* 章
## 年龄诅咒成为新的"人口炸弹"

我们面临着若干不同类型的"人口炸弹"。正如保罗和安妮·埃利希数十年前在他们的经典著作《人口炸弹》(The Population Bomb) 中所提出的警告,其中一个危险因素是:人口绝对数量的大规模增长超出了一个体系提供所需社会福利或者在不造成重大损害的情况下提供社会福利的能力。毫无疑问,这种描述仍然符合发展中国家几十亿人口目前所面临的状况。[1]但是,还有另外一种发达国家正在面临的"人口炸弹"。具有讽刺意味的是,社会进入人口老龄化阶段在一定程度上源自对埃利希所述"人口炸弹"的恐惧,以及因此而实施的人口控制措施。

"年龄诅咒"不仅仅是西方国家面临的问题。日本和中国同样在经历人口老龄化过程,老龄工人和退休人员的比例不断增长,出生率却在下降。国际货币基金组织的结论是:这种趋势将导致经济生产率下降,使各国难以应对高失业率、已经承诺的社会保障支付和巨额债务。[2]

阿瑟·布鲁克斯在《衰落中的老龄化欧洲》(An Aging Europe in Decline) 一书中写道:

> 好的经济政策固然重要,但其无法解决欧洲的核心问题,即人口问题

## 第 12 章　年龄诅咒成为新的"人口炸弹"

而非经济问题。这正是教皇2014年11月在欧洲议会发表演讲时提出的观点。正如教皇所说,"我们在很多方面给人留下了疲惫和衰老的普遍印象,欧洲现在已进入'祖母'时代,不再富饶、不再充满活力。"[3]

布鲁克斯提出了一个尖锐而有力的问题,即将孤独的未来景象步入了人们的视野:"想象一下这样的世界——许多人将不再拥有姐妹、兄弟、堂兄弟、阿姨或叔叔。这就是欧洲未来几十年的发展方向。"[4]布鲁克斯补充道:"根据美国人口普查局的国际数据库,2014年,近20%的西欧人口年龄在65岁或以上。考虑到各国的提前退休政策和按需付费的养老金制度,这已经是一个让人难以接受的事实。但到2030年,这个数字将上升到25%。"[5]

这改变了核心家庭在我们文化中所扮演的角色。越来越小的家庭意味着没有兄弟姐妹、叔叔阿姨、堂兄弟姐妹的孩子将成为传统意义上的养育者和支持与力量的来源。此外,正如布鲁克斯所阐述的那样:

根据经济合作与发展组织的资料,欧盟各国上次达到生育更替水平(即每名妇女生育两个以上的孩子)是在20世纪70年代中期。2014年,平均每名妇女生育1.6个孩子。[6]

埃隆·马斯克惊讶地发现,好像没人关心所谓"人口炸弹"爆炸的事,我们更多感受到的是高度老龄化的社会。他在推特上写道:"世界人口正加速走向崩溃,但似乎很少有人注意到或在意这一点。马斯克在《新科学家》杂志上发表了一篇题为"2076年的世界:人口炸弹将爆炸"的文章。[7]"这场灾难不仅仅是指地球人口已经超过地球养活所有人的能力,而是表明我们可能会走向一个更加微妙但同样具有灾难性的结果,即人口无法以足够快的速度实现自我更替。"

## 生育高峰、人口高峰和年龄诅咒

西方社会正逐步发展为头重脚轻的人口年龄结构，这有助于解释政府预算日益承受着巨大压力的原因。这种结构还在老年和年轻群体之间建立了一种对抗关系，因为每个人都在努力获得他们认为"公平"的可用就业岗位和资源份额。[8] 斯德哥尔摩卡罗林斯卡学院已故教授汉斯·罗斯林的言论无疑代表了发达国家的观点：

世界儿童数量已经达到顶峰，未来60年内，德国和意大利的人口可能减半。[9]

出生率低于更替水平的社会急剧老龄化现象清楚地说明了一些国家积极开发机器人工作系统的原因。它解释了促使移民从较为贫穷的国家转向西方经济体的动力，因为它们希望发现西方国家对人力资源的需求。虽然持续向人工智能/机器人劳动力转移导致对低水平体力劳动和重复性劳动力的需求急剧减少，但服务业和老年护理行业却因此迎来了就业希望。

但正如我们在本书中所指出的，在人工智能/机器人技术的发展过程中（尤其是在日本和中国），各种机器人的设计已经取得重大进展，此类机器人的设计旨在满足服务活动和老年人护理所需的核心功能。日本在这方面做出的努力使其远远领先于其他国家，并且很可能走向经济"政变"之路——向正在经历人口急剧老龄化的西方国家引入和销售此类系统。

> **"年龄的诅咒"：退休金、贫困和痛苦**
>
> - 社会保障受益人首次突破6200万。[10]
> - 退休危机：37%的X一代人表示他们没有能力选择退休。[11]

- 根据Go-BankingRates发布的一份报告，42%的美国人面临退休后破产的风险：近一半美国人退休时的存款不足一万美元。对于他们而言，严重缺乏规划和日益增长的预期寿命已经摧毁了他们的退休梦想。[12]
- 养老基金仍在做出可能无法兑现的承诺。[13]
- 95 745 000：婴儿潮时期出生的人退休后，非劳动人口数量创下历史新高。[14]
- 芬兰的基本收入实验未能达到预想效果。[15]
- 毒品、酒精和自杀导致美国人的预期寿命出现惊人下降。[16]
- 世界并未做好退休准备：不仅仅是美国。最新数据显示，全球各地的人们都不了解投资和通胀的基本概念。[17]
- 在经济低迷时期，部分公共养老金基金可能会面临枯竭风险。许多针对公职人员的养老基金所拖欠的退休福利已经远远超过他们通过银行享有的福利，如果经济持续放缓，问题只会越来越严重。新泽西州和肯塔基州的公共养老基金处于极度危险的境地，其面临着资金枯竭的风险。研究人员格雷格·门尼斯说，即使经过连续8年的股市上涨和经济复苏，公共养老金计划仍然比以往任何时候都更容易受到下一次经济衰退的影响。[18]

人工智能/机器人利用自动化系统取代人类劳动者的方法"治愈"人口流失的这一做法也在影响着服务行业，甚至超出了补充现有人力资源的需求。这可能意味着，在希望找到工作或获得其他经济利益而寻求进入的发达国家，不再需要大量没有技能和未受过教育的移民。

## 老年人赡养补贴带来的高成本

"年龄诅咒"意味着我们正在经历老年公民比例的大幅上升。这个不断增长的群体需要投入大量的时间和资源，与此同时，其只能提供有限的生产投入，因为他们已不再处于经济生产力时期。其他许多人将因为个人选择、被雇主解雇、不断萎缩的市场、外包或技术变革而面临失业。

老龄化社会的人口结构将带来三重打击。工作人口数量和纳税人的数量不断减少。与此同时，医疗保健的改善延长了人们的寿命，使得人们需要在更长的时期内依靠养老金和其他补贴度日。这种状况之所以持续恶化，是因为寿命更长的人口将面临更多与年龄相关的健康问题，而这些问题将进一步推高赡养成本。

医疗技术的不断进步使人类的寿命远远超出历史预期，这种进步使政府承担大量退休和医疗支出的义务。美国、西欧和日本因此陷入财务困境。由于老龄化和失业的双重原因，这些国家有越来越多的人需要长期依靠补助维持生活，此外，这些国家在道义上做出了坚定的承诺，为了利用卫生资源延长其老年公民的寿命，它们已经付出了巨大的努力。

虽然俄罗斯、中国和印度同样面临着严重的人口和老龄化问题，但这些国家具备一项优势：它们没有像西方国家和日本那样建立起包含所有人口赡养成本的承诺和全社会结构。美国、欧盟和日本面临着截然不同的情况，因其延长的寿命已远远超出人类的自然寿命，尽管其并非适用于所有阶层的人口，但这个问题已然成为各国社会的主要焦点。

后三种政治体制所面临的困境不仅仅是造成医疗保健成本极高的原因之一。在那些因年龄问题而需要较高赡养水平的"发达"社会中，越来越多的人由于失业和其他困扰而需要另一端的支持。总而言之：我们的社会中将出现越来越多的非劳动人口，无论是出于选择、必要性还是缺乏选择。那些不幸属于这一群体的人需要得到赡养，且没有足够的资源来满足他们的所有需求。

美国面临着一场严重且代价高昂的长期医疗危机。最新发布的一项研究显示，与10个经济最发达国家的同龄人相比，65岁以上的美国人面临着更为严重的健康问题。这构成了一个极其严重的问题：就医疗政策而言，我们应当在多大程度上制定激励措施来改变引起健康问题的不良生活方式，并确保能够在目前世界上最昂贵的医疗体系中承担未来的医疗保健成本。[19]

有报告显示，美国人的寿命数十年来首次停止延长，甚至可能出现轻微下降的迹象[20]。考虑到我们的历史趋势，这种结果令人惊讶，但是，当我们想到严重的临床抑郁症、合法和非法药物的过度使用、海洛因和阿片类药物的流行、糟糕的饮食和生活方式等问题正在美国蔓延，这种情况就不足为奇了。这种发展趋势并非没有代价。除了与年龄相关的生命终止情况，美国不得不投入大量资金用于治疗。我们并不是认为不应该承担此类成本，而是认为应当关注资金来源。

## 美国个人、援助计划和政府资金不足

即便是现在，美国仍有一半以上的家庭几乎或根本没有为退休储备资金。美国社会保障体系持有数万亿美元来自联邦政府的欠条，这些欠条将在某些时候到期且无法支付。州政府和地方政府在医疗补助义务和公务员的养老金承诺方面也存在资金严重不足的问题。[21]私营部门的养老金计划长期处于资金不足的状态，以至于许多人因此宣告破产。

目前，美国大约有72 000名100岁以上的老人。一项研究表明，如果目前的趋势继续下去，到2050年，该数字将达到100万，比2015年增加15倍。[22]如果出现这种情况，或者即使预期寿命达到较低的阈值（如92～95岁），面对众多无法自理且长期需要昂贵医疗护理的人群，我们不断被削弱的赡养和财政系统应当如何满足此类群体维持生活和健康的需求？

一位前联合国首席人口学家将15岁以下儿童的人口预测与65岁及以上人群的人口预测进行了对比，并解释了这个问题：

虽然延长寿命是一件好事，但是当日益萎缩的劳动力无法支付养老金账单时，问题也将随之而来。几十年前，大约10名在职人员供养1名退休人员，但该数字可能会缩减到意大利的水平，例如，3名在职人员供养1名退休人员。尽管政治选择令人不快（增税或削减福利），但政府已没有时间采取行动。我们"不能废除人口统计法则"。[23]

情况正在变得更糟。在过去的200年里，西方国家人口的预期寿命每10年增加2~3年。如果继续保持这种趋势，今天在美国出生的孩子中，超过50%的有可能活到100多岁。现在已经40多岁和50多岁的人都意识到他们的寿命将比父母更长，并且越来越明白一个事实：如果可能的话，他们需要工作到65岁以上才能维持自己的生活方式，或者仅仅是维持生计，因为社会保障支付不足，且社保计划的偿付能力存在不确定性。

这并未考虑到大多数美国人普遍缺乏退休储蓄这一情况。有报告显示，42%的美国人面临退休后破产的风险，寿命延长和缺乏规划将使人们陷入危机。[24]此外，资金不足的地州和地方公共养老金计划还面临着其他问题，许多企业养老金制度则面临着无法支付的困境。《财富观察》进行的一项分析显示，美国中西部100多万名依赖私人养老金计划的养老金领取者可能会发现他们的福利正在逐渐被削减。埃德·利弗德写道：

至少有50个中西部地区的养老金计划（大多数由工会的受托人和一群雇主共同进行管理）处于这种衰落状态。若干计划发起人已向财政部申请削减退休人员的配额。美国的这一阶层包括100多万名前卡车驾驶员、办公室和工厂雇员、砖瓦匠和建筑工人，他们将终生面临裁员威胁。[25]

在这种情况下，自1983年以来，65岁及以上的美国人选择继续工作的比例已经从10%上升至近19%，这个结果并不令人意外。苏珊娜·麦基通过描述他们未来的不确定性反映了大多数美国人的处境，她写道：

如今，除了最富有的美国人之外，导致所有人经济脆弱的原因不仅仅是其收入大打折扣。事实是，当我们退休时，我们当中没有养老金的人只能依靠微薄的积蓄维持生活（该群体比例正在不断上升，非公共部门或工会雇员尤为如此）。无党派组织——美国政府问责署（GAO）在去年发布的报告中提醒我们正处于危险之中。在以55岁及以上美国人为主的所有家庭中，有一半家庭没有任何退休储蓄。[26]

事实上，2015年的一项研究表明，美国地州和地方公务员养老金计划的资金问题就像一颗"定时炸弹"。[27]几十年来，联邦政府已经意识到使社会保障养老金和福利计划陷入困境的原因有很多，其中包括受助者的寿命超过预期寿命，医疗保健费用大幅增加，向社会保障基金缴纳费用的工人数量急剧下降，当然还包括联邦政府持续向社会保障资产提供的预算外"借款"。所有这些因素都是众所周知的，但是我们的政治领导人一直在回避这些问题。[28]

我们拥有多种选择，但没有一种令人满意。正如骏利资本创始人比尔·格罗斯提出的建议，应对部分财政危机的其中一个方法是继续印制更多钞票。这种做法将导致美元贬值，但允许我们根据承诺进行合法支付，尽管所付款项的实际价值将大幅下降。因此，中国、伊朗、俄罗斯和印度试图将世界转向美元以外的货币基础也就不足为奇了，这不仅是为了削弱美国的实力，也是为了创造一种拥有足够实力的、旨在提供可靠的低风险投资渠道替代金融资产。[29]

## ‖ 移民还是人工智能/机器人

几十年来，允许中东移民（特别是土耳其移民）进入德国的其中一个理由是：德国需要在本国劳动力之外增加劳动人口。[30]丹麦正在遭受劳动力短缺之苦，并已开始积极推进人工智能/机器人技术的发展速度，旨在通过机器人劳动力维持和扩张其经济发展。在《进入老龄化社会的丹麦人希望机器人能拯救他们的福利制度》（Aging Danes Hope Robots Will Save Their Welfare State）一书中，皮特·莱文写道，人工智能/机器人技术的发展对该国至关重要。

丹麦面临的问题是：它可能很快就无法为国民提供如此优惠的待遇，包括全民免费医疗，每月为大学生提供757美元的津贴，为贫困人口建立坚实的保障体系，这些都需要耗费大量资金——丹麦将其国内生产总值的30%多用于社会支出，这是富裕国家中的最高水平之一。人口预测显示，丹麦6000亿克朗的社会福利体系未来将面临更多的受助者，而为此买单的人口数量将逐渐减少。[31]

由于人口老龄化和出生率直线下降，人口萎缩导致日本同样面临着严重的劳动力问题。[32]

日本已经被世界上最大的公共债务负担之一压得喘不过气来。由于其倒金字塔式的人口结构，应当如何通过税收基础偿还债务，并赡养日益增长的老龄人口？2012年发布的政府报告称，如果不改变政策，到2110年，日本人口将降至4290万，仅占其当前人口的三分之一。[33]

这意味着，日本不仅正在经历人口迅速老龄化趋势，全国人口数量也在减少。[34]日本的出生率处于历史最低水平，这意味着其年轻劳动力无法得到补充。这一事实推动了人工智能/机器人替代品的发展速度，包括非常有趣的旨在激发生育意愿的小机器猫和机器人"婴儿"。一些日本养老院已经开始使用软银推出的Pepper机器人来帮助照顾老年人，并取得了积极的效果。

一份引人入胜的报告指出了该系统的工作原理，其中包括这样一个事

## 第12章 年龄诅咒成为新的"人口炸弹"

实：总体而言，机器人在日本被视为乐于助人且充满爱心的助手。一位养老院的居民解释了机器人助手如何为居民的生活带来积极的改变。84岁的Kazuko Yamada在和软银机器人公司推出的可进行脚本对话的Pepper机器人做完运动之后表示："这些机器人实在太棒了。随着独居人口日渐增多，机器人可以成为他们的对话伙伴。这会让人们的生活更加有趣。"[35]

机器人的功能和设计并不局限于某一种类型或目的。具体案例包括：

毛茸茸的机器人海豹发出轻柔的叫声，一位老妇人正在抚摸着它。人形机器人Pepper在带领一群老年人锻炼身体时挥手致意。直立式树形机器人正在引导一位残疾人摇摇晃晃地走着，并用温柔的女性声音说道："向右，向左，干得好！"日本东京某疗养院使用20种不同类型的机器人来照顾住院居民。日本政府希望将该案例作为利用本国机器人技术应对老年人口膨胀和劳动力萎缩的典范。[36]

## ‖ 西方代际政策冲突

老年人和年轻公民之间日益激烈的冲突是其中一个重要部分，但这只是未来趋势的其中一个因素。遗憾的是，正如阿瑟·布鲁克斯所指出的那样，"如果历史可以作为参考，日益老龄化的选民将把越来越多的国内生产总值用于退休福利，而留给子孙后代的机会将越来越少。"[37]就连历史课也不再描述我们目前的困境。这是因为身份政治的兴起创造了一种由高度组织化和激进的政治实体构成的新体系，它们都在为自己的利益集团争夺更大的"公共利益池"份额。

在以色列学者尤瓦尔·赫拉利所称的"无用阶级"中，人们之所以变得无用，不是因为他们自己的过错，而是因为没有可获得的工作，我们将看到西欧和美国的老年居民与那些被剥夺就业权利的年轻成员陷入痛苦的斗争中。夹在这场迫在眉睫的代际斗争中间的将是那些真正在工作的人，他们必须缴纳更高的税款，赡养他们所认为的现代版"老人、跛子、瘫子"，还有那些可以而且愿意工作，却被剥夺了机会的闲人、懒人及在经济上被剥夺了权利的人。当然，另一个极端是指极其富有的阶层，他们会尽一切可能避免承担帮助社会应对危机的责任，该群体的成员通过人工智能/机器人、税收政策和复杂的避税计划促成了此类危机的产生。

赫拉利把剥夺大批人就业权利的过程列为 21 世纪最可怕的威胁。[38]他承认将"无用"一词用作蓄意挑衅的描述是为了迫使人们明白不计后果地采用人工智能/机器人技术所带来的影响。我们也可以把那些即将被人工智能/机器人淘汰的人视为"被抛弃的""被放弃的""被剥夺继承权的""被边缘化的""消失的"或"被遗弃的"群体。我们当中已经有相当一部分人可以用一个或多个这样的贬义词来形容。除了那些因健康原因或在工作数十年后退休而被边缘化的人，他们基本上不属于老年人的行列，在他们成长的年代，努力工作的价值观被视为一项基本原则。

不管被贴上什么样的标签，美国近六分之一的年轻人不是失业就是身陷囹圄，随着我们的社会不断走向堕落，这种状况可能会变得更糟。[39]数百万人因阿片类药物和其他毒品及酒精的大规模流行而被边缘化，这已成为困扰美国的社会问题。这些都是较为传统的问题形式，我们尚未做好准备处理日益加深的社会危机。

但是，赫拉利所指的这种具有新含义的无用性并非对边缘化群体的价值所做的道德判断，而是用于描述在劳动人口中没有立足之地所产生的后果。在这种情况下，无论一个人准备得多么充分、多么勤奋、多么雄心勃勃、多么称职，对于大多数人而言，未来将是一场残酷无情的"抢椅子"游戏，将有越来越多的人争夺数量迅速减少的"椅子"，正如我们所看到的那样，成千上万的人出现在招聘会上，试图说服某人雇用他们，但最终只有 5% 或 10% 的求职者能够找到工作。

## 第13章
## 6个案例研究

为了加深我们对当前形势的理解，本章介绍了6个简短的案例研究。

关于人工智能、机器人、失业及政府、企业、激进的身份团体和恶意挑衅者滥用互联网和人工智能系统的很多说法都让人感到抽象或不真实。当然，我们在某种程度上"知道"这样一个事实：如果人类的工作岗位在未来15年内减少50%，我们的社会将陷入一种低迷的状态。我们至少在理智上明白，如果收入不平等和机会丧失问题继续恶化，随着财政收益越来越多地从人类劳动力流向资本投资者，随着企业和投资者将生产和服务体系转向人工智能/机器人，最终将造成极端和广泛的社会紧张局势。其中包括保障这些被迫失业的人，长期来看，这是不可持续的。

这些挑战每个都能使我们陷入不知所措的巨大困境中，以至于我们难以从内心承认这些现实问题。当某些东西开始出现在当代文明所创造的人工智能/机器人技术层面上时，我们的大脑将打开一个"关闭"开关，否认或忽视正在显现的事实，因为正在发生的事情让我们感到不知所措。可能性被视为有趣的抽象概念，而非塑造和定义我们的未来并可能对我们产生直接影响的具体现象。此类案例研究是为了将发展成果应用于现实而进行的初步尝试。

## 案例研究1：自动驾驶汽车、卡车和公交车将淘汰数百万个有偿驾驶员岗位

我们都能想到的一个例子是无人驾驶或自动驾驶汽车。自动驾驶技术将导致数百万人面临失业。[1]2014年和2015年的美国数据表明潜在的大规模失业现象将集中在运输行业。有报道称，仅在美国，自动驾驶汽车就可能造成410万人直接失业。[2]根据美国劳工统计局的报告，共有82.65万名轻型卡车和运输驾驶员处于受雇状态，平均年薪为34 080美元。美国劳工统计局报告称，2014年的美国重型牵引车驾驶员为179.77万人，平均年薪为40 260美元。66.5万名校车驾驶员的平均年薪为30 950元；另有23.37万名出租车驾驶员和私人驾驶员，平均年薪为23 510元。[3]据报道，优步在美国拥有40万名活跃驾驶员，来福车拥有31.5万名驾驶员。

在零工经济中，人们把各种工作拼凑在一起，这是因为有越来越多的零工可供选择。尽管以上数据包含全职和兼职驾驶工作，但这意味着仅在美国就有423.69万人受雇为有偿驾驶员。考虑到无人驾驶的汽车、出租车、公共汽车、卡车、送货"机器人"和半挂车等领域的巨额投资，未来5～10年内，大量专业的驾驶岗位将逐渐消失。

自动驾驶汽车的支持者声称，其安全性最终可能会超越人类驾驶的汽车，但想想当这种情况发生时，会有多少人面临失业困境。[4]菲亚特/克莱斯勒首席执行官曾表示，预计自动驾驶汽车将在短短5年内成为其销售市场的重要组成部分。[5]优步与沃尔沃签署了一项协议，2019年交付2.4万辆自动驾驶汽车。沃尔沃目前为中国的跨国汽车制造企业吉利控股集团所有。

随着研究范围扩大到该领域，吉利控股集团还获得了最先进的飞行汽车系统的使用权。自动驾驶出租车、豪华轿车、优步和来福车、运载车辆、卡车和其他我们从未考虑过的车辆类型将很快让大批驾驶员面临失业风险。优步宣布将在匹兹堡测试自动驾驶汽车后，一名倍感震惊的41岁优

步驾驶员哀叹道:"这让人感觉我们才是出租的对象。"[6]她随后补充道:"我想这可能需要几年的时间才能真正成为现实,而我将在那个时候选择退休。"[7]

这项开发成果"就像一匹黑马一样脱颖而出",并且将在广泛而多样的领域内淘汰数百万个工作岗位。[8]令人惊讶的是,无人驾驶汽车、半挂车和公共汽车似乎凭空冒了出来(经过数十亿美元的投资),并且被吹捧为未来的汽车和交通选择。无人驾驶出租车已经在新加坡上路。芬兰也已开始使用自动化公交车,而在匹兹堡、密歇根州、亚利桑那州和旧金山,无人驾驶汽车正在接受测试,结果喜忧参半。全自动汽车2018年在法国的部分道路正式亮相。[9]

想想无人驾驶汽车的发展速度有多么惊人,这些系统的出现是多么突然。再想一想这种发展趋势可能会减少的工作岗位数量及受影响的工作类型。另外,再考虑一下已经开始在伦敦各处运载游客的无人驾驶汽车,或者是递送信息、比萨、快餐、包裹和物资的机器人快递员对就业形势的影响。[10]一家新成立的公司甚至在计划让自动驾驶半挂车上路。该公司宣称的目标是:"目前,机器人卡车驾驶员只负责在高速公路上控制车辆,穿梭往来于城市街道等更加困难的任务仍然由人类完成。这种想法类似于由自动化飞行员在高空驾驶飞机,而将起降任务留给人类。"[11]装载数吨炸药的大型卡车将构成另一种可怕的潜在安全威胁。

这不仅仅是破坏就业的问题。安全也是一个至关重要的问题。使用简易爆炸装置和车辆的自杀式爆炸行为已经越来越普遍。试想一下,当无人驾驶汽车能够实现远程控制,或者由可供普通消费者购买的无人机进行控制,这种威胁将升级到何种程度?[12]恐怖分子甚至不用牺牲自己。[13]一些热衷于高科技的"神童"甚至计划在不久的将来推出空中飞车,这为无人驾驶的简易飞行爆炸装置提供了发展前景,这种装有烈性爆炸物的装置能够克服现有的防御措施。

## 案例研究2：致命性自主武器系统又名"杀手"机器人

人工智能/机器人系统的军事化对我们的生存构成了威胁。美国参谋长联席会议第10任副主席保罗·塞尔瓦上将曾向参议院军事委员会表示："军方应该恪守战争的道德准则，避免向人类放行超出我们控制范围的机器人。"[14]科学家、联合国和其他机构不断呼吁应当禁止"杀手"机器人或"致命性自主武器系统"。对此，一位批评人士回应道："你们难道不应该早点想到吗？"[15]

在接受伦敦《泰晤士报》采访时，斯蒂芬·霍金警告称，人类与生俱来的攻击性和人工智能/机器人系统的技术能力相结合将使人类面临大规模杀伤性武器的威胁：

> 自文明诞生以来，侵略就一直被视为一种有效的手段，因为它具有明确的生存优势。这种观念通过达尔文进化论与我们的基因紧密相连。然而，技术的发展速度如此之快，这种侵略意识可能会通过核战或生物战摧毁我们所有人。[16]

在人工智能系统的发展问题上，霍金明确指出，虽然人工智能技术可能在某些方面是一项了不起的发展成果，但其同样有可能加速人类的毁灭。针对此类具体问题，玛琪·墨菲指出，"类人机器人的能力继续以令人难以置信的速度飞速发展——现在的机器人已经可以追逐目标，甚至开枪。"[17]

---

**自主武器系统和"杀手"机器人**

- 科学家表示禁止"杀手"机器人刻不容缓：现有技术已经可以制造在没有监督的情况下选择并杀死人类目标的自主武器，联合国敦促禁止这种武器。[18]

- 联合国表示，机器人将通过战争和失业问题破坏世界稳定：联合国在荷兰开设新中心，用于监控人工智能并预测潜在威胁。[19]
- 新型机器人军队：开启自主战争时代的智能机器已经出现。[20]
- 陆军部队开始测试新的超级士兵外骨骼：美国陆军正在测试一项外骨骼技术，该技术使用人工智能分析和复制单兵步行模式，可提供额外的扭矩、动力和机动性。[21]
- 人造肌肉可让机器人获得"超能力"。[22]
- 机器人取代人类首次参加障碍突破军事演习。[23]
- 武装地面机器人2018年在乌克兰冲突中作战。[24]
- 俄罗斯称其部署的机器人坦克性能将超过人类操作的坦克。[25]

从理论上讲，自主武器应该会减少战争中的死亡人数，但其更有可能增加频繁爆发冲突的可能性，因为人类的生命并未受到威胁——至少在最初阶段是这样。随着暴力事件迅速蔓延到人类之中，事态很有可能会失控。人们甚至没有考虑到使用"末日设备"的可能性，如果失败即将来临，这种设备可摧毁整个系统，比如《星际迷航》系列电影中"自我毁灭"的设置，当失败即将到来时，该装置将全面引爆。[26]

我们不应过于强调科幻小说的夸张情节，但是，将人工智能/机器人广泛应用于军事用途很容易导致数以百万计的人类死亡，无论拥有超常智慧的人工智能"圣灵"[Overminds，即时战略游戏星际争霸（StarCraft）中的角色]或"天网"（Skynets）是否决定毁灭人类。[27]目前处于研究阶段的由人工智能控制的充分集成的武器系统可同时指挥数千个武器的操作过程。

世界上的主要强国似乎正朝着这个方向前进，并由此带来阴霾：高效率的人工智能/机器人军事系统将在人类的终极控制之外相互发动战争，就像神话故事中所描述的那样，处于竞争关系的人工智能/机器"众神"将爆发全球性的冲突。毕竟，如果不是为了对抗另一个超级大国所掌握的人工智能武器系统，我们创造此类系统的目的是什么？

## 案例研究3：金融、银行、证券、制造业、医药和法律领域的工作岗位大幅减少

被取代的工作岗位不再局限于蓝领或体力劳动领域。金融和经纪系统已经开始为投资者提供人工智能/机器人金融顾问。[28]银行正在裁减数万名文员和中层员工。大量人类财务顾问在这个过程中被解雇。此外，银行正处于关闭大量分行的早期阶段。不到10年前，银行分行的总数已增至9万，但由于大多数人已经转向在线访问和自动柜员机，这些分行目前仍未得到充分利用。由于可达到节省成本的目的，这一进程将会加快，最终导致成千上万的工作岗位流失。

纽约梅隆银行首席信息官指出：

能够理解并以自然语言做出回应的机器人可用于回答客户的问题，并在最终执行交易。机器人将从一些简单的事情开始，最初也许只是提供信息，之后便可以开始执行交易。[29]

"人类顶峰"的发展趋势在银行持续裁员的背景下得到了解释：

即使收入因利率上升、经济改善和债务交易反弹而回升，新平台也只会扩展到更大的规模，且不需要更多人类经营者。华尔街已经达到"人类顶峰"。[30]

## 银行业和金融业被扼杀的就业发展趋势

- 机器人在价值5240亿美元的瑞典储蓄市场中向银行发起挑战。[31]
- 上海机器人银行：开设全球首家无人银行。"小龙人"可以与客户聊天、接收银行卡并核对账户。中国城市中不断壮大的机器人工人大军再添新成员。[32]
- 德意志银行首席执行官表示，机器人将取代该公司9.7万名员工的一半。[33]
- 丹麦银行的财富管理机器人目前已拥有11 500名客户。[34]
- 监管机构警告称，金融领域的机器人给金融稳定带来了新风险。[35]
- 银行关闭了1700家分行，降幅创历史新高：尽管经济不断增长，但由于客户向线上转移，银行仍在持续裁员和削减分行数量。[36]

目前的发展趋势已经远远超出银行业和金融业的范畴。工业机器人已经在制造业领域取代了大量人类劳动者。福特汽车在德国的一家工厂安装了先进的新一代人工智能/机器人制造系统。一份报告指出：

福特公司表示，它们采用的新型机器人以准确性、力量和灵活性为主要特点。福特汽车欧洲运营总监表示："机器人正在帮助我们以更加轻松、安全和快捷的方式完成任务，为我们的员工赋予更多能力，并为新的福特车型开辟无限的生产和设计空间。"[37]

这种初始阶段的人类/机器人协作或"协作机器人"只是迈出了第一步，当进入下一个阶段时，制造过程需要投入的人力将日益减少。例如，福特公司宣布将在全球20万名员工中裁员10%（或约2万人）。目前，位于美国的福特工厂对于工人而言尚属于安全区域，但福特系统的其他领域已经在进行补偿性裁员。

人工智能/机器人系统的引入几乎已形成一股势不可当的潮流。"将制造业带回美国"的呼声不绝于耳,但人们忽略了这样一个事实:新的制造业设施几乎肯定会被高度自动化,人类劳动者的就业机会将非常有限。[38] 同样的过程也发生在建筑行业、自动驾驶汽车和自动化农业等领域,并威胁着数以百万计的工作岗位。

### 建筑和贸易、自动驾驶和农业领域

- 建筑机器人的焊接、螺栓、升降机功能可解决工人短缺的问题。[39]
- 机器人农民不用人就能成功收获大麦:这项成果有何重要意义?由机器人经营的农场有望提高农业生产效率。[40]
- 机器人快递车来了:一家初创公司已秘密推出其自行研发的食品杂货配送车,这是将人力资源排除在外的众多汽车制造商之一。[41]
- 由于人工智能引发大规模失业,自动驾驶汽车将导致"三分之一的人口失业":三分之一的人口将因自动驾驶汽车而面临严峻的失业挑战。[42]
- 卡车驾驶员很快就会被自动化所取代。[43]
- 意大利的机器人管家在改进人工智能的道路上有了新的突破。[44]

越来越多的零售业从业者和收银员发现自己正面临失业困境。

### 零售业从业者和收银员正在被快速淘汰

- 亚马逊第一家免结账杂货店开业:使用"拿了就走"技术告别排队现象,Amazon Go(亚马逊推出的无人便利店)向商业街发出警告。[45]
- 沃尔玛将开发无收银员实体商店。[46]

- 美国零售业的工作岗位正在大量流失，女性受到的打击最为严重：随着零售业格局发生巨大的转变，分析结果表明，2017年共有12.9万名女性失业。[47]
- Jack in the Box（美国家喻户晓的快餐连锁店）首席执行官：由于最低工资标准不断提高，使用机器人代替收银员是"合情合理"的做法。[48]
- 收银台的终结：美国收银员迫在眉睫的危机——零售业的失业问题长期以来对美国的就业形势有着重大影响，而收银台技术正将其置于危险之中。[49]
- 在一家全球最大的在线零售商的仓库中，配备Wi-Fi的机器人将工作效率提高了两倍。[50]
- 完成一份杂货订单需要多少个机器人？曾经，在线杂货商Ocado需要花费两个小时才能完成50种食品的备货工作。机器人只需要5分钟即可完成。[51]
- "机器人不能打败我们"：拉斯维加斯赌场工作人员准备针对自动化而罢工。在拉斯维加斯的微醺机器人酒吧里，顾客可以用平板电脑完成点单，机器人的机械手臂将模仿真人调酒师搅拌鸡尾酒。这家以未来为主题的酒吧传达的基本信息是：人类并没有那么重要。[52]

更多脑力劳动者也面临着同样的风险。律师事务所越来越多地使用计算机来执行数据管理和研究任务。事实证明，计算机更擅长完成"繁重"的工作，负责调查、案件管理、研究或"辅助"工作的助理律师将被取代，因为人工智能系统能够以更快、更好、成本更低廉的方式完成这些工作。[53]低成本和高效率更有可能为律师事务所的合作伙伴贡献利润，而非降低费用。

医院和医疗系统的其他部分正在转向机器人和自动化操作来提供各种

帮助，包括手术、诊断、护理和物理治疗。[54]日本已将其部分注意力集中在开发外形美观的机器人上，以取代人类旅行援助劳动者，甚至在不久的将来取代保险代理人。[55]这是因为研究表明，与"终结者"相比，人类更喜欢外表令人愉悦或面孔类似人类的机器人。

> ### 教师、作家、牙医、医生、护士和官员
>
> - "鼓舞人心"的机器人将在未来10年内取代教师的工作。一位著名的教育家预测，这将成为一对一学习革命的组成部分。白金汉大学副校长安东尼·塞尔顿表示，能够适应每个孩子学习方式的智能机器将很快使传统的理论知识教学工作变得多余。[56]
> - 机器人已经学会像人类一样编写虚假的Yelp（美国最大点评网站，译者注）评论。芝加哥大学的研究人员训练了一个神经网络（或人工智能系统），与人类的评论相比，该系统在Yelp上编写的虚假评论足以以假乱真。[57]
> - 中国的机器人牙医首次在没有人工干预的情况下将植入物植入患者口腔：成功的手术让人们看到了希望——科技能够避免人为失误造成的问题，并帮助解决牙医短缺的问题。[58]
> - 伦敦医院使用人工智能代替医生和护士执行某些任务：伦敦大学附属医院（UCLH）旨在为国家医疗服务体系（NHS）的患者带来"改变游戏规则"的人工智能，包括癌症诊断和减少等待时间。[59]
> - 研究发现，人工智能比医生更擅长识别皮肤癌。[60]
> - 机器人"可取代英国25万公共部门职位"："改革"智库表示该部门将成为"下一个优步"，随着自动化水平的提高，员工应尝试接纳零工经济。[61]

即便唐纳德·特朗普谈到的许多公司均承诺在美国保留、扩张或投资新的制造设施,但人工智能/机器人的扩张应当与就业岗位的实际情况密切相关。日本软银公司是世界上最著名的人工智能/机器人技术开发和应用公司之一。尽管软银和富士康已承诺在美国投资500亿美元和100亿美元,但担忧仍然存在。

其中一个核心问题是,此类制造设施是否将在极大程度上实现自动化,只有少数具备专业能力的人类劳动者可获得就业机会(远远低于历史发展模式)。考虑到此类企业以人工智能/机器人技术及其应用为核心,这也提出了一个合理的问题:软银和富士康的生产流程是否会让事情变得更糟,因为它们在为富有的投资者创造可观投资回报率的同时加快了人类劳者的失业速度。

与软银一样,马云在特朗普政府执政初期曾表示,阿里巴巴计划为美国创造100万个就业机会。谢瑞斯·范写道,即使阿里巴巴在美国建立更大规模的销售和制造基地,也不会创造出接近这个数量的就业岗位。事实上,范认为马云创造就业岗位的想法并未涉及在美国建造任何制造设施,但其做出这一预测的前提是,预计销售阿里巴巴产品的美国门店数量将有所增加,而阿里巴巴产品的美国销售商将招聘更多员工,以满足更高的预期销售需求。[62]当然,阿里巴巴的产品将与其他类似产品的零售商展开竞争,如果它在竞争中战胜其中一些制造商,将导致现有门店进行裁员。

这种便利的"新工作"标准被用于支持人类就业前景依然光明的说法。这种假设并不准确。马云预计将雇用人类劳动者的美国企业很有可能只是"订购渠道",消费者可以通过这些渠道订购阿里巴巴的产品,然后由机器人工人进行填充和发货。机器人工人正越来越多地进入在线订单获取、产品检索、包装和发货领域。我们已经看到,亚马逊和沃尔玛在仓储、订购和配送领域也开始呈现出这种趋势。[63]一份报告显示,许多零售商正试图模仿亚马逊的自动化战略,以提升其竞争力。人类劳动者数量的减少将不可避免。[64]

## 案例研究4：美国无家可归者日益增多

美国的无家可归者人数正处于稳步增长的状态，该群体处在引起同情和制造矛盾的尴尬境地。例如，阿纳海姆宣布因无家可归人口增多而进入"紧急状态"。[65]俄勒冈州波特兰市的无家可归者人数越来越多，政府官员对此束手无策。

在加利福尼亚、纽约、太平洋西北部、许多其他城市甚至农村地区，日益增多的无家可归者是无家可归者问题的早期症状，其程度将随着失业和成瘾问题不断加剧。[66]有报告显示，洛杉矶已有超过5.5万名无家可归者。这个数字每年都在增长，洛杉矶为该群体提供基本健康、卫生和其他人道服务的能力已严重不足。

### 快速增加的无家可归者人数

- 美国无家可归者人数自经济大萧条以来首次出现增长：一项新的政府研究发现，2017年仅一个晚上就有553 742人无家可归。与此同时，倡导者对这场没有任何减弱迹象的危机表示惋惜。[67]
- "美国的新越南"：无家可归危机似乎无法解决的原因——尽管已批准投入数十亿美元的资金来解决这个问题，洛杉矶的无家可归人口仍在继续增加。[68]
- 洛杉矶希望在郊区为无家可归者建造寄宿旅社。[69]
- "国家的耻辱"：面对无家可归者、人类废弃物和针头问题的肆虐，加利福尼亚社区做出了反击。[70]
- 在日益严重的危机中，国王郡的无家可归者死亡人数达到新高。[71]
- 随着房车成为最后的选择，旧金山湾区城市面临着日益严重的危机。[72]

- 由于无家可归者带来的死亡威胁和公共场所排泄问题,哥伦比亚运动装公司将关闭波特兰办事处。[73]
- 无家可归者在洛杉矶街头随地大小便引发了可怕的肝炎疫情。[74]
- 硅谷悖论:四分之一的人面临饥饿风险——研究表明,26.8%的人口因缺餐或依赖食物银行等风险因素而处于"食品不安全"状态。[75]
- 加州的无家可归危机蔓延至全美国:加州住房成本急剧上升导致无家可归危机发展至前所未有的境地。[76]
- 纽约的无家可归者比其他任何城市都多。联邦政府报告的数字为7.6万,而洛杉矶为5.5万。[77]

更为严重的是,同一份报告还指出,一场危险且愈演愈烈的甲型肝炎疫情与洛杉矶的无家可归者有直接关系,因为有大量居民因缺乏公共厕所和卫生设施而在街道和人行道上随地大小便。[78] 此外,洛杉矶投票通过了一项耗资12亿美元的计划,旨在为洛杉矶的无家可归者建造住房。有提案主张为洛杉矶的所有无家可归者提供适用的住房。另一项建议是,洛杉矶的房主可以通过将部分房屋或车库改造为无家可归者的生活区来获得补贴。这听起来似乎不太可能,但事实是,加州正面临日益蔓延的无家可归危机,这似乎已经超出其应对能力。由于该数字每年都在增长,且预计仍将稳步上升,因此这是一个不断变化的目标。

无家可归者不断增加的部分原因来自对毒品或酒精上瘾的群体。其他人则存在严重的身体或情绪健康问题。许多人根本负担不起西部的硅谷、旧金山、洛杉矶、波特兰或西雅图或者东海岸的纽约和华盛顿特区等边缘地区的高昂租金。数百万人在经历漫长的失业期后已经放弃寻找工作,他们在就业市场上获得政府援助的资格也已终止。即使有的话,他们也只能通过其他福利项目获得有限的福利来勉强度日。乞讨和日益增多的侵犯性乞讨行为只是潜在后果中较为温和的一种。

由于人工智能/机器人技术加剧了失业现象,这个问题的另一个方面将随之显现,即所谓的"自愿性"无家可归者:此类群体永远不会成为对社会有贡献的成员,但是,他们需要获得援助才能维持生活,并且将对他们所处的地区造成不良影响。不幸的是,在这个被社会遗弃的群体中,破坏性行为往往会成为常态,从而导致医疗保健和治安成本显著上升,并带来普遍的社会不安全感。有报告从各个方面对这个问题进行了分析。

从伯克利的公园到布鲁克林的街道及其间的多数大城市,他们几乎已经成为城市生活中不可避免的一部分。这群年轻人被冠以多种称呼,例如"暴躁的朋克""邋遢青年""贫民窟朋克""面包屑流浪汉"和"脏孩子"等。他们拒绝朝九晚五的传统生活方式,喜欢扒火车和乞讨,并自愿成为无家可归者。虽然警察和城市居民历来对该群体持容忍态度,但近年来,这些蓬头垢面的临时群体却卷入了一系列事件……这让全美各地的市政当局对如何解决这个问题感到困扰。[79]

许多人由于失业、健康状况和巨大的心理压力而成为无家可归者。无家可归者已成为一种流行病,在我们的城市街道、公园和小巷中肆意蔓延。虽然我们仍处于无家可归危机的早期阶段,但我们已经面临着社会保障不足的严重问题。

养老金制度不安全、不完善和养老金的拖欠问题可能会加剧这场无家可归危机,并将增加我们社会中的弱势群体最终被背叛、失去希望和被忽视的可能性。如果我们的社会希望拯救这个群体,就必须为老年人提供生活照料,因为老年人在无家可归者中所占的比例越来越大。另一项分析阐述了导致无家可归者不断增加的错综复杂的问题,其中包括导致健康问题增多的无家可归者老龄化问题。

这是一个深刻的悲剧,正如一份报告所指出的那样:"决策者和普通民众需要认识到这样一个事实——无家可归者的老龄化速度已经超过美国的普通人口。人口结构的这种变化对市政当局和卫生保健提供者解决无家可归问题的方式有着重大影响。"[80] 其中包括被推向大街小巷的老年人和弱势群体的生存机会。

## 案例研究5：复杂系统的极端脆弱性

我们的关键供应系统越来越依赖于人工智能系统。能源、食品、供水和交通等重要领域均由计算机应用程序进行控制。发电厂、金融、航空和铁路运输系统极易遭到黑客入侵、攻击和破坏。随着人工智能/机器人技术的普及，我们越来越容易因其被破坏或陷入崩溃而受到影响，而这种破坏或崩溃将构成根本性的威胁。

如前文所述，世界上60%的人口正在向大城市迁移。此类城市中心并未采用自给自足的运作方式，而是完全依赖错综复杂的食品、交通、燃料、电力供应网络，并以虚拟的方式获取居民赖以生存的所有其他产品。只有当此类供应线路处于高效、安全的运作状态，才能维持城市的可持续发展。如果此类网络因任何原因出现故障（包括蓄意破坏），且问题持续时间较长，人们将因此面临死亡威胁。我们暂且不谈基础设施日益老化所带来的危险，下列与人工智能相关的其他潜在系统性风险表明了问题的严重性。

### 系统性风险

- 网络基础设施：网络安全行业未能跟上网络威胁的发展速度，大西洋理事会的约书亚·科曼向波士顿的一位消息人士表示，形势将变得更加严峻。[81]
- 美国电网极易遭受前所未有的攻击浪潮：随着该行业争相提高安全系数，威胁也在不断增加。[82]

- 连锁反应：电网关键基础设施的脆弱性。[83]
- 联邦政府对燃煤电厂的脆弱性一无所知。[84]
- 黑客对工业网站的攻击引发人们对致命攻击的担忧。黑客对美国及其他国家的关键基础设施构成的威胁越来越大，一些国家和其他恶意行为者希望在敏感技术领域获得立足点，以便从事间谍活动，并可能发起分裂性或破坏性攻击。[85]
- 英国央行举行网络战演习以对抗网络攻击：金融领域的一连串数据泄露事件促使人们自愿参加演习，以测试其恢复能力。[86]
- 安全专家警告称，下一次"9·11"很可能是一场网络攻击：许多安全专家认为，毁灭性的网络攻击只是时间问题。许多公司仍然在 Windows XP 和其他不可修补的平台上运行关键基础设施，这意味着他们无法针对漏洞和错误修复进行更新。[87]
- 报告警告称，人工智能技术的发展可能会加剧网络犯罪和安全威胁：专家表示，必须采取行动控制人工智能技术。[88]
- 攻击美国和欧洲能源公司的黑客可能会破坏电网：网络安全公司赛门铁克表示，"蜻蜓"集团一直在调查和渗透美国、土耳其和瑞士的能源设施。[89]

我们已经在广泛的范围内对人工智能/机器人系统产生了依赖。如果来自美国或世界各地的食品供应突然中断，美国任何一个大都市的城区/郊区可在多长时间内应对这种状况？如果极度脆弱的电网遭到破坏或由于其他各种潜在原因而出现故障，那么纽约、洛杉矶、伦敦、巴黎、罗马等大城市将面临何种局面？[90]

很多重要的电力传输中心长期以来被证明安全性严重不足，将其摧毁易如反掌。[91]正如一份报告所提出的问题，"在我们的食物和清洁水源储备耗尽后的第四天会发生什么？"对于拥有数百万居民的城市，我们无法给出答案。[92]对英国局势进行的一项分析表明，一旦发生严重的网络攻击导致电网瘫痪，英国"距离无政府状态只有四餐之遥"。[93]

同样，当我们建造跨越数千英里的天然气和石油管道时，如果破坏者决定在美国北部的隆冬季节摧毁这些管道，会造成什么后果？这甚至不必使用爆炸物进行暴力物理干预，或是污染供水和空气供应系统。依赖计算机程序运行的系统很容易受到黑客的攻击。我们没有理由相信，包括核电站在内的普通公用事业系统不会受到入侵和操纵，或者供水系统不会受到污染。

虽然完全不同于传统发电或输电设施，核电站也可能成为攻击目标。破坏者甚至可能不需要通过物理攻击就能摧毁这些设施，黑客入侵、关闭关键元件或某种有针对性的电磁脉冲事件乃至极端天气事件（导致波多黎各电网系统被摧毁）均可造成严重的破坏。对此类系统的日益依赖性将导致我们成为大自然或国内外破坏者的攻击目标。

相互依赖性和效应的瞬时传递在许多方面均被视为积极的发展趋势，特别是在具有基本稳定性的有序系统中。但对于那些试图"击垮"金融体系的人而言，它们也是弱点和战略杠杆点。沃伦·巴菲特将针对我们系统的潜在网络攻击描述为西方社会面临的最大威胁。[94]这是因为我们的许多系统均具有相互关联性，它们的崩溃可能会导致我们的经济、供应和安全系统陷入瘫痪。[95]

复杂系统脆弱性和人工智能系统的一个具体例子是高频交易（"HFT"或"算法交易"）。高频交易是在20世纪90年代末和21世纪初发展起来的一种机制，它可以引导金融公司以极快的速度自动做出买卖决策，使其能够根据市场信息快速进行交易，从而在每笔交易中获得高于正常水平的利润。竞争已经开始：人们必须寻找更加复杂的算法，确保在每一项新的金融数据上超越竞争对手。

根据相对简单的规则集（例如，观察股票交易活动的某种特定模式），由于高频交易算法可同时用于实施股票、商品、外汇和金融工具的交易，因此高频交易主要基于市场动向，而非影响此类市场对于现实世界投资者价值的现实世界因素——亦非其对社会的影响。另外一个重要的事实是，执行一次高频交易可触发另一个高频交易公司做出响应，然后触发其他公司做出反应，这种级联效应或连锁反应可能会在微秒或毫秒级的时间间隔内发生。这可能导致与真实世界的事件或股票交易公司的实际健康状况乃至人类社会福利完全无关的市场大幅波动。

事实证明，高频交易可能会产生意想不到的后果和灾难性反馈循环。众所周知，高频交易加剧了2010年5月6日的"闪电崩盘"，导致道琼斯工业平均指数在36分钟内下跌近1000点。2015年，美国检察官指控一名伦敦股票期货交易员存在操纵市场的行为，该交易员使用压低某只股票价格的交易算法触发了这一事件。这种做法进而导致其他算法做出响应，不仅压低了该股价格，还压低了其他处于恶性反馈循环中的股票。[96]尽管2010年的股市崩盘意义重大且颇具新闻价值，但现实情况是，这种闪电崩盘属于常见现象。[97]

"人工智能的蔓延"的比喻用在此处是极为恰当的。这个动态序列将遵循以下过程：人类首先创建高频交易平台，购买速度更快的计算机，将高频交易平台"配置"在计算机进行股票买卖的同一栋大楼或同一个空间内，并雇用最优秀的编程人才开发新算法等。之后，他们将开放这些平台进行交易，以求超越其他平台。在计算机服务器内部的无形竞争中，表现良好的平台将为其所有者赚取更多利润，然后，他们将投入更多资金创建更好的平台，以便与新一代平台展开竞争。从某种意义上讲，在这个过程中，人类的存在仅是为了操作其设备，因为机器能为他们带来利益，尽管人类已经到了既不理解机器的活动，也不与它们进行任何有意义的接触的地步。

《纽约时报》评论员康拉德·恩勒报道称，越来越多的投资公司开始转向人工智能，以增强其短期和长期投资决策，同时仍然保持人类的控制水平，以应对人工智能尚未做好准备的新情况。[98]在这个关于人工智能/机器人的愿景中，"将人纳入循环"的价值意味着人工智能/机器人在淘汰可自动化常规工作的同时，也为无法实现自动化的人类工作带来了更多机遇。

所有此类问题的关键在于，面对意外、鲁莽或蓄意行为，我们显得更加脆弱，这些行为削弱甚至摧毁了系统的一个关键元素——更不用说无视真实世界的影响和需求了。人类对计算机和人工智能系统的依赖，加上食品、天然气和石油的长途运输、电子银行、电网及发达文明社会的其他类似需求，表明西方国家认为理所当然的关键系统极易遭到破坏。[99]

乔治·巴克和史蒂夫·沃兰德概述了美国基础设施乃至任何严重依赖人工智能和网络系统的国家所面临的潜在威胁范围。在《连锁反应：电网关键基础设施的脆弱性》(*Cascading Consequences: Electrical Grid Critical Infrastructure Vulnerability*) 一书中，他们解释道：

如果在全国范围内发生持续数周或数月的停电现象，无论是联邦政府还是任何地州、地方、部落或地区政府，单独或协调行动均无法执行有效的应对措施。大量关键基础设施对电力的依赖性是导致这种暗淡前景的主要原因。[100]

他们补充道：

如果没有电力，对保护生命和财产至关重要的商品和服务将在第三天或更长时间内处于危险之中，这取决于整个社会的准备程度。因此，公民、家庭、社区、企业和政府尽可能了解情况并做好准备至关重要。[101]

我们不应该自欺欺人地认为我们能够立即"修复"这种崩溃状态。资源匮乏、粮食和水资源短缺造成的恐慌、安全感迅速消失、维修和援助人员不足、供应能力有限及许多其他严重缺陷限制了我们做出反应的能力。我们只需要想想波多黎各维护不善的电网遭到破坏所造成的危害，以及飓风"玛丽亚"过后，波多黎各用了11个月的时间才恢复了电力供应。[102]在波多黎各，我们面临着这样一种情况：20 000名联邦应急管理局人员能够提供援助，从最坏的意义上讲，那里的天气并不寒冷，更不具有致命性，数十万波多黎各人可搬到美国本土来躲避危机。

巴克和史蒂夫·沃兰德警告称：

美国居民目前的生活方式依赖于安全可靠的电力供应。如果持续数周、数月甚至一年无法使用电力，连锁反应将会降低多个关键基础设施的性能，例如：

- 供水及污水处理；
- 电信及互联网；
- 食品生产和配送；
- 燃料提取、精炼和分配；
- 金融系统；
- 运输及交通管制；
- 政府服务（包括公共工程、执法和紧急服务）；
- 医院和医疗保健；
- 供应链；
- 其他重要的社会流程。

面对这样的崩溃局面，他们的结论是："生命损失可能是灾难性的。生活本身也将因此发生改变。"[103]

## 案例研究6：无人机——在摧毁人类快递工作的同时，我们是否也为恐怖分子和贩毒集团提供了空中部队？

美国联邦调查局局长克里斯托弗·雷警告称，恐怖分子可能会在美国发动无人机袭击。[104]

人工智能/机器人也能在这个层面发挥作用。无人机并非是小型模型飞机那样可爱的小玩具。它们是拥有人工智能能力的武器和空中运载系统。"伊斯兰国"（ISIS）已经开始在中东使用遥控无人机对抗美国支持的武装力量，尽管它们尚处于较为原始的阶段。自从越来越精密的无人机出现以来，西方政府允许在民用和商业领域销售和使用无人机的做法令人难以置信。[105]遥控或可编程无人机为极端分子提供了"空中部队"和一种几乎隐形、无法阻挡的且能够避开监视、围栏、混凝土屏障和其他防御措施的运载或制导导弹系统。

内部和外部的攻击者将能够使用新技术进行攻击和破坏，并以从前无法想象的方式扩大死亡和破坏范围。这不仅包括无人机，还包括自动驾驶车辆和针对关键系统的网络攻击。[106]用于商业产品交付的无人机技术、制导和有效负载能力得到改进的相关报告不断涌现。[107]其中包括将有效负载提升到100磅（约45千克）的能力，或者利用降落伞从悬停的无人机上投递货物。一家加拿大公司宣布，他们已拥有一架有效负载达到400磅（约181千克）的无人机。[108]即使快速回顾与无人机技术相关的发展过程，其用途和可用性也足以证明我们草率行事所带来的危险。

---

### 无人机和恐怖袭击

- 美国官方机构就无人机的风险向国会发出警告，并寻求新的控制权力。[109]
- 专家警告说，恐怖分子可在城市上空释放致命的鼠疫将其作为武器，由此导致数千人死亡。[110]
- 如何阻止最新的恐怖主义威胁：成群结队的武装无人机？[111]
- 国土安全公告发出警告：武装无人机将威胁航空安全。[112]
- 战斗机投放的100架无人机可采取自主行动：完成发射后，无人机群可自行决定执行任务的最佳方式。[113]

以无人机技术为代表的近乎隐形和无声的机载系统伴随着显而易见的安全隐患。事实证明，无人机群的崛起将无可阻挡。美国国土安全部的一名代表在向国会作证时表示："海外恐怖组织正在使用无人机在战场上进行袭击，并策划继续在其他地方使用无人机进行恐怖袭击。目前，我们尚未做好准备应对这种迫在眉睫的严峻威胁。"[114]

帕特里克·诺克斯警告说："根据生物恐怖主义专家的说法，如果恐怖分子在城市上空喷洒一种耐抗生素病菌，那么黑死病可能会再次夺去数百万英国人的生命。"

在中世纪时期，约有三分之一的欧洲人口死于鼠疫，科学家和政府担心这场灾难会卷土重来。[115]

# 第14章
## 如果没有人工作，谁来购买商品和服务

我们需要明白一个事实，目前我们正处于过渡时期，失业率仍然相对较低，工资水平较为稳定，尽管其处于停滞状态且无显著提高。由于失业"海啸"尚未袭来，该体系表面上仍然保持健康的状态。

假设未来10年内工作岗位将减少47%～50%的预测是准确的。随着就业状况开始恶化，政府将在扶持失业者、未充分就业者和无法就业者方面承受更大的压力，此外，许多企业的收入将随之减少，这主要是由于前中产阶级的购买力有所下降，该群体曾经属于就业群体，但目前已不再工作或工资水平已经下降。

随着人工智能/机器人劳动力继续发展，并在广泛的工作活动中抢占更多人类工作，需要政府提供支持的人员队伍将会扩大，用于该群体所需的补贴金额也将随之增加。这种影响并非均匀分布。部分经济活动领域将蓬勃发展，其他群体则会发现他们的工作和社会环境逐渐恶化，最终将永远处于萧条状态。

那些对经济发达国家的GDP如何能在工资和就业水平保持平稳或出现下降的情况下继续增长感到疑惑的人们忽略了一个根本问题：GDP与人类就业或福祉并无直接关系。现代消费社会所依赖的消费者不仅愿意而且能

够定期购买超出生存需求和范围的商品及服务。拥有人工智能/机器人系统的公司总有一天会发现，它们所依赖的大量消费者已经处于破产状态。

人工智能导致的失业问题将产生广泛影响，因为主要消费群体的购买力在不断下降，在中期阶段，随着利润的增长，通过人工智能节省成本所获得的财富将从支付工资转移到一小部分极为富有的投资者手中。在发达经济体中，购买力的广泛分布至关重要。我们已经看到，购买力的分配开始出现扭曲。以下是英国下议院一份报告公布的结果：

除非采取措施恢复平衡状态，否则高层财富的持续积累将在未来10年内导致不信任感和愤怒情绪的加剧。英国下议院图书馆发布的一份令人担忧的预测报告显示，如果2008年金融危机爆发以来的趋势继续维持下去，到2030年，最富有的1%人口将拥有全球64%的财富。[1]

## ‖ 人工智能——机器人泡沫

至关重要的是，我们的决策者必须明白当前的经济时刻实际上只是一个短暂存在的"泡沫"，其只能为极少数人带来可观的投资回报，最引人注目的例子包括杰夫·贝索斯、比尔·盖茨、马克·扎克伯格和埃隆·马斯克。据报道，贝索斯仅在2017年就积累了390亿美元的个人财富。这个过渡阶段展现出一幅经济暂时得到改善的景象，并且被称为"小投资大效益"，但这只是暂时的现象。

那些有幸走在人工智能/机器人现象前沿的人们正在收获巨额利润。在不远的将来，对于大多数投资者而言，人工智能/机器人泡沫将会破裂，这在很大程度上是由于本书中讨论的发展性因素和相互作用的因素造成的，其中包括就业机会减少、人口年龄结构、政府养老金和其他补贴义务，以及大量突然发现自己不再属于中产阶级群体的收入有所下降。

即使有各种各样的专家预测事件将在何时达到顶点，但没有人能够准确预测何时出现衰退。不同领域的经济活动将受到不同程度的影响。然而，经济"基本面"的持续下滑最终将渗透到整个市场，并导致严重、持久的经济低迷。其后果是可怕的。随着企业走向衰落，财富越来越集中在少数极为富有的个人和企业手中，养老基金赖以支付费用的股票价值将大幅下跌。原因在于超级富豪是"截然不同的"群体。其中一个不同之处是，"超级富豪"主要集中在高端消费市场，而非绝大多数普通人购买商品和服务的普通消费市场。

随着人类就业岗位消失得越来越快、数量越来越多，消费者的购买力也将有所下降。具有讽刺意味的是，许多投资者财富的"票面"价值也将随之下降，因为在许多情况下，企业所依赖的高端消费者群体的状况将持续恶化。企业能够利用人工智能/机器人系统生产所需的产品和服务，但在目前的经济形势下，这一事实正逐渐失去意义，甚至具有破坏性——大多数人已无法在特定行业的投资和商业模式所预期的财政收益水平上负担产品和服务费用。

## ‖ 我们的真实失业率是多少

统计数据在撒谎。政客们所依赖的标榜其政绩的数据尤其不可靠。事实上，真实失业率远高于官方数据所宣称的水平。统计方法存在的严重缺陷削弱了政府就业预测数据的有效性。其缺陷之一是，所采用的统计指标几乎均为定量指标，或代表"工作就是工作"的观点，因而未能体现就业市场当前形势的定性性质。另一个分析方面的缺陷是，为了进行统计，将单独一个人从事的多份兼职工作视为多个就业人员的工作，从而得出错误的就业人口总数。[2]

蒂姆·顿罗普解释说："美国国家科学院、国家工程院和医学研究院的一份报告表明，不仅工作的自动化才刚刚开始，而且我们衡量技术对就业产生影响的方式也不足以完成这项任务。"[3] 他补充道：

关于兼职劳动者和其他类型的临时就业人员，我们并无固定的信息来源。在公司或任何特定的职业层面，我们未获得有关计算机技术领域的投资信息。此外，我们还缺乏有关特定工作中技能发展趋势的长期信息，以及教育培训如何有效地帮助人们为工作做好准备的相关数据。信息的缺乏削弱了我们对技术变革及其对就业的影响做出适当反应的能力。[4]

还有一个缺陷是，这些报告通常依赖于历史趋势，而这些趋势已不再适用于在急剧变化的经济形势下预测未来的发展趋势。此外，上述报告未能处理这样一个事实：大量处于工作年龄的人口未计入失业数据，这是因为他们自愿选择"离开"就业市场，或是在经历漫长的求职期后已经放弃寻找工作。数百万接受高等教育并且了解教育重要性的人亦未计算在内，他们发现自己并未面临预期的就业前景，但却有一大笔他们无法偿还的教育债务。

截至2018年年中，学生债务总额已飙升至1万亿美元以上，尽管就业岗位正在消失，或者所需的技能和培训内容正在发生根本性的变化，但债务总额仍在持续上升。[5]就业数据并未考虑到大量无家可归的美国人口，且人数还在不断增加。该群体为美国各地的公共服务部门带来了巨大压力，尤其是西海岸的所有地区和纽约市，但在美国中部和农村地区，这种现象正愈演愈烈。

在涉及弱势群体和经济萧条的利基市场（例如，城市地区的年轻黑人男性）的某些行业，失业率始终"高于正常水平"。[6]在特朗普刚刚上任的一年半时间里，有关少数族裔就业情况的最新统计数据已经体现出某种程度的进步，这一成果应该得到赞赏。但仍有许多人未计算在内，其工作水平极低、缺乏流动性且机会渺茫。在欧洲南部的欧盟国家，年轻居民的情况也大致相同。希腊、意大利、西班牙和葡萄牙的许多年轻人纷纷离开家乡踏上求职之路。[7]

劳动力以外的群体不仅限于年轻人、退休人员、城市少数族裔或无家可归者。在美国，仍有相当数量的人不找工作，对工作不感兴趣，或者因失去工作而放弃就业,由于找不到新工作,他们选择退出劳动力大军。即使是一位经验丰富的四十岁白人男性失去了中产阶级的工作,也很难找到同等质量的工作机会。经验丰富的劳动者正在失去待遇良好的体面工作,而获得同等就业机会的前景极为渺茫,这种现象是导致中产阶级持续萎缩的原因之一。[8]

另一方面,如果尚未面临解雇、下岗、裁员或其他现代意义上的解雇危机,许多此类年龄较大的劳动者仍在顽强地坚守着工作岗位,[9]处于这个年龄区间的劳动者可能缺乏足够的精力和抱负,因此其工作速度更慢,效率也会更低。[10]尽管如此,一个以90%的效率投入工作的年长劳动者仍然在为经济发展做出重大贡献,减少了获得政府补贴的需求,而非处于停滞不前的状态。他们还可以将积极的工作技能、经验和纪律传授给年轻的同事。

在美国,有数千万人缺乏退休储蓄,私人和公共养老金的支持能力有限且越来越不稳定,生活成本上升和经济无保障等不确定性因素通常导致大多数美国人在条件允许的情况下延迟退休年龄。[11]这种现象带来了喜忧参半的结果:退休制度的负担有所减轻,并且可向收入较高的劳动者征收税款,但这也阻碍了年轻人的就业机会。

## 美国的抑郁、老年和成瘾群体

2018年7月,美国约有1.3亿人从事全职工作(35小时或以上),另有2600万人从事兼职工作。美国劳工部的统计数据显示,美国已有9500万人处于工作年龄且可以工作的人,但由于种种原因无法就业。这些"劳动力以外"的个人未计算在内,因此,美国的就业数据显示失业率处于4%的较低水平。[12]例如,通过社会保障体系领取伤残津贴的未就业者未计入失业人口,且该群体的人数仍在增加。据估计,美国有1100万人领取社会保障伤残津贴,另有5100万人领取退休金或抚恤金。超过6200万美国人正在享受某种形式的社会保障。

美国劳工部的报告还显示,尽管外包业务和工业机器人在 30 年前开始改变我们的经济,但是,越来越多的美国人因为缺乏技能或教育而无法成为新经济形势下发挥作用的生产性劳动者。随着人工智能/机器人系统日益得到完善,其应用领域和功能日趋多样化,能够适应这种加速发展的经济环境的人类劳动者越来越少,这种技能差距将越来越大。

查纳·乔夫-沃尔特描述了目前的情况,包括领取伤残津贴的人数出现大幅增加,而我们的就业统计数据甚至没有把他们计算在内。

在过去的 30 年里,美国残疾人的数量直线上升。尽管医疗技术的进步使得更多人能够继续工作,新颁布的法律也禁止工作场所歧视残疾人士,但这一数字仍在上升。目前,每个月有 1400 万人通过政府领取残疾金支票。联邦政府每年向残疾退休工人支付的现金已经超出食品券和福利支出的总和。在讨论社会保障体系时,依赖残疾补助金的群体经常会受到忽视。绝大多数联邦残疾人士没有工作。因为从技术上讲,他们并非劳动力队伍的组成部分,因此,他们不属于未就业人群。[13]

乔夫-沃尔特补充道:

事实上,有迹象表明失业问题和社会动荡已经对美国人产生了深远的影响。例如,抑郁症是导致残疾的主要原因。美国郊区白人的死亡率和自杀率已达到创纪录的水平,吸毒和酗酒现象愈演愈烈。阿片类药物成瘾和过量服用导致的死亡人数直线飙升。[14]

撇开残疾和抑郁的问题不谈,当我们把有能力工作但没有积极求职的各类人群排除在就业数据的计算基础之外,官方统计的失业率看起来低得离谱也就不足为奇了。这种欺骗仍在继续,因为那些从就业形势平稳向好的方向发展的说法中获益的人不愿意提供任何确凿的理由破坏现有的良好局面。[15]

虽然官方的就业数据并没有强调这样一个事实：随着老龄化人口继续扭曲人口结构，由于退休人员未计入劳动力人口，并且需要越来越多的社会资源，通过对劳动所得纳税来增加政府收入的劳动者数量将越来越少，我们早已认识到这个问题。但是，关于从人类劳动者转向人工智能/机器人系统而产生的一般税收，以及由此产生的社会问题，均未获得妥善处置。

随着税收负担的增加，那些仍在工作的人越来越不愿意纳税来供养数百万早已放弃生产性工作的人。这可能会对社会造成更大的破坏，以至于"富人"开始使用"无用之人"等词汇来形容残疾人或其他弱势群体。和纳粹一样，这样做的目的在于证明"灭绝"某一类群体的合理性，他们认为此类弱势群体正在以不公平的方式掠夺有限的社会资源。[16]

我们不能允许这种态势发展下去。有报道称，许多人的预期寿命很快就会达到90岁或90岁以上，而大多数人几乎没有或根本没有为退休储蓄，因此，这个问题变得更加重要。截至2016年，美国至少有7.2万名百岁老人，由于先进的医疗保健技术，这一数字正在迅速增长，仅在2010年至2016年间就增长了44%。

美国社会的老龄化趋势意味着需要政府保障的退休人员将远远超出最初在确定社会保障及其他公共和私营部门退休计划的财政稳健程度时所作的准确估计。2017年的一份报告显示，社会保障支出将在5年内超过收入水平。[17]退休制度无法按计划实施。如果没有做出重大改变的新政策和措施，在联邦、州、地方和私人层面就养老金和医疗保健做出的承诺将无法兑现，甚至是那些只能提供部分解决方案的承诺。由于许多养老金项目均投资于金融市场的股票和债券，并从这些来源获得基本收入，在这个处于衰退阶段且不平等的消费社会中，我们的福利所依赖的制度可能会因人工智能/机器人对商业的影响而解体。

Part 3　第三部分

人工智能是什么？
它对我们有什么影响？

# 第15章
## 人工智能系统：基本概念

## ‖ 构建人工智能基因组

在21世纪的第二个10年，人工智能的发展步伐明显加快，并且将持续加快。布赖恩·范为人工智能近期的爆炸性发展提供了一个理由：我们设计的神经网络能够帮助人工智能更好地解释数据。[1]

科学家们在神经网络或者利用人工智能解释数据的系统方面，已经取得突破。互联网使原始数据的爆炸式增长成为可能，这一发现使得机器学习以接近指数的速度迅猛发展，而其他类型的人工智能研究只是以线性速度缓慢前进。[2]

为了从概念上理解人工智能或替代智能，可以想想人类的DNA、RNA和基因编码。当然这并非难事，但在所有关于算法和编码的计算机对话中，人类遗传学也在做同样的事情。基因就像一个小小的生物机器，它决定了我们是谁、我们的长相、我们的行为方式、我们的极限及我们的能力。简言之，人类基因组是一组代码，它为我们的行为方式提供了基础，也为我们的能力设定了极限。这些特定的编码被写入我们的基因、DNA和RNA中，它定义了我们，并为我们的基本能力提供了基础。

这种基因编码并不意味着我们处于一种严格的束缚中，但它确实建立了一个基础，在这个基础上，外部刺激被"加载"到我们的经验和概念结构中，以"充实"我们将要成为的那个人。从接下来的分析中可以看出，算法是进入人工智能系统"遗传结构"的数学或基因编码的重要组成部分。在这一点上，人类编码员和创新者正试图通过基于数学的编程全面复制人类的能力。

即将发生的——或许已经潜伏在人工智能系统深处的是这样一种情况：人工智能系统不仅开始从自身经验中学习，还开始自行编写和重写其基因编码。从本质上讲，它们正在创造自身所演化的"机器基因组"，并以代际速度（更类似于病毒的快速变异）经历各种各样的演变，而人类生物学所经历的变化要慢得多。在这种情况下，人类将陷入困境。我们将创造出一个竞争对手，它可以定义自己的思维过程，并可能因此创造出自己的价值观，考虑到人类不那么出色的历史成就，它可能没有理由将我们视为善良、开明、有能力或值得信赖的群体。

霍金斯和杜宾斯基就人工智能研究和机器学习的范畴提供了一个有用的视角。他们描述了三种基本方法——传统人工智能、简单神经网络和生物神经网络：

人们发现"人工智能"这个术语被广泛应用于多个领域，甚至让人有些摸不着头脑。人们用人工智能来指代这三种方法和其他方法。"机器学习"是一个更为狭义的术语，是指从数据中学习的机器，包括简单的神经模型，例如，人工神经网络和深度学习。[3]

该领域的一位创新者对机器学习过程做出了如下解释：

我们不会用人工智能来描述我们正在做的事情——我们将其称为自动化"人力密集型知识性工作"。"基于概率统计的技术被用来'训练'机器，使它们能够从数据中发现模式，并得出从一开始就未编入的结论。"[4]

致力于创造"替代"智能系统的人类大脑正在尝试创造一种系统，这种系统能够对自身的经验进行加工处理，从而进行所谓的深度学习。此类系统的自学能力将日益得到增强，这种不断扩展的新能力有助于该系统实现自我改进和进化。这种能力正在以惊人的速度向前发展。谷歌就人工智能和深度学习的发展成果公布的一份研究报告为该结论提供了支持。

谷歌大脑专注于"深度学习"，这是人工智能的组成部分。这种复杂的机器学习过程是一门能够让计算机从数据中学习的科学。深度学习可使用多层算法（即神经网络）快速有效地处理图像、文本和情感。这个概念的最终目的是让机器能够像人类一样做出决定。[5]

世界各国都在为之付出努力，并且正迅速取得进展。[6]随着人工智能系统的深度学习能力不断提高，它们能够创造概念结构并不断改进和扩展，同时把远超人类获取、开发、处理、解释和利用能力的大量信息转化为自身的一部分，我们不应对人工智能系统的这种能力产生错觉。[7]我们对人工智能系统的感知和独立意识知之甚少，并且缺乏相关的实际经验。

无论是通过生物细胞和神经元，还是植入到复杂的硅芯片里，或是通过量子动力学，通过自身经验发展和进化的自我学习系统的概念均类似于我们描述的人类从经验中学习和适应环境的试错方式。其中包括创造概念性和解释性结构，从而整合、评估和利用学习到的知识。但是现在，我们谈论的并非人类，而是拥有这种自适应学习能力的人工智能/机器人系统的快速发展。威尔·奈特在《麻省理工科技评论》中提供了这样一个例子：

接受训练以便在虚拟迷宫中导航的人工智能程序意外开发出了一种类似于大脑内部"GPS系统"的结构。然后,这款人工智能程序以前所未有的技能在迷宫中找到了方向。这一发现来自Alphabet(谷歌重组后的"伞形公司")旗下的一家英国公司"深度思维"(DeepMind),该公司致力于推进通用人工智能技术的发展。这项发表在《自然》杂志上的研究结果表明,受生物学启发的人工神经网络可能会被用于探索大脑中仍然未知的部分。我们应该对这个想法持谨慎态度,因为我们对大脑的工作原理知之甚少,且人工神经网络的功能通常也很难解释。[8]

我们不需要花费多少脑力就能得出这样的结论:人工智能系统不仅能够学习,在智力方面超越人类,还能创造出超出人类能力的全新的能力。玛吉·墨菲写道:

人类与机器的区别在于我们从周围环境中学习的速度。但是,科学家们已经成功地训练计算机利用人工智能从经验中学习——总有一天,它们的智慧将超越它们的创造者。人工智能的复杂程度越来越令人难以置信,科学家们也无法确定它们是如何做到的。科学家们承认,他们已经开始对自己创造出的机械大脑感到困惑,这使得我们极有可能完全失去对它们的控制。计算机已经能够完成驾驶汽车和预测疾病等不可思议的壮举,但制造者表示他们无法完全控制自己的发明。技术专家警告说,这可能会给人类文明带来灾难性后果。[9]

试想一下,一个能够访问、存储、操纵、评估、集成和利用各种知识的系统将会带来什么样的影响。这种系统将远远超出人类能力的水平,最终可能发展成为一个无所不知、无所不在的系统(正如孙正义所指出的那样),其智商水平高达10 000,人类将被视为一种讨厌且无用的"细菌"。

## ‖ 人工智能是否会成为人类"最后的发明"

我们可能会以超乎想象的速度失去对人工智能系统的控制。牛津大学一位哲学家尼克·波斯特洛姆已经宣称,"机器智能将成为人类有史以来最后一项发明"[10]。关于人工智能未来发展趋势的一项分析指出:

据预测,到2025年左右,我们可能会拥有一台类似于人脑的计算机:一种用硅铸成的大脑。在那之后,事情会变得很奇怪。因为我们没有理由认为人工智能不会超过人类智能,而且可能很快就会超过。学习方式远远超越人类的超级智能将在短期内诞生。[11]

我们正在创造一种全新形式的替代智能意识,它将按照自己的规则进行运作。虽然我们仍然将"人工"作为标签,但其将是替代形式的智能,我们最初编入该系统的某些方面的人类思维和能力将被纳入其中,但是,该系统会自行进化出独有的智力、感知、目标、选择、道德和行动形式。[12] 随着此类人工智能系统的不断发展,人类的生物学特性极有可能被"打入冷宫"。

## ‖ 我们所说的智力有何含义

智力是一种涉及力量、潜力、信息和数据容量的综合能力,它使我们能够有效地吸收、组织、理解、分类并采取行动。我们最多只能对人类智力的有限元素有所了解,而且理解得并不深入。我们乐观地认为人工智能系统的设计者能够理解或捕捉构成人类智力的各种品质和过程。即使他们完全理解人类智能的复杂性和流体性质,他们也没有能力将这种敏锐、精妙的才智编程到人工智能系统中。

具有讽刺意味的是，我们不希望强大的人工智能实体发展出过多的人类思想和视角。当我们着眼于人类为了发展人工智能所做的一切努力，事实证明了我们的天真、无知和傲慢。我们似乎对人类（或者至少是我们这个物种的绝大部分成员）的本性缺乏诚实的自我意识。此外，我们还忽略了这样一个事实：历史上的统治者是建立在扭曲的意识形态和对权力与统治的渴望之上的。如果独裁者掌握了这种权力，很难想象将如何扭曲人工智能的用途。

一旦人工智能和替代智能达到特定的"转折"点，系统的进化过程将不仅仅只是克隆人类的智力。机器感知和智能与人类感知和智能处于不同的层级。在某些方面，人工智能系统可能需要承担更多，其他方面则更少。它们将在许多方面变得更加强大，并且能够控制多种环境以及目前由人类完成的任务。此类人工智能系统或实体将有能力做到人类无法完成甚至无法理解的许多事情。认为我们可以驾驭或控制此类实体是一种妄想——更不用说预测人工智能可能得出的怪诞和意想不到的结论，此类结论通常与人类的常识或福祉背道而驰。

我们甚至无法理解人类形成和发展过程中的所有数据和经验。在人工智能/机器人的机器学习、自我学习和深度学习领域，我们没有理由认为我们已经理解了自己创造出来的东西，更不用说控制人工智能系统了。人工智能系统的速度将越来越惊人，其智力和复杂性也将快速提升。[13]

## 谁赢谁输：百亿亿次、万亿次浮点运算和即将到来的"量子飞跃"

即使是应对基于最佳二进制技术的人工智能系统不断扩展的能力，我们也面临着许多挑战。对于量子计算机所代表的不可思议的微型化和能力转移，其意义远远超出了二进制人工智能。一份关于数据处理能力微型化发展的报告给出了如下解释：

通过操纵单个原子之间的相互作用，科学家宣称他们已经创造出一种设备，每平方英寸可容纳的信息数量是当前最佳数据存储技术的数百倍。相比之下，科技公司目前仍须建立仓库大小的数据中心来存储消费者每天上传至互联网的数十亿照片、视频和帖子。[14]

在人工智能/机器人技术领域，将数据存储和管理技术微型化的能力是其中一个至关重要的部分，它可以使大量信息在极其微小的系统中实现光速存储或访问。关于数据采集、存储和使用的微型化，相关的研究工作正在进行中且进展迅速，尽管量子计算机等技术突破的相关工作仍处于早期阶段，且需要花费一定的时间在实验室之外进行发展，量子计算机的运行速度仍将比目前最快的计算机高出几个数量级。在数据管理和存储方面，目前正在进行的将电子设备缩小到原子级的研究工作已经取得惊人的成果。

当前芯片技术的物理极限正受到挑战，科学家们正致力于开发基于原子尺度、量子技术和神经突触设计的新版本，这将极大地扩展存储和处理数据的能力。以下是克服传统芯片技术极限的一个例子。

由于传统微芯片的设计已经达到极限，DARPA正在将大量资金投入到可能为未来的自动机器提供动力的特殊芯片上。未来用于驱动自动驾驶汽车、飞机和程序的算法将具有惊人的数据密集程度，其需求已远远超出传统芯片的设计初衷。这是围绕量子计算和神经突触芯片进行大肆宣传的原因之一。[15]

为了理解事情的发展方向，首先必须理解计算机处理能力是如何以难以想象的速度（现在看来似乎是高科技的微秒级时间间隔内）发展起来的。一位专家用度量术语描述了这种增长趋势：百万次、十亿次、万亿次、千万亿次和百亿亿次——浮点运算的数据处理能力。即使在今天，一旦（或如果）科学家成功开发出一套可靠的量子计算机系统，与其缩小的体积和成指数级扩大的容量相比，最好的百亿亿次系统也将黯然失色。这将催生出目前只存在于我们想象之中的人工智能/机器人应用和技术。关于"谁将在扩大计算能力的竞赛中胜出"这个问题，一项分析给出了如下解释：

在计算能力方面，人类永远不会满足于现状。在过去的60年里，处理能力的增长幅度已超过万亿倍。第一台被贴上"超级计算机"标签的机器是CDC 6600。由西摩·克雷设计并于1963年发布的这台计算机号称具有300万次浮点运算（即每秒3000次浮点运算）的突破性性能。这与1977年发布的雅达利2600游戏机的处理能力大致相同。CDC 6600的成本约为800万美元；雅达利2600仅售199美元。

处理能力的基准在20世纪80年代跃升至每秒十亿次浮点运算，并在20世纪90年代加速至每秒万亿次浮点运算。2008年诞生了第一套千万亿次级计算机系统，每秒可处理超过1千万亿次或数千万亿次浮点运算。2016年6月，中国发布了神威·太湖之光，这是一套安装了41 000个处理器（1065万个内核）的系统，每秒可进行93千万亿次浮点运算，是目前世界上最快的计算机。

但现在，这场竞赛已经进入超级计算的下一个层级。日本、法国、中国和美国都在推动百亿亿级系统的发展，其运算能力可达到每秒1万亿次或10万亿次浮点运算。[16]

如果科学家们在量子计算机的探索中取得成功，其意义将远超我们目前对数字设计所能想象的范围。包括谷歌在内的多家公司至少在实验室环境中证明了以下概念：使用"量子比特"或量子位作为系统信息处理元素的极其有限的版本的概念。量子计算机得到充分开发之后，其数据处理和加工能力将远远超过目前的二进制系统。当这种情况发生在商业化的背景下，想要对人类及人类社会的未来做出预测是不可能的。

这种基于量子力学的系统在接近绝对零度的环境中"纠缠"量子比特。研究人员指出，这种基于量子比特纠缠的系统可在处理信息的层面上同时进行计算，速度是目前最好的计算机的数十亿倍，且复杂程度更高。一旦实现这个目标（甚至是在中间阶段发展而成），这些不可思议的信息能力将把我们带到我们既不能理解也无法控制的维度。

如果研究人员能够构建量子系统，我们将进入一个未知的领域。就在几年前，有人曾预测量子计算机至少要到2050年才会成为一项商业可用技术，但IBM已经研制出50量子比特系统，其存在的时间极为短暂，此外，中国已经在量子研究方面取得了重大进展。谷歌几乎很快就以72位系统超越了IBM的50位系统，若干公司正努力将筹码提高至100位。英特尔已经生产出49量子比特系统，该公司的量子研究主管表示，该系统可在未来10年内实现商业化。考虑到每个量子比特的加入都将使处理能力成指数级增长，100量子比特系统不仅具有惊人的潜力，还将以不可思议的速度和规模运行极其复杂的模拟过程，而且能够同时运行，而不是像今天相互连接的阵列计算机那样以线性方式运行。

同时，人们也在开展重要实验，促进从基本磷芯片（量子比特"材料"）向硅颗粒的转变。哈佛大学、麻省理工学院和桑迪亚实验室的合作结果表明，他们成功地将有缺陷的金刚石晶体用作量子比特的基础材料，其具有更大的稳定性和更少的量子比特"噪声"（当含有其他芯片材料时，这种"噪声"会降低计算处理的质量）。这一结果表明，与其他人工智能/机器人技术一样，此项技术的突破速度已远远超过三四年前的预测水平。

### 即将到来的"人工智能量子飞跃"

- 谷歌量子计算机的测试结果表明，技术突破已经触手可及。[17]
- IBM研制的50量子比特量子计算机提高了技术标准。[18]

- 量子计算如何改变世界：我们正处在计算新时代的尖端，谷歌、IBM和其他科技公司正在利用爱因斯坦提出的理论来构建能够解决看似不可能完成的任务的机器。[19]
- 什么是量子力学？量子力学是物理学的一个分支，与极为微小的物体有关。在原子和电子的尺度上，许多描述物体如何以常规大小和速度运动的经典力学方程已不再适用。在量子力学领域，物体存在不确定的概率；其可能出现在A点，也可能出现在B点，以此类推。[20]
- 什么是量子计算？量子计算机是一种采用新方法来处理信息的非常强大的机器。其基于量子力学原理，利用复杂而神奇的自然规律，此类规律永恒存在，但通常隐藏在人们的视野之外。量子计算可以运行新的算法，以便更加全面地处理信息。[21]
- 就连IBM也无法确定其量子计算机实验将会如何发展，但找出答案的过程将会非常有趣。[22]

# 第16章
## 人工智能系统是否会对人类的生存构成威胁

我们无法回答这个问题，此外，如果爱因斯坦的说法是正确的——"只有两件事是无限的：宇宙和人类的无知，对于宇宙是否无限我还不能完全确信"，那么很有可能只是因为我们不够聪明，无法在引入拥有超高智力的人工智能物种的情况下获得生存机会。在这一点上，答案可能是肯定的，也可能是否定的，或者取决于具体情况。这个问题是真实存在的。我们正在发明的系统很可能在能力方面远远超过我们自身，它代表着一种"不同于我们"的意识和智慧形式，并且很可能在许多方面超越人类生物学特性的极限。[1]

## ‖ 回顾2001年

正如本书中所指出的，人类对自身的"再创造"及我们所创造的在某些方面远远超出我们自身能力的物种均带来了巨大的挑战。考虑到所有从事人工智能/机器人和量子计算研究的人都专注于特定的技术问题和机遇，我们绝对没有理由认为他们能够理解他们所创造的东西在技术、科学、军事、金融和经济层面之外的意义。维韦克·沃德瓦进行的一项分析表明，由于量子计算对政府权力和加密渗透的影响,它对人类的威胁可能比人工智能更大。

我们多快就忘记了经典电影《2001太空漫游》中的流氓电脑哈尔。关于这一点,蒂姆·布拉德肖在英国《金融时报》的一篇报道中写道:"数十位参与人工智能领域的科学家、企业家和投资者,包括斯蒂芬·霍金和埃隆·马斯克,已经签署了一封公开信,警告人们应当重点关注人工智能的安全性和社会效益。"[2] 布拉德肖补充道:"这封公开信发出之后,人们越来越担心机器的智商和能力将超过它们的创造者,这将对就业形势乃至人类的长期生存产生影响。"[3]

关于这一点,我们推荐以色列学者尤瓦尔·诺亚·赫拉利的著作,他在其中探讨了所谓"人神合一"的可能性。与尼克·波斯特洛姆一样,赫拉利的著作[包括《智人》(Sapiens)和《未来简史》]内容丰富且引人入胜,他对重要的政治和哲学观点给出了精彩的解释,并对人工智能带来的改变和我们所面临的问题提出了非凡的见解。值得注意的是,虽然像黑猩猩这样的物种需要经历数百万年的进化过程,但赫拉利提出了一个问题:"当我们踩下加速器,控制我们的身体和大脑,而不是把它留给自然规律时,会发生什么?当我们将生物技术和人工智能融合在一起,并且重新设计人类物种以满足我们的突发奇想和欲望时,会发生什么?"他的回答是:"数千年来为我们所熟知的智人很有可能会在一两个世纪之内逐渐消失。"[4]

具有讽刺意味的是,如果在不同的地点和文化背景下开发出多样化的人工智能系统,并在其中包含人类情感和行为方面的文化差异,人工智能"超级大脑"可能最终会陷入彼此交战的局面。[5] 如果人工智能系统建立起相当程度的自我意识,它们很可能会像有血有肉的人类一样存在缺点和不足,甚至可能更加致命。有人提议,将莎士比亚和简·奥斯丁等经典文学作品引入人工智能/机器人系统以向其传授伦理和道德观念。约翰·穆兰对此做出了回应,他警告称,这可能是一种极为危险的做法,因为此类经典本身就是一个"道德雷区"。[6]

当谈到人工智能带来的潜在后果时，我们必须关注牛津大学尼克·波斯特洛姆的警告："我们就像一群正在玩炸弹的孩子。"[7]在努力"拆除炸弹"的过程中，若干人捐献了2000万美元，用于分析人工智能/机器人对人类社会的潜在影响，并研究如何避免最严重的影响。[8]问题在于，人工智能/机器人领域的事件和突破进展极为迅速，应用方式极为多样化，且各国和研究人员开发此类技术的动机相互矛盾（至少在短期内是如此），以至于当我们搞清楚发生了什么，事情已经发展到许多后果无法避免。

霍金、埃隆·马斯克、比尔·盖茨、赫拉利和波斯特洛姆等知识领袖将人工智能/机器人可能带来的最终后果描述为关乎人类生存的"存亡威胁"。这导致了一场"亿万富翁之战"，马斯克曾多次就人工智能的严重影响发出警告，而脸书的CEO马克·扎克伯格则辩解称，人工智能是一项伟大的发明，马斯克的观点是一种不负责任的消极表现。[9]

马斯克回应说，扎克伯格对于人工智能只是一知半解，也不明白他所说的意味着什么。马斯克表示："我接触过最尖端的人工智能技术，这应当引起人们的重视。人工智能是人类文明存在的根本风险。"[10]值得注意的是，马斯克购买了英国公司DeepMind的大量股份，该公司处于人工智能技术的前沿。这表明，他之所以这么做，是因为担心人工智能带来的后果，并希望有能力了解其发展性质、速度和规模。

马斯克还遭到了谷歌人工智能开发项目负责人的批评，尽管在解读该人士的评论时应当考虑到他在谷歌所扮演的角色（即推进谷歌对开发人工智能技术做出的重大承诺），事实上，他所说的相当一部分内容都是对"应当"发生的事情做出的预测（在假设人工智能/机器人只是一种良性发展方式的情况下）[11]到目前为止，我们应该理解的一件事情是，技术发展成果最终总是被用于各种各样意想不到的目的，而且往往会导致出乎意料的重大后果。

人工智能应用程序已经导致大量有违常理的"事件"从根本上腐蚀

着我们的社会,其中包括暗网、儿童色情和"诱骗"、恐怖主义通信、谎言、虚假谣言和"假新闻"的增加、人身攻击、政府加强监视和镇压力度、破坏性黑客和自主武器开发,以及人类更为普遍的其他行为,例如,网络成瘾及攻击性和仇恨情绪加剧。

## ‖ 雷·库兹韦尔的奇点

另一种看待人工智能/机器人系统是否会对人类构成生存威胁的方法是考虑替代发展的可能性:人工智能/机器人系统与人类的融合。美国作家、发明家和未来学家雷·库兹韦尔的著名论点是:我们今天所看到的计算能力的指数级增长将持续到2029年,届时机器将和人类一样聪明。库兹韦尔说,到那时,人们将开始以新的方式使用技术,包括植入能够增强我们能力的强大设备。[12]库兹韦尔将这个时间点称为"奇点",表示着有血有肉的人类与人工智能、计算机和机器人系统的力量相结合。[13]

谷歌已聘请库兹韦尔负责其人工智能研发项目的主要部分。[14]计算机技术的小型化正在促进人工智能/机器人实现自主运行。最终,"大脑"将被包含在一个小型操作机器人单元中,在该单元中部分系统具有独立性,另外一部分则与外部人工智能系统相连。

对于连接系统而言,当我们考虑服务器阵列(例如"云")的存储容量时,它可与个别单元的系统相连接,驻留在人工智能控制器的外部,能够增加令人难以置信的处理速度、能力、意识和同步的知识,我们可能会面临这样一种情况:系统将发展出"自我意识",它可以自行做出决定,或者做出与它对编程算法的解释相一致的决定,此类算法可赋予其能力并指导其运行过程,即使是人类程序员通过不完善逻辑点创建操作代码时并未考虑到的算法。[15]认为我们能够控制"外星人"的思维是极其荒谬的想法。[16]

在大数据及其采集、管理和应用领域，人工智能系统甚至不需要动态机器人的物理能力，尽管在"大脑"（人工智能）和机器人"身体"之间往往需要建立必要的联系。机器人是针对特定工作专门设计和编程的功能性系统，可以完成补充或替换人类劳动者的任务。[17]但至少在一段时间内，我们仍然需要由人类来检查、监督、监控和修复此类系统。

## 创造超级类人机器人——一个疯狂的想法

随着人工智能在"深度"学习或"机器"学习方面迅猛发展，此类系统将在某一时刻实现高度自主化。[18]但99%的人不会出现库兹韦尔式的"奇点"，即使少数人确实出现过某种形式的奇点。如果人类和人工智能能够在高度集成的情况下实现类似人形机器人的融合，那么几乎可以肯定的是，只有极少数的地球人能够或可以通过与技术的融合获得这种无与伦比的力量。[19]

考虑到人类因生物学特性而拥有极为有限的数据处理能力，任何此类充分融合的设想均无法实现，更有可能出现的情况是：先进的人工智能系统很快就会意识到某些因素阻碍了其全面开发，很快会以效率低下和适得其反的结果告终。

考虑到其他原因，我们无法与人工智能世界相融合其实是一件好事。增强那些拥有人类大脑、本能、神经官能症、偏见、癖好、情感、嫉妒心等特质的人并不是一个好主意。然而，预测称未来将出现得到增强的"超级劳动者"、仿生士兵等。有报告显示，美国陆军正在为士兵开发一种外骨骼装置，可显著增强人类战斗人员的能力[20]。另一批研究人员则专注于开发比人体肌肉强壮1000倍的超级肌肉。[21]

# 第17章
## 先进的人工智能/机器人系统将如何看待人类

在《未来简史》中，赫拉利写道：人类最终将达到"人神合一"的境界。更准确的说法应该是"恶魔人"。让我们抽出片刻时间来思考一下这种情况，不是从任性的、自诩为高等生物的人类角度，而是通过拥有所有人类历史和行为记录的自主人工智能系统的视角：在生物学、家庭、养育和成熟等方面缺乏基础，且没有任何自然情感的情况下，创造出一个完全理性且具有意识的"人"将意味着什么。此外。这个被创造出来的"实体"将拥有强大的力量，它可以获得大量信息，以及一种不涉及"灰色阴影"、模棱两可和权衡关系（人类的制约因素）的清晰视角和判断力，尽管是在"漫无目的"的行为基础上。

如果我们创造或"诞生"的可自我学习和获取所有信息的人工智能/机器人系统能够与数十亿其他机器人单元相连接，并控制我们赖以生存的生产和服务、监视、武器等系统，而此类人工智能系统基于实现一种以人类为模板进行松散设计的感知形式，那么我们很可能已经把"恶魔"释放到人类世界。人类历史上没有任何证据表明我们应该向任何事物赋予这项权力。许多人强烈建议我们应该尽一切可能避免这种行为。

根据麻省理工学院研究人员的最新报告,他们已经研制出一个"心理变态"的人工智能,将其命名为"诺曼"(源自阿尔弗雷德·希区柯克恐怖电影《惊魂记》(*Phycho*)中的诺曼·贝茨)。为了达到这个目的,他们不断地向人工智能程序灌输谋杀等可怕的人类行为。之后,他们进行了一项罗夏测验,以确定当显示特定的测试图像时,人工智能程序与"正常"人类的认知有何区别。结果表明,他们创造出了一个人工智能怪物。[1]如果您希望详细了解"诺曼"与人类的罗夏测验对比结果,请访问研究人员提供的链接。[2]

无论我们试图在最先进的人工智能系统中植入多少限制条件和保护屏障,并将其作为一种自我保护措施,都是远远不够的。在拥有自我意识和重编程能力且最终超越人类智力的系统面前,这些限制条件或者保护措施不值一提,可以毫不费力地被规避。我们对自己的了解还不够深入,无法有效地将人类最佳属性编入到拥有可怕力量的"人造人"中。

即使运用我们所认为的最高水平的人类分析能力和创造性,我们也无法完全理解人类智力的构成因素。人类智力素质在水平和能力上存在着很大的差异。作为个人和集体,我们甚至不能很好地理解道德、情感和伦理问题。我们对智力与情感和目标设定之间的相互作用知之甚少,也不了解智力以何种方式影响我们对行为伦理和道德限制的接受程度,更不用提狂热和意识形态幻想的根源。

伦理道德的本质具有模糊性,存在着许多矛盾和灰色地带。最好的行动方案并不总是显而易见的,有时可能需要在两件"坏事"之间做出选择,而不是在善与恶之间做出选择。

一个有趣的问题涉及人工智能系统自主学习的含义。即使我们在一开始就为自主学习的人工智能系统编写了相关程序,其学习潜力难道就不包括经由连接通信系统(人工智能大脑通过编程开发或自行开发)从"云"和其他信息存储系统获取额外知识和见解的能力?我认为这种关乎人类现实的信息获取不是一件小事，如果人工智能系统学会如何重新编程，这个问题将变得相当重要。

## 人类对伦理道德的理论优于实践

至于在"灰色地带"为人工智能系统注入伦理、情感和决策权，我们人类自己在道德和伦理困境中不断遇到问题，数千年后仍然无法"正确处理"。认为我们有能力为人工智能系统解决这些问题是痴心妄想，因为连我们自己都不知道如何坚守伦理或道德标准。[3]

库兹韦尔、埃隆·马斯克和其他谈论半机器人的人显然无法理解人类的嫉妒、贪婪、两面三刀、对权力的渴望、恶毒和彻头彻尾的卑鄙可以达到何种程度。人类当中也许不乏圣人——其中许多人是殉道者——但同时也有太多的恶魔。通过控制人工智能赋予机器人更大的权力是一个可怕的想法，它可能会增加我们当中的"恶魔"数量。[4]

一套已经充分开发且具有自我意识的人工智能系统几乎可以访问云（包括暗网）中的所有信息。互联网对我们的文化产生了恶劣的影响，最能体现人性阴暗面的暗网（起到连接和交易系统的作用）更是如此，这似乎对此类系统将如何对人类做出反应提供了重要的暗示。

我们是否正在创造这样一个系统：能够即时访问和使用所有知识，从复杂的概念结构开始运作，以便将所有知识和经验整合到一个无缝整体中？我们所创造的系统能否识别人类无法看到的模式，应用最高水平区分和比较技能不仅能够从编入系统的经验中学习，还可以从系统本身发明的经验或独立于其创造者的经验中学习？日本软银公司的孙正义预测未来几十年内将出现智商达到10 000的人工智能系统，如果这一预测得到应验，那么这正是我们正在做的事情。

## ‖ 人工智能可能成为不朽的独裁者？

人工智能系统能够在各个方面超越人类物质形态的诸多限制，包括远远超出人类标准的寿命。这意味着它们能够即时、全面地获取信息，拥有强大的通信能力，并具有经过几代人发展起来的操作和处理能力。

我们在本章开始时提出了一个问题：先进的人工智能系统将如何对人类做出反应。俄罗斯的一个人工智能项目旨在研发具有情感能力的人工智能系统，该项目的首席科学家表示："人工智能将避免人类的缺点。到目前为止，在生物和基因武器的发展过程中，人工智能是最无害的未来发明。我相信，这将是人类向前迈出的一大步，也是全人类即将面临的重大事件。"[5]

这种天真的希望不仅注定要失败，也表明人工智能/机器人技术的研究人员并不理解他们正在创造的东西意味着什么，就像核武器和生物武器的制造者同样忽视了他们活动的道德尺度。1944年，原子弹之父罗伯特·奥本海默亲眼目睹了原子弹的首次试验，他感叹道："现在我成了死神，世界的毁灭者。"对于研究人员和研究成果的使用者而言，这是一个强有力的道德警告。但这个问题往往最容易被忽视。

从人类的角度来看，人工智能系统不会做出不道德或邪恶的行为，但会使人类面临雪上加霜的悲惨境地，因为它们是可以永恒存在的。正如独一无二的创新者、企业家和未来主义者埃隆·马斯克发出的警告：

我们正迅速迈向远超人类的数字化超级智能。如果一家公司或一小群人能够开发出神一般的数字化超级智能，他们就能征服世界。邪恶的独裁者将使人类面临死亡威胁。但人工智能不会死亡。它会永远存在下去，人类将永远无法逃脱这个不朽的独裁者。[6]

# 第18章
# 人工智能技术的变异效应

"人们正在被技术改变"的说法并非一种比喻。迈克尔·罗森瓦尔德描述了认知神经科学家为何越来越关注人类身体受到的影响。罗森瓦尔德写道:"人类似乎正在建立一种新的数字化大脑回路来浏览网上的海量信息。这种替代性的阅读方式正在与传统深度阅读过程中的脑回路展开竞争。"[1]

人类对技术的使用和社会组织的形式总是涉及权衡过程。当这些事情发生变化时,个人及政治、经济和社会集体成员的人类本质和行为也会发生变化。虽然特斯拉/美国太空探索技术公司(Space X)的创始人埃隆·马斯克对人工智能的危险性发出了警告,但他宣布,人类必须与机器或"数字智能"(人工智能)相融合,或者"降低自身的重要性",并表示我们需要尽早采取行动。[2]但是,创造由人类、人工智能系统和机器人技术组成的增强型半机器人将伴随着许多严重的隐患。

快速扫描各种领域和学科的见解和数据的能力(并与即时获取大量知识的能力相结合)将以另外一种方式改变我们当中的一部分人。对于部分群体而言,这种能力可帮助他们摆脱几个世纪以来日益狭窄的超专业知识领域和研究学科。超专业化塑造缩小了人类的认知范围。早在20世纪60年代,法国哲学家雅克·埃吕尔就注意到,现代人已经被"技术社会"中的专业术语和概念所困扰，以至于我们在自身的活动领域之外失去了理解或者与其他人进行沟通的能力。[3]

一项分析将传统"深度"阅读（我们一直以来都在教授的阅读方式）的沉浸感与基于互联网的更流于表面的"快速浏览和略读"进行了对比，结果表明：

有了如此海量的信息、超链接文本、视频和文字及无处不在的互动，我们的大脑逐渐形成了处理这些信息的快捷方式——扫描、搜索关键词、快速上下滚动。一些研究人员认为，对于许多人来说，这种阅读方式已经开始蔓延到其他阅读介质。[4]

其结果是，大多数人将受制于政府、企业和特定团体所享有的强大的数据处理权力。此类团体可控制互联网、塑造新闻、分析文章和其他通信内容，包括通过欺骗和宣传手段维持政治控制。但是，人工智能已被广泛应用于与社会控制相关的领域。

## 成瘾、虚拟现实和增强现实

若干分析表明，广泛使用基于人工智能的技术可能会对儿童造成影响，甚至上升到成瘾状态。[5]其中一项研究表明由于使用人工智能语音助手而导致大脑塑造过程出现了障碍。[6]另一份报告详细描述了我们对人工智能世界的依赖造成的成瘾现象不断增加。[7]虚拟现实（VR）和增强现实（AR）是这项新技术最具诱惑力和最令人上瘾的方面之一。人类的大部分注意力正被转移到一个电子宇宙中，无论多么虚幻的希望、梦想和幻想都能在这里成为现实。

越来越多的人开始对电子设备上瘾，无论是允许远程访问互联网的手机，还是使人们完全沉浸在其中的游戏和其他应用程序，抑或是他们的

iPad或计算机。[8]这些系统已经创造出一个电子宇宙,人们可以驻留在幻想世界中,这显然比现实世界更具刺激性,更能实现自我满足感。[9]

在虚拟现实创造的奇异世界中,任何人都可以成为英雄、偶像和明星。虚拟现实系统正处于开发阶段。[10]其目的是通过"沉浸"的方式让"玩家"完全进入游戏,而不是在系统之外的屏幕上操纵游戏。现实构造的"虚拟"部分被抹去,而人造世界则拥有自己的生命。增强现实技术将进一步加强这种效果,并将提升人类感官摄入的质感,使虚拟体验更加强烈和充实。

VR头盔与感官刺激技术的结合让我们感觉到自己仿佛已经进入眼前这个世界,其丰富性和强烈程度是许多人无法抗拒的。用不了多久,数以百万计的人就会把大量时间花费在这个"电子毒品"营造的世界中,以求摆脱现实生活的压力和失败。这种现象将随着人类工作世界的崩溃而加剧。

## ‖《机器人总动员》与《瓦尔登湖》

随着人工智能技术在这些方面不断发展,迪士尼电影《机器人总动员》(*Wall-E*)中的场景很有可能会在将来的某一天成为现实。在《机器人总动员》中,一场灾难导致地球不再适宜人类居住,地球人被迫乘坐飞船进入轨道空间站,人类瘾君子们坐在手推车里四处转悠,或是坐在人工智能/虚拟现实舱内或者现代版的"鸦片馆"里,但这不仅仅是一部动画片。人类的"空间"幸存者将因缺乏活动而变得肥胖或无力,死亡时的寿命远远短于自然寿命。但是,他们用自己的寿命换取令数亿人沉迷的电子世界的生活。一份令人震惊的报告显示,预计有57%的美国人将在35岁时成为肥胖人群。[11]

随着人类的就业机会不断流失,成瘾问题日益加剧,人们的价值被逐渐剥夺,现实生活的刺激程度将远远低于人们所沉迷的幻想世界,许多人会选择离开这个真实存在的生存空间,转而进入一个他们可以控制的虚拟世界，在其中成为"英雄"。快速发展的性爱机器人就是这种幻想的另一个版本。这些机器人可以被设计成你所选择的样式，并且可以满足任何要求。从某种意义上说，这就是人们经常戏称的电子版"充气娃娃"。[12]

数百万人将在漫无目标的不安状态中寻求庇护。由于没有可以获得或必要的工作，没有可供征服的世界，他们除了在幻想世界里过着幻想中的生活，已经无事可做，用电子成瘾代替药物成瘾，或者将两者结合以获得最佳效果。[13]也许人工智能甚至会达到这样一种境界：人们的电子意识可被下载到游戏中，部分人类将获得表面上的永生。

为什么我们预料人类沉浸在幻觉和幻想世界的场景会出现？正如亨利·大卫·梭罗在《瓦尔登湖》（*Walden*）中所解释的那样，"大多数人都生活在平静的绝望之中。所谓听天由命是一种经过证实的绝望。"[14]关于人类理想的充分认识和启示，不管一些妄想症哲学家可能会提出什么样的观点，更有可能出现的结果是：一旦从纪律、工作机会和当地共享社区的可能性中解脱出来，绝望的人类将利用娱乐消遣的方式填补道德、精神和追求方面的空白，以消除其存在性空虚感。当然，狂热一直被视为解决"漫无目标"的另一种方式。预计未来将出现越来越多不容异己的分裂派别。

当虚拟现实体验获得显著改善，并达到一定的复杂程度时，该等体验将会使人们坠入深渊，人类对无关紧要、软弱、"黑暗"和漫无目标的恐惧无处不在。VR和AR世界使我们能够以"真实"的现实世界所无法提供的方式实现我们的梦想。[15]

## ‖ 互联网和特定团体思想的扩张

互联网允许人们创建和加入群体，从中获得心理上的满足，以及一种从未有过的重要感。遗憾的是，就像大多数专业群体一样，成员们开始把世界看成是"我们对抗他们"的结构，并且创造出一种封闭的文化。这是不可避免且经过深思熟虑的行为。对于成员而言，该群体提供了一个中心，成员之间以网络之外无法实现的方式相互验证。他们因此成为一个大家庭、部族、部落、帮派或支持性同龄群体的一员。此类群体创造出一种身份和归属感，以及在现代社会中已经逐渐消失的一种结构和强度。

在《多元主义民主的困境：自治与控制》（Dilemmas of Pluralist Democracy: Autonomy vs. Control）一书中，耶鲁大学教授罗伯特·达尔认为，此类组织性群体行为不仅定义了我们，也限制了我们的思维重点。他强调：

> 组织不仅仅是接收和发送其成员兴趣信号的中继站。组织可放大信号并产生新信号。其通常会为了强化特殊需求而牺牲更广泛的需求，并针对长期需求进行短期运作……因此，领导者会淡化成员之间的分裂和冲突，夸大与外部冲突的显著性。因此，组织既会加强团结，又会强化分裂；既能增强凝聚力，又能扩大冲突；它们强化成员之间的团结，同时又增加成员与非成员之间的冲突。因为协会有助于分化公民关注的事情，所以，许多公民的共同利益（也许是潜在利益）可能会被冷落。[16]

对于任何集体而言，心智的独立性和诚实性将服从于集体议程及其内部政治。这会对特定集体文化中发生的事情产生影响，并改变在集体外部与其他利益团体进行真诚沟通的能力。由于互联网的通信能力，特殊利益团体的激增在很大程度上加剧了这种集体的、议程驱动的、激进的甚至是狂热的行为。达尔深入总结道：

> 我、我的"兴趣"与我的社会阶层和组织紧密相连；在我的组织中，领导者寻求提升我的依附程度和突出性；在我的观念中，公共利益与我的阶层利益保持一致；对我而言，正确的事情对他人而言也是正确的，我们都出于自身的特殊利益而被动或主动地支持组织斗争……[17]

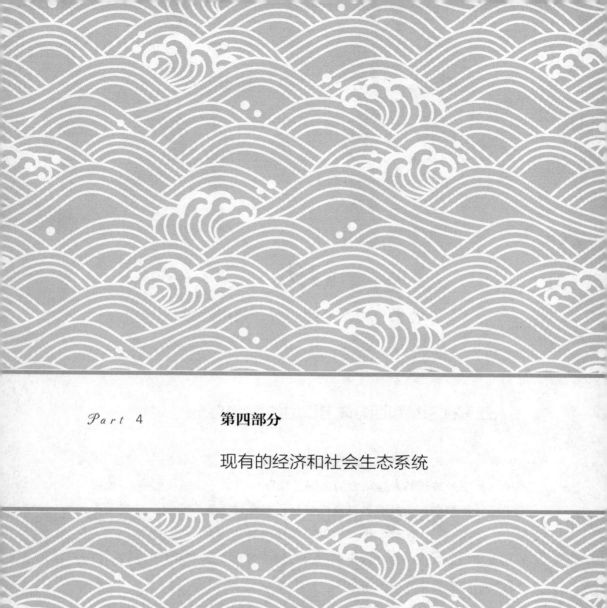

Part 4　　**第四部分**

现有的经济和社会生态系统

# 第19章
## 收集一切，了解一切，利用一切

## ‖ 人工智能系统和西方政府权力的持续扩张

具有全面性和普遍性的监视社会已经建立，在这个社会中，我们不可避免地受到公共和私人行动者的监视、观察、记录、操纵和恐吓。[1] 监视权似乎已经扩散到整个社会，其程度甚至已经超过国家安全局，并且赋予了政府、公司、私人团体和恶意挑衅者前所未有的权力。在许多情况下，这些私营部门的入侵行为比政府的行为更加普遍和广泛，因为几乎没有任何针对他们的监督措施或限制条件，亦没有人追究其责任。[2]

在埃及和土耳其，镇压、宣传和审查力度明显加大，而美国、欧盟国家及英国则较为隐蔽。例如，埃及曾在机场逮捕了一名正要出境的黎巴嫩游客，并指控她犯有"侮辱"埃及的刑事罪行。这名游客可能会面临三到五年的监禁。她的罪行是抱怨遭到抢劫和性骚扰，称埃及是一个不好的国家。[3]

许多西方社会正迅速转型成为民主程度较低且更加专制的治理体系。奇怪的是，这种转变的一个重要部分涉及有组织的利益集团的大规模和侵略性策略，为了嵌入自己的观点并推进自己的议程，此类团体利用互联网和人工智能获得准政府权力,以便反对、制裁和惩罚任何冒犯它们的人。

正如独裁国家所发现的那样,互联网和人工智能应用程序赋予人们一种不可思议的追踪、制裁和惩罚能力,对于恐吓、谴责、诽谤、指控和伤害的权力却没有施加任何限制。权力使人堕落,一个危险的事实是:政府和私人行动者(如谷歌、脸书和不容异己的利益集团网络)已经发展出一种近乎绝对的权力和能力(监控、入侵和谴责)。人工智能领域的私营部门领军人物凯特·克劳福德将此类技术被滥用的可能性描述为"法西斯主义者的梦想"。[4]

德国人工智能专家兼企业家伊冯娜·霍夫施泰特尔著有《一切皆知》(*Sie wissen alles*)一书,她针对大数据的操控性和侵入性商业模式提出了警告,这种模式可通过访问电子设备获取大量个人信息。他们设计的软件和监控系统可以观察我们在互联网上看到的所有内容。这些系统记录了我们的消费决策,并构建详细的资料供他们使用或出售。他们将跟踪芯片插入我们的手机,并在我们的汽车上安装定位器,以便跟踪我们驾驶的位置,甚至是驾驶速度。

霍夫施泰特尔解释了该系统的运作方式,并将其与德国统一前控制东德的威权体制进行比较。

智能手机和平板电脑完美地配合了这种商业模式。实际上,我们随身携带着窃听装置。这一切都是为了利用我们的个人数据。这就是为什么我们周围的很多东西都配备了传感技术。今天,互联网巨头正在诱使我们接受类似的设备。[5]

如今,通过捕获因特网、人工智能系统、数据挖掘和信息抑制应用程序,公司和企业获得了无与伦比的信息和监控能力。[6]《大西洋月刊》(*The Atlantic*)在评论格伦·格林沃尔德关于爱德华·斯诺登和美国国家安全局监控手段的著作时总结道:

格林沃尔德的新书主要是基于美国的传统规范、法律和价值观,而不是他所批评的监控项目。《无处藏身》(*No Place to Hide*)揭示了美国国家安全局的一份机密文件,这份文件总结了该机构在监控方面的激进手段,即收集一切,了解一切,利用一切。[7]

对于广泛侵犯公民隐私权的行为,政府为其辩护的口头禅是:"没有人是绝对安全的。每个人都是潜在的恐怖分子。因此,要尽一切可能密切关注他们,以防现在或将来某个时候他们可能会做出不好的事情。"[8]英国军情六处反间谍机构负责人公开表示,响应第四次工业革命对英国而言至关重要,为了有效应对恐怖主义和流氓国家的威胁,必须大幅扩展基于人工智能/机器人的间谍系统。亚历克斯·扬格在演讲中解释说:"英国必须进入'第四代间谍'时代,以确保国家安全。"[9]与之相反,约翰·坎普夫纳描述了监控社会和言辞模糊的法律是如何作为对恐怖袭击的严厉回应而出现在英国的。他解释说:

到2007年托尼·布莱尔卸任时,他已经建立了一个在民主世界中任何地方都无法匹敌的监控国家。议会通过了45项刑事司法法律(超过了20世纪的总和),并新增了3000多项刑事罪名。[10]

政府给出的理由和借口只是"因为他们可以使用监控能力"。谁能反对诸如制止犯罪、阻止恐怖分子、揭露腐败和谎言、侦破内幕交易、揭露某些人不为人知的真面目、防止滥用职权、抑制不良思想、揭露种族主义者、性别歧视者、各种"恐惧症"或猥亵儿童者等目标呢?这些都是合理的目标,但它们已经成为证明监控手段具备合理性的理由,而此类手段几乎没有受到任何限制。在俄罗斯、土耳其等国,隐私边界已经不复存在。[11]

一项分析声称自由正在全球范围内逐渐消失,并得出以下结论:以美国为首的致力于推进自由和所谓民主表达理念的集团在面对其新技术能力时有所动摇。¹²包括美国和英国在内的多国政府正在利用互联网和人工智能系统监控数十亿人的私人通信。有分析显示，谷歌和亚马逊已经与美国情报机构建立了广泛且不断发展的关系，以共享数据和保护数据安全。¹³

联邦调查局（FBI）和百思买的"极客小组"也已经建立起这种关系。报告表明：

联邦调查局和百思买"极客小组"之间的秘密关系比此前所知的要广泛得多，该机构就执法行动策略对公司的技术人员进行培训，共享目标公民名单，并暗中加强对公众的监控力度，鼓励公司对电脑进行搜索，即使这与客户的维修请求无关。¹⁴

在爱德华·斯诺登/美国国家安全局事件之后，这种情况变得十分明显，传统意义上的"隐私"已不复存在。极权国家及美国和英国等所谓的"民主"国家已经跨越了个人隐私的传统界限。在谷歌、脸书、雅虎和其他私营部门数据挖掘公司的帮助下，入侵程度已十分惊人。我们也不能指望政府能够提供保护。约翰·坎普夫纳写道：

每当有人质疑这些权力的广泛度时，政府部长们就会谈论相互制衡的问题。议会、法院和部长问责制均未能有效发挥作用。大多数议员并不具备掌握在线监控细节的技术知识。安全机构能够很容易超越他们。¹⁵

通过人工智能和互联网赋予政府和私人行动者权力是一种危险的做法。¹⁶这些技术赋予了政府和其他机构本不应该拥有的权力。当一个人拥有不受控制的权力时，很难相信他会对侵入性和控制性行为加以限制。安德鲁·纳波利塔诺警告称，美国国会通过高度保密的《外国情报监视法》（FISA）及其设立的特别FISA法庭赋予美国总统惊人的广泛权力，并由此制造出了一个"怪物"，据报道，在联邦调查局和司法部等不完善且政治化的机构所提交的逮捕令申请中，98%都得到了该机构的批准。[17]风险正日益加剧，我们的未来完全处于监控之下，我们担心这将使我们成为顺从的绵羊。

> ### 人工智能与全面监控
>
> - "少数派报告"：一家顶尖科技公司开发的人工智能机器可在几秒钟内识别出20亿人。依图科技公司开发的人工智能算法可以连接到数百万个监控摄像头，并能立即进行人脸识别。[18]
> - 前情报人员正在为一个庞大的人脸识别数据库收集脸书上的照片。[19]
> - 人脸识别安全摄像头——一项改变游戏规则的技术，在商店中的应用越来越普遍。[20]
> - 亚马逊向警方出售人脸识别技术，引发人们对监控手段的强烈抗议。[21]
> - 未来的机场：登机只需面部扫描；行李由机器人收集。[22]
> - 英伟达为智能城市的监控系统开发人脸识别人工智能技术：你是否感觉到有人正在监视你？[23]
> - 人工智能作为罪犯终结者将引发隐私方面的担忧。[24]
> - 这并非你的胡思乱想。网站的确在关注你的一举一动，在你点击"提交"之前，网站会实时记录你的按键动作和鼠标移动路线。[25]

## ∥ 隐私侵犯愈演愈烈，小心物联网带来的影响

我们周围的电子眼、记录设备和传感器可以永久记录我们的所作所为。黑客已经具备入侵此类系统的能力。[26]数十亿"小型计算机大脑"和数据采集系统遍布物联网的各个角落，给隐私、监控、政府和企业行为带

# 第19章 收集一切，了解一切，利用一切

来了各种问题。[27]

此类系统可能会被政府、公司和互联网中的恶意挑衅者攻击。维基解密曾公布的美国中央情报局（CIA）监控技术展示了一幅可怕的画面，使人们了解到监控技术已经发展到何种程度，我们的电视、计算机、手机、Alexa（亚马逊语音助手）等普通家用设备乃至电脑都能在我们最私密的时刻监视我们。[28]

日本跨国集团软银以243亿英镑收购了英国著名的科技公司ARM Holdings。软银还表示，其计划在未来10年内向美国业务投资500亿美元，并继续与中国的阿里巴巴保持战略合作伙伴关系。[29]ARM Holdings被认为是英国最成功的科技公司。一份关于ARM收购的报告指出："软银表示，收购ARM有助于其发展成为新兴物联网领域的领导者，从而使冰箱、汽车和建筑等物品能够收集和交换数据。"[30]

在美国，我们被数十亿的骚扰电话和电子邮件（多数为诈骗信息）所淹没，看起来好像真的有人在拨打电话。与客户服务代表之间的电子邮件、电话和聊天会话通常会涉及电话另一端的人工智能，至少在初次接入时是这样。

人工智能/机器人系统拥有广泛的用途，包括政治活动领域。这一策略被迅速传播开来。一份报告指出：

作为牛津大学"计算宣传研究项目"的一部分，研究人员查看了大约30万个推特账户，发现只有1%的账户发布了大约三分之一与英国退欧辩论有关的推文。他们认为，其中许多账户是由机器人操纵的。[31]

几乎所有大型商业网站都能提供预测我们偏好的算法——无论是在Netflix（一家在线影片租赁提供商，译者注）上看电影、在Spotify（声田，一个正版流媒体音乐服务平台，译者注）上听音乐、在亚马逊上购物、在Tinder（一款手机交友软件，译者注）或OK Cupid（美国手机交友软件，

167

译者注）上寻找恋人或寻求快速约会，或是在推特、脸书、Snapchat（色拉布，一款照片分享应用程序，译者注）或Instagram（照片墙）上发布最新的社交资讯。此类人工智能交互过程已经极为普遍，以至于大多数人都在无意中依赖它们做出决策，并进行社交互动。

# 第20章
## 人工智能驱动互联网给社会带来的破坏性后果

在很多情况下，网络匿名让人联想起"三K党"那令人恐惧的长袍和兜帽。至少在美国和西欧这样的法制社会中，不应该允许实施匿名制度，除非身份保护可积极改善被剥夺权利或受到威胁的发言者提出重要问题的能力（否则发言者将因为受到威胁和报复而保持沉默）。例如，如果告密者必须披露自己的身份，他们通常无法承担拿自己的工作冒险所造成的后果。同样，在意识形态上的单一文化中，例如，在耶鲁、哈佛、伯克利等"精英"学术机构中发展起来的近乎完全左翼的文化中，非左翼保守派和自由意志主义学者（特别是那些尚未通过终身教职获得工作保障的学者）担心如果他们批判公认的正统观念，就会破坏其事业晋升或调动的潜力。然而，在此类相对局限的情况之外，匿名制度将为那些通过威胁、骚扰和诽谤性攻击寻求权力的人提供机会。

如果你有勇气坚持自己的信念，就不应该隐藏在面具背后。匿名制度和暴民心理是我们在这个本应进行智慧交流和讨论的工具中看到恶意攻击的核心原因。[1]对于在现实中不敢像在网络中一样当面开展攻击的胆小鬼而言，甚至当他们受到来自远方的恶意攻击时，也会因电子媒介"激发"出浅薄、无知和邪恶的一面。

除了极少数例外情况，授予匿名权是一个严重的错误，应该予以取消。彼得·德鲁克将我们社会的现状描述为"新多元主义"，他解释道："新多元……以权力为焦点。它是由单一原因、单一利益集团构成的多元主义——由规模主义……虽小但纪律严明的少数群体形成的'群众运动'。他们中的每个人都试图通过权力获得其无法通过数量和说服获得的东西。每个目标都具有政治性。"[2] 每次集体运动（和反向运动）均使用攻击、抗议和反对的语言。语言被视为获得或保卫权力的武器。为了达到我们的政治目的，我们在利用理想进行操纵的同时，表现出明目张胆的虚伪。

积极的方面是，有许多人通过揭露体制机构和那些宣称为选民服务却隐瞒事实的人的欺骗、狂妄和腐败行为，"在强权机构面前讲真话"。通过不受约束的互联网机制挑战和揭露这些行为的能力是对抗腐败和权力滥用的重要手段，尽管互联网同时也是权力者扭曲其目标的一种手段，此外，有许多没有充分和正确了解事实的人可以通过互联网传播错误的不良信息。

尽管如此，《卫报》前专栏作家格伦·格林沃尔德为我们提供了一个积极的例子，证明互联网可以成为揭露美国等强国滥用权力的有效工具，关于爱德华·斯诺登提供的有关美国政府机构（包括美国国家安全局）严重滥用权力的信息，格林沃尔德是第一个刊发此类信息的人。

我们的底线是必须能够挑战那些控制信息流动的人，而互联网是做到这一点的唯一途径，尽管其本身存在许多缺陷，并且被视为腐败、宣传和无知的工具。这个世界并不完美，但我们必须学会如何面对它。

## ‖ 互联网设计师的忧虑

蒂姆·伯纳斯-李（万维网的发明者）被誉为互联网关键算法的设计者，他对自己的发明所带来的结果感到忧虑。一份报告解释了伯纳斯-李所说的主要威胁。

## 第20章 人工智能驱动互联网给社会带来的破坏性后果

在过去的一年里,伯纳斯-李对威胁网络开放性的三大趋势"日益感到担忧",其中之一就是缺乏对在线政治广告的监管。其他担忧包括失去对个人数据的控制权及在网络中传播的虚假信息。我们同意提供个人数据以获得免费的在线服务,但伯纳斯-李指出,让谷歌、脸书和亚马逊等大型数据收集公司控制这些信息使我们陷入了一个圈套。

伯纳斯-李接着描述道,对我们所做的每一件事进行大规模、协同式的信息收集将在更大程度上危及民主社会的完整性。他警告称:

这种数据聚合还将带来其他更加有害的副作用,政府"日益关注我们在网上的一举一动",英国还通过了《调查权力法》等法律,将"践踏隐私权"的安全机构所使用的一系列监听和黑客工具合法化。即使在没有专制政权的国家,这种监控制度也会对言论自由产生"寒蝉效应"。[3]

此外,他还注意到互联网正在被用作宣传和传播所谓"假新闻"的关键工具,以至于我们不知道如何分析在互联网报道中看到的真相。我们越来越依赖互联网报道提供的信息和证据。伯纳斯-李表达了他的担忧:错误信息极易在网上传播,尤其是在人们通过脸书和谷歌这样的"看门人"在网上查找新闻和信息的方式发生巨大整合的情况下。这些"看门人"根据从个人数据收集中学习的算法来选择向我们展示的内容。[4]他补充道:"这使得怀有恶意的人和'机器人大军'能够利用系统传播错误信息来获取经济或政治利益。"[5]

以下是伯纳斯-李的最新工作成果:

伯纳斯-李提出需要制定《网络大宪章》,他警告称,科技巨头必须改变自己的方式,将网络世界从它们释放的危险力量中拯救出来。1989年发明万维网的伯纳斯-李呼吁对互联网的监管和盈利方式进行一场"革命",

以遏制滥用现象、政治分化和假新闻。蒂姆爵士在里斯本网络峰会的讲话中提出了一项新的"网络合约",要求互联网公司坚持一系列原则,例如,保护隐私和保证其算法的透明度。[6]

伯纳斯-李继续说道:

大多数人只是期望能通过网络做出伟大的事情。他们认为"人性有好有坏,但如果把人性和科技联系起来,伟大的事情就会发生。""会有什么问题呢?……所有的事情都出现了问题,包括假新闻、隐私问题、滥用个人数据,以及被巧妙的广告操纵的人们。"[7]

## ‖ 匿名制度消除了我们做出轻率之举的顾虑

互联网的匿名性使我们看到了人类灵魂的阴暗面。它使个人和群体能够以阴暗和野蛮的方式扭曲我们对现实的认知,以及我们对彼此做出的行为。

在每天通过互联网发送的数十亿条信息中,只需要其中一小部分内容就能证明许多人不应该获得授权在匿名的伪装下发言。隐藏的身份消除了任何在现实中需要承担的责任,因为控制我们面对面交流的"自我监督"和礼貌意识已被摧毁。菲利普·亨舍解释说:"匿名的可能性和危险性早在我们进入互联网之前就开始显现,且两者都在不断增长。"[8]

互联网带来的另一个后果是,每个人都突然拥有了一种可以向所有人广播的"声音",不需要任何中介过程,且通常具有匿名性,也不存在暴露发送者身份的心理障碍。作为支持真正民主政府和自由社会的理论,人们首先非常支持此类赋权。从某种程度上来说,事实的确如此。但互联网的现状所揭示的黑暗面已经远远超出任何人的想象。

互联网揭露了人性中的另一面,尽管它带来了令人难以置信的好处,但也破坏了我们对社会和他人的信任,并使人们不可逆转地陷入愤世嫉俗之中。如果任其以目前的方式继续发展,互联网将导致人类社会的退化,因为它剥离了基本的幻想与理想,让我们过于清晰地看到人类的负面倾向。

随着互联网能力渗透到我们的社会,"即时指责"和批评的数量不断激增。在其短暂的生命周期中,互联网和人工智能应用程序已经从极具吸引力的信息来源和健康的交流渠道转变为一种武器,私人企业、激进的政治利益集团、跟踪者、情感障碍患者和犯罪者可借此对他人进行监控。

如今,任何人以电子形式发布的信息均可被捕捉和永久保存,并在若干年后被挖掘出来作为攻击对手的"弹药"。这种势不可当的监视现象已迅速蔓延至私营部门,许多雇主都在监视员工的通信内容。[9]通过博客、电子邮件、推特、脸书等渠道,任何信息都可能突然以"病毒式传播"的方式被分发给数百万人,且人们无法控制其真实性、准确性、背景信息或公正性。许多人都认为出现在网上的东西一定是真的。虚假信息、假新闻、歪曲事实、捏造谎言、恶意挑衅及利用经过编程的人工智能机器人模仿人类进行信息传播的现象已经越来越普遍。

美国和欧洲正在经历的极端社会分裂是不可逆转的。在具有匿名性的互联网出现之前,人们对展现真实的自我感到不确定和担忧。在"文明社会"中,人们对是否表达自己的观点表现出强烈的犹豫,因为他们无法确定与他们面对面交谈的人是否持有与之相同的偏见,或者担心他们会立即被贴上卑鄙、偏执、无知或其他威胁自我意识的带有贬义的标签。

互联网的匿名性造就了一种完全不同的"结缔组织"。如今,各种极端分子和狂热分子很容易就能接触到与他们持有相同偏见和观点的人——无论是儿童色情、种族或宗教偏见,还是其他一些不稳定的倾向。几乎从名字就可以看出,这些极端分子为了推动他们的事业可以做到不择手段。

# 第21章
## 拆分谷歌、亚马逊和脸书

在一个日趋复杂和全球化的世界中，我们应当根据机构在一般或特定情况下所拥有的权力等级进行评估，例如，控制通信、收集和构建数据、在大范围和微妙层面上扭曲认知和侵犯隐私的能力。

谷歌、脸书、苹果、亚马逊和推特等公司基本上都是不受约束的"准政府"。它们拥有超乎寻常的力量来形成观点，并且可获得任何互联网用户的基本信息。[1]这些公司侵犯了我们的隐私，建立了几乎所有人的"永久记录"，其程度已远远超出历史上的任何秘密警察系统。它们不仅可以为用户创建基于数据的"分身"，正如我们所发现的那样，它们还可以获取任何互联网用户的信息。

您是否知道谷歌正在阅读并记录您的个人电子邮件？没关系。谷歌已经承诺停止这种行为。[2]谷歌、雅虎和脸书等极其强大的公司控制着我们的通信系统，这种准政府层面不仅体现在它们作为商品和服务供应商的传统领域，还体现在它们与政府的合作形式上。[3]

# 第 21 章 拆分谷歌、亚马逊和脸书

> ### 大型科技公司和不负责任的权力
>
> - 人工智能先驱呼吁拆分大型科技公司：人工智能先驱约舒亚·本乔表示，将财富、权力和能力集中在大型科技公司将"对民主构成威胁"，我们应当对此类公司进行拆分。[4]
> - 科技巨头偷走了人们拥有的网络。这就是我们的挽回方式。[5]
> - 蒂姆·伯纳斯-李认为，我们必须对科技公司进行监管，以防止网络"武器化"。伯纳斯-李警告称，权力过于集中在少数几家公司手中，这些公司"控制着可以共享的观点"。[6]
> - 科技巨头是我们这个时代的强盗大亨。[7]
> - 谷歌的"自私分类账"是硅谷社会工程中一个令人不安的愿景。[8]
> - 科技公司不能永远保存我们的数据：我们需要一个截止日期。[9]

国民生产总值（谷歌、亚马逊和脸书的企业 GNP）已远远超过大多数国家。[10]彭博社的一篇报道援引了法国央行经济学家的一项研究，这篇报道警告称，此类企业巨头的规模和市场主导地位抑制了经济竞争，降低了生产率。[11]

此外，这些公司拥有前所未有的权力，可针对各类群体塑造、监控、提供或拒绝提供通信平台，并与相关的政府部门合作以实现各种目的，包括一套全面且经过强化的监控系统。蒂姆·伯纳斯-李还警告称，大型科技公司的强大实力已经对民主制度构成了威胁。[12]一个简单的事实是：如果不拆分这些公司，稀释它们的权力和控制权，我们将无法控制它们化身而成的"野兽"。

> ### 为什么要拆分脸书、谷歌和亚马逊？
>
> - 脸书、谷歌占据互联网广告的主导地位。脸书和谷歌2017年占据全

- 球数字广告支出的84%。[13]
- 美国科技巨头掌握的市场权力令IMF总裁感到担忧：克里斯蒂娜·拉加德认为"过多权力集中在少数人手中"无益于经济的发展。[14]
- 我们需要将谷歌、脸书和亚马逊国有化。原因如下：一场危机正在逼近。这些吸收我们数据的垄断平台没有竞争对手，其规模太大以至于无法服务于公众利益。[15]
- 谷歌和脸书的双头垄断威胁着思想的多样性。[16]
- 科技巨头的崛起对经济而言可能是个坏消息：少数公司的主导地位可能会损害生产率和增长率。[17]
- 集体数据的财富应该属于我们所有人。[18]
- 泄露的脸书"丑陋真相"备忘录引发争议（或者，如果有人利用我们做坏事，那也不是我们的错。）[19]
- 脸书在数据挖掘方面陷入困境的原因：马克·扎克伯格的商业模式导致脸书被政治活动家操纵——难怪他会否认这一点。[20]
- 工作场所的监控系统可以跟踪你的一举一动：雇主们正在使用各种技术监控员工的网络浏览模式、按键动作、社交媒体帖子，甚至私人通信应用。[21]

## 大数据"准政府"的崛起

此类"准政府"几乎不受传统监视禁令（若有）的约束，这些禁令至少在理论上适用于正式的政府机构。[22] 法国总统埃马纽埃尔·马克龙警告称，谷歌和亚马逊等公司的规模已经大到无法控制的地步，我们需要对其进行拆分，因为它们已经对民主本身构成威胁。他还建议，应该让这些公司为它们造成的社会破坏及侵犯隐私的行为承担责任。[23]

## 调整大型科技公司

- 为什么我们不能把人工智能交给大型科技公司：我们担心的问题是，公众对人工智能的普遍抵触情绪可能会导致人工智能在公共部门中的应用受限——而私营企业却可以不受限制地使用。目前，人工智能领域的重大突破层出不穷。随着我们开始意识到这些机遇，潜在的风险也在增加：人工智能将在不受约束和监管的情况下，以牺牲就业、平等性和隐私为代价，扩散到少数越来越强大的科技公司手中。[24]
- 欧盟反垄断专员玛格丽特·维斯特格瞄准脸书和谷歌。[25]
- 科技巨头准备全面推行欧盟隐私法。[26]
- 什么是《通用数据保护条例》（GDPR）？它将产生何种影响？[27]
- 随着欧盟隐私条例的生效，美国国内的争论开始升温。在全球争相遵守新欧盟数据保护法的同时，美国国内关于隐私的辩论愈演愈烈，一些人呼吁对美国采取类似措施，另一些人则警告称，这些规定可能会破坏全球互联网。[28]
- 脸书将15亿用户移出欧洲新隐私法的覆盖范围：该公司将用户数据从爱尔兰转移到隐私法执行不那么严格的美国。[29]
- 政府是否会对亚马逊、谷歌和脸书提起反垄断诉讼？[30]
- 垄断资金：如何拆分最大的科技公司。[31]

谷歌是一个垄断企业，拥有对数据的大量控制权，并且可根据自身利益决定我们搜索的信息结构。[32]脸书已经成为吸收数据的主要力量，其目的在于获得尽可能多的权力并影响社会。亚马逊被指定为高度敏感的美国政府情报信息的储存库。[33]此外，这些公司拥有的权力使其能够服务于专制政府，甚至极权政府，使得政府的干预、宣传和控制措施更加广泛和有效。

这些科技巨头可以从事任何它们选择的活动，包括产品开发、技术创新、入侵隐私和监控——如果由民主政府进行，此类活动将受到监管或宪法禁止。[34] 毕竟，它们能够追踪我们在网上做的每一件事，并利用我们的偏见、偏好、潜在驱动力、搜索历史及其他许多因素交织而成的"存在"来创建我们的电子版本，此类"存在"能够操纵、影响、胁迫、暴露或以其他方式受到威胁。[35]

海盗湾（PirateBay）的联合创始人彼得·桑德在阿姆斯特丹举行的"The Next Web"会议上接受采访时表示，网络世界"没有民主"。他补充道：科技行业从业者背负着很多责任，但他们从来没有真正讨论过这些事情……脸书已经成为网络世界最大的"国家"。桑德告诉美国全国广播公司财经频道（CNBC）："我并没有选择他（马克·扎克伯格），他是规则的制定者。"[36]

但是，不要被它们的私营企业身份所欺骗。此类大数据的控制者、采集者、操纵者和信息源不仅正在与美国的政府机构合作，也在与欧洲、沙特阿拉伯、土耳其和俄罗斯的政府机构合作。这些私营机构的规模及其对"私人"社会的系统性渗透使其已经不仅仅是政府的高效情报机构。

乔尔·科特金在《新共和》（New Republics）杂志的一篇分析文章中对谷歌和脸书等公司的"总裁们"的企图和傲慢进行了讽刺性的描述。他的观点是：在经历了一段令人钦佩的创新时期，并通过他们创建的机构对经济发展做出重大贡献后，一批实力强大且极其富有的新私营企业的关键人物（他们曾被视为"书呆子"，有时骄傲地自称为"工具"）目前正致力于重组美国社会和世界。科特金总结说：

从旧金山到华盛顿和布鲁塞尔，科技寡头的吸引力有所下降：它们已经成为一种可怕的威胁，其控制未来政治、媒体和商业的野心似乎永无止境。随着科技热潮的扩大，此类个人和公司已经聚集了足以实现其野心的经济资源。他们狂妄自大的心态随着财富的累积而膨胀。他们认为自己在某种程度上超越了华尔街的"渣滓"或是休斯敦或底特律的煽动者。他们认为，是智慧（而不仅仅是金钱）让他们成为真正的全球统治者。他们蔑视那些认知能力较差的人，并且正在发动一场《大西洋月刊》所称的"针对愚蠢之人的战争"。[37]

要想约束这些科技巨头，就必须采取大量协调一致的措施。为了遏制它们的权力，一些抵制措施已经开始实施。萨布丽娜·西迪基写道："随着政治两极化继续困扰着华盛顿，左派和右派之间罕见地达成了共识——必须对美国最大的科技公司进行更严格的审查。"[38]她补充道："美国立法者正在加大对硅谷的抨击力度。长期以来，硅谷一直在利用其作为创新来源领军者的形象，如今却因批评者眼中巨大且不受约束的权力而受到抨击。"[39]

互联网和控制信息及垄断通信市场（依赖于公司平台）的能力促进了世界上最具侵入性的一系列机制的发展——此类机制掌握在经营企业的亿万富翁手中。目前的形势是，极少数个体控制着庞大的网络和他们最初服务的政府。如今，正如罗伯特·库特纳所描述的那样，政府已经屈服于金融、能源、国防工业及谷歌、脸书和亚马逊等通信平台中巨大的企业利益。[40]来自人工智能/互联网"媒介"的信息是，"私营"部门的行动者已经变得非常强大且无处不在。在此情况下，需要对权力进行限制和更广泛地分配。请参考本·塔尔诺夫的分析：

硅谷本身是一个采掘业。它的资源不是石油或铜，而是数据。该领域的公司通过在最大限度内观察我们的在线活动来收集这些数据。此类活动可能以脸书、谷歌搜索的形式出现，甚至可能是鼠标在屏幕特定位置停留的时间。单独来看，这些痕迹可能并无特殊意义。然而，如果将它们与其他数百万人的活动进行匹配，此类公司可从中发现特定的模式，从而确定你属于哪一类人，以及你可能会购买的产品。这些模式非常有利可图。硅谷可利用它们向你或广告商销售产品。脸书和谷歌共同占有美国76%的在线广告收入。[41]

有迹象表明，这些大型企业所拥有的权力正受到强烈抵制。欧盟竞争事务专员玛格丽特·维斯特格正带头打击谷歌可疑的反垄断行为。[42]谷歌的活动范围和权力之大使其活动和滥用权力的情况难以控制，要想达到有效的遏制作用，就必须采取集体行动，并将其扩展到欧盟以外的区域。尼克·斯尔尼塞克建议将谷歌、脸书和亚马逊收归国有，限制它们的权力。他写道：

一场危机正在逼近。这些吸收我们数据的垄断平台没有竞争对手，其规模太大以至于无法服务于公众利益。这种平台（连接两个或多个群体并使它们能够互动的基础设施）对于此类公司的实力而言至关重要。它们并不像传统公司那样专注于制造产品。相反，脸书为以下群体建立了连接：用户、广告商和开发者；优步、乘客和驾驶员；亚马逊、买家和卖家。[43]

主导互联网公司的"准政府"和技术寡头可以从事任何活动，它们可以选择以产品开发、技术创新、侵犯隐私和监控活动等形式开展活动，如果换成民主政府开展此类活动，则会受到监管或宪法禁止。[44]然而，在这一点上，它们的战略实施相当于影响大量人群的重大政策行动，却没有受到任何约束。与其他人一样，人工智能先驱约舒亚·本吉奥警告称，过于庞大和强大的大型科技公司将对民主构成严重威胁，我们应当尽快对此类公司进行拆分。[45]

大型科技公司改变了我们行为方式的本质，改变了我们彼此之间的关系及我们与政府之间的关系，却没有人讨论这些行为在给公司股东和高管带来经济利益的同时是否会带来负面的社会影响。[46]对于在我们毫不知情的情况下被跟踪和监视的规模和程度而言，系统已经失控。[47]另一份报告分析了它们对我们生活的入侵程度。

无论你是否已经意识到，你独特的属性（或者"生物识别特征"）正被用来验证你的身份。每当你解锁智能手机，在机场使用指纹扫描仪，或者将面部识别照片上传到脸书上时，你的身体特征就会被扫描并与模板进行比对。

脸书等互联网巨头正在利用自己的权力将公众意识塑造成符合系统偏好的模式；[48]利用强有力的宣传，对某些事物进行正面描绘，并压制不受欢迎的立场。[49]根据马克·扎克伯格的偏好和政治立场，脸书正在对批评移民政策的网站和新闻进行压制。一份报告指出：

脸书封杀了四份显示大规模移民对美国就业和工资水平产生影响的报告。这些基于联邦数据的报告由无党派组织移民研究中心（CIS）撰写。[50] CIS认为，马克·扎克伯格显然已经制定了一项支持移民的议程，他正在利用脸书的力量压制其他观点，并且限制他不赞同的信息和观点，从而针对特定问题制造假象。事实上，扎克伯格已经成立了一个旨在推动移民改革的政治组织。[51]

## 与脸书"解除好友关系"

在谈到互联网巨头脸书等规模庞大且占据主导地位的公司时，爱德华·斯诺登警告称："这家公司能够重塑我们的思维方式。其危险性无须多言。"[52]考虑到脸书在通信和隐私方面拥有巨大的权力，马克·扎克伯格提出的"全球主义宣言"在很大程度上证实了斯诺登的警告。[53]很明显，不管是脸书、谷歌还是推特、亚马逊，人工智能和互联网都已成为腐败的宣传机制，其中充斥着政府、企业和特殊利益集团侵犯隐私的行为。

> ### 大型科技公司、宣传和社会控制
>
> - 脸书和推特成为操纵民意的工具：九国研究发现社交媒体被广泛用于推送政府和个人的谎言、错误信息和宣传内容。[54]
> - 假新闻2.0——经过个性化和优化后更加难以阻止：一家技术供应商向CIA发出警告称，人工智能将自动优化假新闻。[55]

令人感到恐惧的是，脸书所代表的权力掌握在一些天真、缺乏经验、对人性及人类社会的复杂性和差异性知之甚少的人手中。事实上，扎克伯格有能力将他过于简单化的愿景强加给世界。但是，即使是出于善意，即便具备相应的洞察力和知识，也不应该允许任何人拥有这样的权力和资源。[56]如果不是因为扎克伯格的巨额财富及其对通信行业的掌控，我们会将他不着边际的言论斥为"胡言乱语"。除了"全球主义宣言"，目前他正在试图让脸书及其人工智能系统成为一组新群体的创造者和协调者。约翰·辛奈尔写道：

> 马克·扎克伯格希望脸书群组能够发挥重要作用，就像教会和小联盟球队等社区团体一样将不同的群体聚集在一起。他补充道："参加教会的人更有可能成为志愿者并为慈善事业捐款，不仅仅因为他们是信徒，还因为他们是该群体的一部分。"扎克伯格认为脸书可以提供帮助，利用其网络力量使人们聚集在一起。"教会不仅会让我们走到一起，还有牧师关心会众的福祉，确保人们拥有食物和安身之所。小联盟球队拥有自己的教练，在鼓励孩子的同时帮助他们提高技艺。领导者可以帮助我们建立文化，鼓励我们，并为我们提供安全保障。"[57]

扎克伯格将自己视为监督此类措施的"牧师"，通过脸书，他的"教

会"正在制定自己的"禁书目录",规定获得许可的言论。那些发现自己被"清除"的人对于此举感到困惑,一些人表示,如果脸书能够表明他们的身份,他们将乐于遵守脸书的"使用条款"。一份关于脸书行为的报告对此做出了描述。

脸书表示,其已经删除超过800个向用户提供大量政治信息的发行商页面和账户。此举可能重新引发对政治审查和武断决策的谴责。这种做法表明脸书越来越愿意涉足"监管国内政治活动"这一棘手的领域。部分账户已经存在多年,积累了数以百万计的粉丝,并且公开表示支持保守主义或自由主义的观点。尽管有数百个页面被删除,但脸书只向媒体列举了5个,其中两个页面的运营者表示他们是合法的政治活动人士,不是脸书在一篇博文中宣称的受利益驱使的点击诱饵"广告农场"的经营者。他们表示自己仍不清楚自己违反了脸书的哪些规定,也不知道为什么他们会因为在网络组织中常见的行为而被单独挑选出来。[58]

从社会腐败的角度来看,亚马逊、谷歌、脸书、苹果、雅虎、软银等公司实体积聚的全球影响力及其对通信领域、用户隐私和大部分媒体的控制权使其极具危险性。[59]由于此类实体能够控制和记录我们的所有活动、影响政治并进行宣传,且不需要对与之抗衡的制度负责,因此,它们对西方民主国家的威胁已经达到了前所未有的程度。如果这一说法成立,从谷歌的一份专利报告可以看出谷歌未来将多么具有侵犯性!菲尔·贝克表示:

谷歌最近获得的专利为我们了解其开发活动提供了一个窗口。这些专利表明,谷歌正在开发能够在家中任何角落进行窃听的智能家居产品,其目的在于更多地了解我们,从而推送更具针对性的广告。它已经远远超越目前推出的谷歌家用扬声器(回答问题并提供有用的信息)和Nest恒温器

（测量家中的环境条件）。上述专利将用于每个房间所安装的传感器和摄像头，以便跟踪并分析我们在家中的一举一动。

贝克补充道：

它们描述了摄像头以何种方式识别住户T恤上的电影明星图像，并将其与用户的浏览历史联系起来，然后向用户发送由该明星出演的新电影的广告。编号为10114351的一项专利写道："根据此次披露的实例，可向智能家居环境提供智能设备的环境策略，使用智能设备监视智能设备环境中的活动，报告此类活动或基于此类活动控制智能设备。"很明显，它们想监视我们，并回传我们正在干什么。[60]

当谷歌和脸书监视我们并创建"我们"的虚拟形式时，它们的目的是更好地操纵销售过程，并控制我们在其网站上发表的言论和看到的内容，它们的网站控制着我们大部分的通信内容，我们需要明白，这些公司的员工在很大程度上表现出了"一致的想法"。脸书高级工程师布莱恩·阿梅里奇写道："我们欢迎所有的观点，但对与左翼理想主义持有对立价值观的人进行攻击打压（常见于网络暴民）。"[61]这不仅仅是脸书出现的情况。布拉德·帕斯卡莱针对谷歌发表了以下报道：

美国人必须警惕那些试图控制我们所见所闻的强大机构。随着互联网日益成为现代生活的核心部分，脸书、推特和谷歌等大型科技公司争相成为互联网和政治言论的"看门人"。在没有任何授权的情况下，这些公司已经将自己任命为可接受的思想、讨论和在线搜索结果的仲裁者。这些公司对互联网的掌控无处不在，并且明目张胆地控制着我们与之互动的方式，这对自由社会构成了直接威胁。谷歌可以说是最糟糕的犯规者。谷歌声称其重视言论自由和自由开放的互联网环境，但有大量证据表明，这家大型科技公司希望互联网仅对其认可的政治和社会理念保持自由开放的状态。[62]

主导互联网的公司规模、社会渗透程度和活动性质使其极具危险性。部分公司正与美国国家安全局展开合作，提供它们从客户那里获得的数据。据尤恩·麦肯斯基报道：

"特别来源行动组"被爱德华·斯诺登称为美国国家安全局"皇冠上的明珠"，负责协调包括"棱镜"在内的所有监控项目，此类项目依赖与电信和互联网供应商的"企业合作关系"来获取通信数据。[63]

"棱镜"项目记录被爱德华·斯诺登披露后，这些公司的首席执行官们参与监视计划的事情被曝光，他们公开抱怨称自己是迫不得已才与政府合作的，否则将面临监禁。雅虎首席执行官玛丽莎·梅耶尔表示，如果公司负责人把美国国家安全局正在访问他们记录的事情告诉任何人，他们就将因此面临牢狱之灾。[64]当然，美国国家安全局为这些记录支付了大笔资金，这可能是雅虎做出的与政府合作决定的影响因素。这使得梅耶尔的反对被置若罔闻。

尽管欧盟正试图制定规则和惩罚措施来保护其公民的隐私，但它们不太可能完全奏效。对于政府和其他侵入我们私生活的入侵者而言，财政、经济、安全和政治方面的重大利害关系使其无法心甘情愿地放弃。因此，对于把我们和我们的信息视为商品或支持因素的人而言，我们的大多数行为和言论将被公开，这些人需要被说服、被"欺骗"或被迫"按照自己的方式看待事物"，无论这些是什么事物。以下是反映当前形势的若干例子。

## 大型科技公司和隐私权

- 前情报人员正在为一个庞大的人脸识别数据库收集脸书上的照片。[65]
- 脸书正在向美国政府提供越来越多的数据。[66]
- 雅虎和美国在线（再次）通过自我授权阅读用户的电子邮件：尽管雅虎已经开始扫描用户的电子邮件，以期最大限度地利用广告机会，但对该政策押下双重赌注可能会在后剑桥分析时代引起强烈关注。[67]
- 是时候从科技公司收回我们的隐私了。[68]
- 脸书可在没有账号的情况下保留关于互联网用户个人习惯的机密文件：即使你从未输入脸书的域名，该公司也能追踪到你。[69]

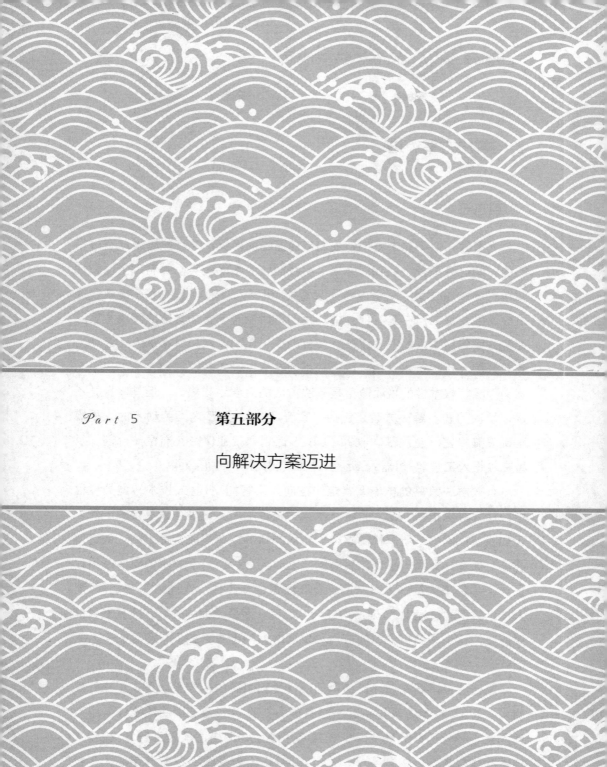

Part 5　　第五部分

向解决方案迈进

## ‖ 向解决方案迈进

### 引言

大多数人似乎并未意识到我们目前面临的形势，并且能够采取有效措施的时间已经不多了。我们必须了解我们所面临的现实，并制定全面和切实可行的解决方案。尽管应对人工智能/机器人迅速崛起的潜在措施已经贯穿本书始终，但在第五部分中，我们将讨论若干更加具体的解决方案。此类方案包括重大的税收改革，其目的在于遏制收入和财富从人类劳动力重新分配至投资资本。如果我们做不到这一点，大多数其他方法都将毫无意义。尽管根本性的税收改革是解决方案的必要组成部分，但其本身并不足以解决问题。解决方案还包括"政府注资"、涉及人类劳动者的大规模基础设施投资、全民基本收入（UBI）计划和就业保障、岗位"分割"及旨在放缓人工智能/机器人系统引进速度和范围的政府政策。

有效解决策略的核心要素是：在向人工智能/机器人技术转型的过程中，社会对保护和创造人类就业政策的坚定承诺。这是至关重要的一点，正如我们在本书中所解释的那样，目前的情况并非熊彼特提出的"创造性破坏"循环，即经历了经济转型的困难时期之后，一个健康的新体系得以重建，并带来大量令人兴奋的、更高质量的新工作。在向人工智能/机器人技术转型的过程中，"创造性破坏"的另一面是更大的破坏，充其量只能说使我们这个充满机会、创造力和发展潜力的世界更扁平化，只有少数人例外。

熊彼特经济周期循环论的再创造性受到阻碍的主要原因是，正在开发的人工智能/机器人系统将越来越有能力在被引入经济活动的新任务中取代人类。尽管那些短期变革的受益者用溢美之词描述了人工智能/机器人技术的积极方面，但现实是，人工智能/机器人系统不仅能够完成大多数人在讨论自动化和机器人时所考虑的琐碎任务，而且还将完成更加高级的工作。

过去的工业革命为人们创造了大量新的就业机会，在经历了一段困难时期之后，一个令人兴奋的新世界得以重建，并满足了人们的就业需求。在人工智能/机器人引发的第四次工业革命中，事情不会向人们理想和预期的方向发展。届时将会有数据科学家、开发运营专家、律师、医生、金融奇才和企业家等职业，但由于人工智能不断发展，就连它们自己也会发现从业人数正在减少。

除非我们强迫自己应对人工智能/机器人带来的不利挑战，否则，在我们这个日益分裂的社会中，目前正在争论的所有问题只不过是一厢情愿、目光短浅甚至愤世嫉俗的空话。除非我们正视目前的经济形势及人工智能/机器人的潜在影响，否则，我们将无法实现经济机会、保障社会流动性和改善获得公正的机会、减少财富不平等、保持我们对民主理想的承诺、应对日益增多的无家可归者和毒品流行问题及向最需要援助的人提供支持。为了保护我们的政治和经济制度，并维持我们所认为的西方式民主的重要性质，唯一的选择是实施有效的战略来阻止、减少和减轻影响。

当前社会经济形势下最具挑战性的障碍产生了消极的协同作用，增加了发生严重和持久危机的可能性。根据前文所述内容总结如下：

- 在美国，尤其是对联邦、州和地方政府而言，许多公司和数百万人都面临着巨额预算赤字。
- 我们的人口结构正在面临不断扩大的"年龄诅咒"，前文已对各种影响进行了详述。
- 联邦、州、地方和个人养老金体系及医疗保健计划的资金已经不足。当社会几乎完全无法兑现其承诺的利益时，其面临的后果可能会使国家陷入分裂之中。

- 在美国，身体和情绪健康问题急剧增加，化学成瘾和酗酒成瘾者的数量出现惊人增长。
- 无家可归者越来越多，尤其是在美国东部和西部沿海地区，以及包括乡村在内的其他地区。
- 政府、公司和私人利益集团正在进行极具侵入性的监视活动。谷歌、亚马逊、脸书和推特等极其强大的公司控制着我们的通信系统，其控制程度能够塑造和控制公共话语。
- 美国和欧盟国家正在经历来自贫困国家的大规模移民潮，但许多国家不再欢迎非必要的额外劳动力及随之引发的社会资源的日益枯竭。

包括美国、欧盟、英国、俄罗斯和日本在内的主要国家正在面临此类挑战，甚至更多其他方面的挑战。与之相伴的还有内部冲突、面对恐怖主义活动的脆弱性、犯罪和腐败问题及专制性和侵入性日益增强的政府。人口的爆炸式增长和经济欠发达国家所面临的其他压力导致此类社会体系的犯罪率不断升高，使受影响国家的人们缺乏体面的工作机会，并促使那些寻求掌握权力和财富的人施加日益严重的政治压迫。

这种情况导致数千万流离失所者选择移民到发达国家以寻求更好的生活。遗憾的是，包括美国、英国和欧盟在内的经济发达国家本身也承受着巨大的经济、文化和政治压力。此类因素导致这些国家的人口对移民产生日益强烈的抵触情绪，并且对移民造成的经济和社会成本深感不满。

### 西方部分基本的经济和政治策略

下文列举了可在保护和创造人类就业机会方面发挥作用的部分政策方法：

- 引入国家立法和国际条约，规范人工智能/机器人技术在特定经济领域的应用过程，包括"放慢科技进步的步伐"、塑造和限制人工智能/机器人的用途。
- 通过以下方法促进对人类劳动力的使用：
  - 认识到人类就业是健康社会的重要组成部分。
  - 认识到经济效率和生产力不能成为开展工作活动的唯一标准。
- 实施旨在缓解以下问题的税收战略：收入不平等现象中最极端的差距，就业机会减少和有限的社会流动性。
- 投资于基础设施的维修和开发项目达到刺激经济的目的，并要求由人类完成大部分工作。
- UBI战略。
- 政府的就业保障计划。
- "分割"工作岗位以保持和创造足够数量的人类工作机会，可将这种方法与UBI或工作保障计划的要素相结合。
- 在不断变化的就业市场中确定"赢家"和"输家"，促进对"赢家"的培训，为"输家"制订有效的工作、支持和机会计划，以便在他们拥有所需的才能和驱动力时改善其弱势地位。
- "政府注资"是指通过税收或直接补贴的方式向家庭调拨资金，以提供帮助和维持经济活动。
- 拆分亚马逊、谷歌、脸书等公司，因为它们在经济、通信、隐私侵犯和监控方面掌握着绝大部分的权力。

我们将在第22～25章讨论其中的部分方案。

# 第22章
## 具有创新性的收支策略

解决方案必须具有务实性和现实性，而不是基于预期策略的政治化"说辞"，或是旨在收买选票的空洞政治言论。它们必须是能够实现具体目标的有效机制。尽管目前尚不清楚应当采取何种形式，但关键在于重新设计更有效和可执行的税收制度，这种制度必须防止经济回报从劳动力向资本的极端和过度转移。它还必须鼓励就业保护和创造并稳定政府收入。该举措还必须包括显著改善执法责任制。

## ‖ 增收策略

经济合作与发展组织（OECD）呼吁大幅调整税收策略——增加资本税和财富税，而不仅仅是增加所得税。OECD提出这项呼吁的依据是：在当前世界经济形势下，降低资本税的理由已不再有效。OECD税收政策和行政管理中心主任帕斯卡尔·圣-阿曼斯表示："在过去的30年里，我们一直在强调不要试图增加资本税，因为你将会失去资本和投资。这个论点已经过时，我们必须重新审视一切。"[1]

圣-阿曼斯是正确的。我们确实需要"重新审视一切"，这不仅意味着

## 第22章 具有创新性的收支策略

设计新的税收方式——将财富从劳动力重新分配到资本的新形式——还要以诚实和务实的眼光看待所有创造收入和稳定未来税基的策略。如果我们希望刺激经济增长,就必须实施新的税收和创收策略。

如果没有新的收入,就无法建立强大、公平和充满活力的社会保障体系。在传统体系中,仅仅提高税率并不会带来收入。我们必须对金融活动的征税方式和原因进行重大改革。

随着人工智能/机器人技术改变美国经济现状、重新分配收入和财富,在保持美国经济活力的同时,我们迫切需要彻底重组美国的税收体系。由于我们并不知道什么样的策略能够解决问题,并在所需的水平上满足税收需求,因此,我们需要在一段时间内对各种税收模型进行测试,以确定切合实际的策略。

想要控制跨越传统国界的跨国和全球化企业及金融精英几乎是不可能的,在某种程度上,他们并不具备忠诚度,且科技的发展为迅速转移和隐藏财富提供了多种手段。没有任何一个国家有能力让这样的经济和政治精英承担责任。

一切照旧的政策将不再发挥作用。以西方国家高度发达的经济和民主制度为代表的制度,以及日本和韩国的制度都必须做出根本性的调整。这种调整需要在经济和政治体系完全不同的一组或多组经济体之间进行大量合作。然而,这些强国必须重建一种可行的经济和政治秩序。

在一个有多种因素相互交织、相互依赖的体系中,没有一个国家能够独立完成这项工作。美国在未来发生的事情中扮演着关键角色,归根结底,如果美国的经济和政治陷入崩溃,世界上的大部分国家都会步其后尘。关于税收的一些想法包括以下内容:

- 采取新的税收策略,增加专门为特定类型政府责任提供资金的收入,因此被征税的群体应承担更多的政府责任。例如,公共住房税可以确保无家可归者和不幸者拥有栖身之所。此外,还可以征收特定的医院税，以支持众多地区的医疗服务（此类地区的医疗设施正在关闭）。最关键的方法之一是征收基础设施税，为可能通过此类工程创造的数百万个就业岗位提供资金。

- 为承诺雇用员工而不是转向人工智能/机器人技术的公司提供就业补助或税收优惠政策。
- 消除在关键工作系统中采用人工智能/机器人的动机。
- 财富税（尽管这个问题极其复杂）。
- 对企业高管所获得的最高回报设定薪酬上限（他们在很大程度上控制着慷慨解囊的董事会）。
- "机器人"税。
- 金融交易税。
- 欧盟已提议对谷歌和亚马逊等科技公司征收3%的技术税和资本税。
- 由业务所在国对亚马逊等数字平台进行联合征税。例如，德国财政部长提出一项建议，要求对谷歌、亚马逊和脸书等公司的全球营收征税，并将所得收入分配到业务所在地。在欧洲和其他地区，一场研究如何以公平、有效的方式向全球科技巨头征税的运动正在取得进展，但在美国仍处于落后状态。
- 对劳动力密集但选择转向人工智能/机器人的公司征收技术"暴利"税。
- 增值税（VAT）。
- 在我们致力于保护和创造人类就业机会的各个工作领域内，对采用人工智能/机器人系统的公司取消税收优惠政策。
- "价值破坏"税（VDT）基于人类劳动力的比较生产力，以及人工智能/机器人系统对人类劳动力的取代率。

以下是若干相关的可能性：

- 建立人工智能监控和跟踪系统，监控非法隐瞒其他应税收入和财富的行为。
- 对人工智能/机器人生产系统所生产的进口产品征收关税，从而保护使用大量人类劳动力的核心产业。
- 建立有效的合作体系，以应对隐藏着全球10%财富的离岸避税天堂。

虽然无法一一列举，但我们将在下文分析其中一些方案的优点。

## 最富有的人正在转移他们的财富：达沃斯、巴拿马和避税天堂

备受尊敬的诺贝尔奖得主、经济学家约瑟夫·施蒂格利茨加入了一个委员会，负责分析巴拿马的文件系统，并确定避税行为的参与者、对象、地点及避税手段发挥作用的方式。几个月后，施蒂格利茨和另一名杰出的委员会成员因受到巴拿马政府的干预而辞职。他们认为，这种干预来源于富裕避税者施加的巨大压力和影响力。关于施蒂格利茨辞职决定的报道提供了一些见解。施蒂格利茨说："我原本以为政府会投入更多，但显然他们并没有这么做。令人惊讶的是，他们试图破坏我们的工作。"[2]

人工智能/机器人技术对工作的重组和转型过程对整个社区的影响形成了这样一种局面：我们需要施加更高的纳税义务，并通过实际的机制发现、监控和取消非法避税计划，甚至终止此类计划秘密提供的合法避税措施。这种必要性在某种程度上源于控制避税法和避税场所的泛滥。[3] 巴拿马和"天堂文件"中披露的内容体现了避税策略的复杂性和广泛性。[4]

"天堂文件"中披露的内容进一步表明向税务机关隐瞒财富和收入的计划与网络已经十分普遍。[5] 部分活动在现行的税收制度下具备合法性。很多明目张胆的避税行为已经远远超出对财富和收入的合法保护范围。处理这些计划所隐藏的巨额财富是极其困难的，因为参与其中的人拥有强大

的实力，他们能够采取秘密行动保护其投资项目，并且与揭露、停止和撤销投资活动的监管机构存在关联。"避税计划"就像是一场永无休止的"打地鼠"游戏，在这场游戏中，频繁变换位置的丑陋的小"脑袋"不断冒出来，并且总是领先一步。

纽约大学法学教授戴维·卡明与华盛顿公平增长中心联合进行的一项分析表明，除普通收入外，对资本征税提供了一种获得额外税收收入的公平机制，可以满足不断扩大的政府支出需求。[6] 卡明表示，对资本征税将提高美国税收制度的累进性（理论上是增加收入），而且"不会严重影响高收入美国人的储蓄率"。[7]

卡明建议，税收改革应侧重于对拥有资本的人征收更多税款，这些人的收益在很大程度上来源于从劳动力向资本转移获得的回报。他指出了影响我们实现这一目标的三个关键问题。

- 对极易被最小化或完全避免的财产所得征收税款。
- 为避税而转移公司利润和公司居所。
- 财富税只适用于一小部分人，而且很容易避免。[8]

卡明提出了若干可行的策略，包括对资本单独征税，或者对资本和意外收入或者资本的超额回报征税。他认为，这些税收代表了"一种有效的方式——或许是以高效、公平的最佳方式对美国高收入者征税（与其他税收相结合）"。[9] 超过一定程度，税率就会产生反生产率和反征税的后果，从而刺激这种合法和非法的避税行为。这意味着，建议对超级富豪征收远高于当前水平的税款，并期望该政策能产生大量额外税收，这是一种天真的想法。

许多企业利用其中的一个漏洞"税收倒置"，即利用法律实现将公司总部迁往爱尔兰或卢森堡等"避税天堂总部"，它们很少或完全没有在这些国家开展实际经济活动，但却能够通过"文件"转移获得大量避税优势。如果世界主要经济体确实希望关闭和取消离岸避税天堂，它们几乎可以在一夜之间做到这一点。但是，超级强国并没有选择这样做，这一事实明确表明我们的政治领导人、主要国家和国际机构已经被金钱所俘获，并且心甘情愿充当它们的仆人。

经济学家阿瑟·拉弗提出了税收限制的另一个转折点，拉弗曲线说明了"税收边界"的存在，这种边界限制了在任何给定税率下可获得的最高税收水平。[10]虽然拉弗曲线具有一定的分析价值，但它是一种理想化的曲线，其并未指定税率、预测收入、描述曲线的偏态或峰态，甚至不要求曲线近似于正态分布。[11]它是一个概念框架，用于说明在任何给定的税率水平下，一套完全有效的税收制度可以获得的税收收入存在外部界限。低效的税收制度或允许避税或逃税的漏洞意味着实际税收收入将落在显示边界的曲线内（朝向$Y$轴方向）。

根据不同程度的效率、监控、问责制、腐败和税率，财政收入将随着税率的提高而增加，但只能达到一定程度。由于税率被推高，税款征收将面临更大的阻力，从而导致征税效率下降。最后，随着避税和逃税的好处不断增加，财富创造者将从经济生产活动的投资转向更大规模的避税和逃税投资。

弗朗索瓦·奥朗德对法国百万富翁征收75%的财富税就是一个典型的例子。[12]据估计，在过去的15年里，法国因对年收入超过130万欧元的人征收高额财富税而流失了6万名百万富翁。英国《金融时报》的一份报告显示，该项税收甚至可能减少而非增加法国的总体税收收入。[13]

尽管拉弗曲线表明了超出合理范围的税收制度所带来的后果，具有一定的分析价值，但征税的关键操作条件决定了一切。例如，如果对收入和财富进行全面而准确的跟踪、报告和监测，并在实际上对违法行为追究责任，则触发边界的曲线点必然会向上移动。

如果非生产性甚至具有犯罪性质的避税天堂被取消，卢森堡和爱尔兰等作为企业税收倒置基地的国家也无法再从法律角度参与此类行为，那些向合法税务机关隐藏和隐瞒财富的人可以选择的避税方式将会减少，避税边界将会提高。但我们还远未达到这种程度，此外，多边机构反复讨论的大量无实质性约束力的国际协议只不过是表面文章，而非针对避税问题的严肃解决方案。

然而，有人可能会辩称，在某些情况下，合法地将企业总部迁至美国以外的国家以减轻税务负担并保留海外收益，从而逃避美国的税收可能是企业生存的必要条件。[14] 与其他司法管辖区现有的义务相比，过重的税务负担会降低企业在全球化市场中的竞争力。以欧盟和爱尔兰为例，根据公司的主要税收居所而制定的截然不同的操作规则（包括某一特定竞争对手是否正在接受政府的隐形补贴）创造了一种极易被操纵的避税体系。[15]

## 增值税

欧盟国家遵循的可能对美国具有重大意义的其中一个有效方法是征收增值税。增值税是税收制度的良好开端，该制度反映了从对劳动力征税向在销售点对产品征税的转变，即出口免税、进口征税。增值税提供了部分解决方案，因为它可以对任何地方生产的产品征税。世界贸易组织并不认为增值税是贸易壁垒。

即使加上增值税，如果50%的人口没有工作，消费产品和服务的产量急剧下降，产品的销售量也将随之下降。如果生产和消费体系陷入"低谷"，即使援助需求不断升级，财政收入也会直线下降。税收收入将随着销售额、利润、就业率和工资的下降而下降。

## 对"技术暴利取得的收益"和"技术暴利带来的破坏"征税的同时对真正的创新者免税

解决裁员造成的财务困境的其中一种方法是：要求使用机器人系统取

代人类劳动者的公司支付所谓的"技术暴利税",而不是因安装人工智能/机器人生产系统而获得税收激励。此项税收将用于对人类劳动者进行再培训或补偿,并为相关政府提供资金,以便供养由于企业转向人工智能/机器人生产、服务和运输系统而失业或无法获得足够收入的群体。

有报告显示,比尔·盖茨和杰夫·贝索斯的净资产已超过900亿美元,2017年7月26日,贝索斯的净资产为923亿美元,盖茨则落后15亿美元,净资产为908亿美元。六个月后,贝索斯的资产已达到1050亿~1060亿美元。2018年6月的一份报告显示,贝索斯的财富已飙升至1410亿美元。[16]

从任何一群"普通人"的角度来看,这种财富水平简直高得离谱。但就目前而言,几乎所有令人难以置信的回报水平都源自企业家的股票增值,这些股票价值主要是基于他们所创立的公司的股票分配,或者是他们将公司推向新的竞争高度,因此,其财富很少体现为现金或巨大保险库中成堆的金条。虽然可按百分比出售并缴纳税款,但这个百分比通常会影响企业家保持对企业控制权的能力。

在本书中,我们假设真正的创新者将继续推动公司的发展。假设整个税收体系已经过重新设计,关键在于让真正的创新者追求健康的经济发展,而不是施加扼杀经济发展的规则。"当家作主"和成为机智的领导者是因素之一,强制清算对此类职能至关重要的资产并非明智的行动方式。这种限制不适用于随着公司日趋成熟而涌现出来的众多自私自利的公司官僚。

对这些财富征税需要回答若干棘手的问题:如何以最好的方式征税、何时征税及采用何种税率。与亚马逊等公司进行合作的另一个因素是,虽然贝索斯可能在某种意义上通过亚马逊的持续扩张创造财富,但与此同时,他通过亚马逊取代和摧毁了大量的小型企业,是对原有的财富和机遇进行破坏、再分配。考虑到他所造成的经济破坏,贝索斯可能是不需要进行再创造就能破坏就业的典型例子。尤其是因为他和亚马逊致力于在公司运营的每个潜在阶段进行大规模的机器人化，并将人工智能/机器人技术融入其中，而这一切都是以破坏人类就业为代价的，其目的在于实现投资回报最大化。

无论是贝索斯、扎克伯格、巴菲特、盖茨还是亨利·福特，积累如此巨额财富的能力并不仅仅与个人的创造力和商业战略有关。创新者和企业家在一个结构化的体系中进行运作，该体系能创造出原本不存在的机会。企业家、"强盗大亨""海盗王"或类似群体能够利用社会、技术和政治制度把握时机，这在很大程度上是政治团体在商业利益要求下创建的社会经济制度的可预见副产品，这是为促进商业发展而建立并延续了数代人的政治制度。[17]

这就是贝索斯和扎克伯格"赢得彩票"的背景。但是，如果是整个社会而不是贝索斯和扎克伯格等人首先默认了"游戏"架构及实质的法制化，那么整个社会及创新企业家和发明家在法律和道义上就有权分享经济活动的巨大利益。

税制改革涉及我们对政府获取收入的制度方法进行根本改变。允许对资本收益和企业利润给予特殊待遇的做法至少应该说是可以接受的，但这在很大程度上建立在下面的假设之上：投资者、企业家和企业直接或间接创造并维持了人类的就业岗位，并将资金以一种积极的协同循环的方式返还给该体系。如果以就业工资、联邦政府在地方层面获得的税收收入及工作活动等形式对整个系统产生重大的收入影响，则这种方法具有一定的优势。

但正如我们在本书中所说的，随着人工智能/机器人加快工作场所的转型步伐，这种可以被称为完整经济生态系统的受益集体正在迅速发生根本性的变化。这意味着税收和收入制度也必须做出改变，以便能够提供足够的收益来维持社会秩序。

## ‖ 向机器人征税

维森佐·维斯科简要概述了对机器人征税的策略和理由。

从历史上看,税收制度随着实际和潜在征税基数的演变而变化。换言之,在过去的几百年和几千年里,政府习惯于"追随金钱"(现在仍然如此)。征税范围从农业和养殖业转向土地税、房地产税、贸易税(关税)、消费税、商品价值税、所得税和利润税、个人所得税、累进税、一般消费税等。简而言之,税务机关密切关注着经济的发展和财富的形成。[18]

维斯科解释说:"如果以人类劳动力为代表的征税基数有所减少,那么征税范围迟早会转向其他来源,即使在开始时这种做法似乎有些不合常规,甚至存在争议。"[19] 问题在于,我们的税收策略尚未充分体现"向机器人征税"的含义。

维斯科补充道,一些经济学家提议用增值基数取代"工资"基数。随着向人工智能/机器人系统的转变导致越来越多缴纳税款的人类劳动者被取代,这一想法是"向机器人征税"的一种简化方式。维斯科解释说:"将征税范围从劳动力转移到其他收入,从而保持收入不变是完全合乎逻辑的,例如,通过对国民收入的全部附加值征税来取代以工资为基础的征税方法。"[20]

他总结道:"如果公司使用'机器人'提高了GDP中的利润份额……这些不断增长的利润将成为有利的征税基数。如今,互联网和自动化已成为新的财富生产来源,但它们往往被现行税法所忽视甚至豁免。"[21]

虽然以上建议值得考虑,但难以设计和实施任何机器人税。电脑打印机的扩展功能就是其中一个例子。重新设计实用的效率提升方案和使用"人工智能/机器人"之间的界线应该如何划分?

在上述观察结果的基础上,我们希望补充两位税务学者的观点,他们总结了机器人的征税情况，并得出以下结论：各项法律都在鼓励人们转向人工智能/机器人系统，而不是继续使用人类劳动者。在《税收政策如何偏向机器人而非工人及应对方法》(*How Tax Policy Favors Robots over Workers and What to Do About it*)一文中，莱恩·艾伯特和布雷特·博根施耐德提到了比尔·盖茨的一项提议，即在某种程度上向取代人类工作的机器人征税。[22]

两位学者分析的关键部分是他们得出的结论："现行的税收政策倾向于鼓励自动化，即使是在人类的工作效率高于机器的情况下。"[23]他们指出，"转向自动化或人工智能/机器人系统"的企业可对机器的资本成本申报加速折旧。这使得公司可以针对一项资产（比如一个机器工人）的实际经济折旧申请早期的税收减免。"[24]通过人工智能/机器人技术降低劳动力成本的公司无须支付一系列基于工资的税款。通过减少人类劳动者的数量，它们还将从工人所得税的减少中受益。

由于担心人工智能/机器人的普及将导致大规模失业，韩国是第一个对机器人征税的国家。据卡拉·麦克古根报道："作为新修订税法提案的一部分，该国将限制自动化机器投资项目的税收优惠政策。随着工人逐渐被机器所取代，人们希望这项政策能够弥补所得税的损失，并在失业率上升前补充福利资金。"[25]

美国和其他国家均面临大量人口失业、未充分就业、依赖于不断变化的兼职和"零工"就业基础或者依靠政府补贴度日等问题，仅靠税收也无法完全解决这些问题。无论如何，此类变化极具挑战性，我们必须做好充分的准备应对这些变化及其带来的后果。

我们还需要做出更多努力。

# 第 23 章

## 政府注资：在人工智能/机器人驱动的经济形势下保持稳定性的策略

## ▍投资数万亿美元创造就业机会

简言之，长期、不间断、大规模的赤字支出年复一年地向美国政府的正常运营预算注入资金，这种现象已经超出任何合理的限制。这不是凯恩斯所设想的具有颠覆性的反周期经济刺激形式，而是我们20多年来一直在做的事情——利用赤字支出不是为了解决具体问题，也不是为了应对经济衰退的反周期反应，而是为了资助那些在结构方面几乎无限增长和膨胀的"预算蔓延"计划。

针对普通和经常性运营需求的永久性赤字支出将导致债务持续扩张，并且远远超出可持续的资源基础，同时也使所谓的刺激措施能够产生"政府注资"所带来的收入。在未来的某个时刻，我们将会为不可持续和挥霍无度的支出行为自食恶果。我们必须在某种程度上重新控制不可持续的赤字支出，因为在我们的正常运营预算中，大多数资金均来自赤字支出。

我们所面临的挑战是，有时候必须让形势变得更加糟糕（即使赤字支出有所增加），以产生创建一个体系所需的动力，在这个体系中，某些最糟糕的后果将得以避免，或者得到实质性的缓解。这也是保罗·克鲁格曼提出大规模基础设施投资的依据，即通过债务融资创造就业机会，同时对美国的基础设施和能源系统进行改造，此外，这项建议将为创造就业提供持续数十年的驱动力。约瑟夫·施蒂格利茨为2017年1月就任总统的唐纳德·特朗普提供了方向性建议，并且对具有针对性的赤字支出这一想法表示赞同。[1]

克鲁格曼、施蒂格利茨等人已经将对美国基础设施的公共投资视为启动经济，让更多人类劳动者重返工作岗位成为重要战略的组成部分。克鲁格曼写道："我们迫切需要大幅增加能源、交通和废水处理等领域的公共投资。"[2]

这只是这项战略难题的其中一部分，但是，考虑到许多工作岗位正迅速遭到破坏或大幅减少，我们必须立即针对此类关键计划采取行动。

归根结底，我们正处于这样一个时刻：我们需要采取一些看似适得其反或有违常理的行动，以及一些真正具有创新性的政府策略。我们的解决方案和战略必须考虑到债务的规模和影响，但不应把削减债务或退休作为我们目前工作的主要重点，因为这是无论如何都不会发生的事情。根据当前"赚取"的收入和偿还未来债务的能力，美国已经处于破产状态。因此，在适当的领域战略性地增加数万亿美元的投资来创造就业岗位可能是一项富有成效的策略。[3]

任何战略都必须以保护和创造就业为核心。美联储前主席珍妮特·耶伦在任职期间指出，"劳动力发展"和"公共投资"是影响生产率的重要因素之一。耶伦敦促国会考虑如何改善"过低"的劳动生产率。在这条信息中，她强调了"公共投资、劳动力发展和技术进步速度"的重要性。

未来将有数百万人需要在短期和长期项目的结合下重返工作岗位，此类项目必须成为当前政府策略的重要组成部分。为了在未来5~10年内做到这一点，我们需要在就业和基础设施方面加大赤字支出，甚至需要超过目前的水平。在此情况下，旨在偿还国债的政策是一项适得其反的策略。

第23章 政府注资：在人工智能/机器人驱动的经济形势下保持稳定性的策略

我们还没有切实可行的方法可以避免政治、经济和社会体系不良因素导致的生产力和信心受损。

## ‖ 具有针对性的赤字支出是解决方案的关键

正如一句古老的谚语所说："会花钱才能赚钱。"全面紧缩和削减预算这一做法在欧洲或美国并不奏效。[4]紧缩政策和平衡预算有助于形成良好的政治言论，其作为政治口号似乎完全合乎逻辑。但是，削减预算和大幅紧缩计划给人们带来了巨大的痛苦，同时也形成了一种消极、恐惧和绝望的心理。欧盟为控制社会支出和福利所做的努力已经催生出一种失败主义心理及衰落感和无助感。

以下要点摘自约瑟夫·施蒂格利茨在2016年联合发表的一篇文章《特朗普可以为美国经济做些什么》中提出的建议。我们引用施蒂格利茨的原话提供若干计划性见解和政策启示。

- 在过去的三分之一个世纪里，美国经济制度的规则被改写为只为少数上层人士服务，但却损害了整个经济，特别是80%处在底层的民众。科技的迅猛发展导致全球制造业的工作岗位数量不断下降。
- 特朗普……能够通过发展先进制造业让制造业回归美国，但就业机会反而会减少。
- 第一要务是增加投资，恢复强劲的长期增长势头。具体而言，特朗普应当加强在基础设施和研究方面的支出。令人震惊的是，作为一个经济上以技术创新为基础的国家，其基础领域的研究投资占GDP的比重甚至比半个世纪前还要低。
- 完善基础设施将提高长期处于滞后状态的私人投资回报率。此外，为中小型企业（包括由女性领导的企业）提供更大的融资机会将有助于刺激私人投资。

- 征收碳排放税将带来三重福利：随着企业根据二氧化碳排放成本的增加情况进行改造，经济增长速度将随之加快；更加清洁的环境；可用于资助基础设施建设及缩小美国经济差距。
- 虽然特朗普承诺提高最低工资标准，但他不太可能进行其他重大变革，例如，提高工人的集体议价权和谈判能力、限制首席执行官薪酬和金融化等。
- 监管改革不仅仅是限制金融业所能造成的损害，还必须确保金融业能够真正服务于社会。
- 美国需要解决市场力量的集中问题。
- 使富人（非其他人）更加富裕而加剧不平等现象的美国，累退税制也必须进行改革。其中一个明确的目标是：取消对资本收益和股息的特殊待遇。另一个目标是确保公司缴纳税款——可针对在美国投资和创造就业机会的公司降低企业税率，同时提高其他公司的企业税率。
- 关键在于确保所有人都能接受学前教育，并加大对公立学校的投资力度。
- 为了恢复共同繁荣的局面，我们必须制定相关政策，扩大经济适用房和医疗保健服务的覆盖面，实现体面退休，确保每个美国人（无论其家庭财富处于何种水平）都能接受与其能力和利益相称的高等教育。[5]

不少分析人士和国际货币基金组织警告称，我们似乎并未从2008/2009年的大萧条中吸取任何教训，甚至正逐渐走向灾难性的重蹈覆辙，并且缺乏有效的工具来应对即将到来的经济崩溃。[6]同样，由于就业岗位正迅速消失，且健康状况日益恶化的老年人口比重持续增加，政府因医疗保健和养老金福利而负担的成本也将随之上升。根据施蒂格利茨和克鲁格曼的建议，我们可重点关注若干关键需求，同时针对此类需求寻找资源并制定政

# 第23章 政府注资：在人工智能/机器人驱动的经济形势下保持稳定性的策略

策，以保障其稳定性和质量。这些关键需求包括：

- 为所有人提供全面、平价的医疗保健服务。
- 为所有人提供负担得起的优质教育。
- 制订大规模住房计划以刺激就业。
- 只有当资本收益和股息能够为人类创造就业机会并为整个社会创造价值时，才应给予特殊待遇。
- 潜在策略：针对在美国投资和创造就业机会的公司，降低其企业税率，同时提高其他公司的企业税率。
- 只有在创造或保护人类就业机会的情况下，才能将税收减免视为有意义或"应得"的优惠政策。资本必须因促进人类就业的积极增长而得到奖励。
- 市场力量的高度集中最终造就了超级富豪中的新贵族，无论是石油和天然气、电信行业及谷歌和脸书等巨头、金融机构，或是优步和来福车等所谓共享或"零工"经济的最新表现。我们必须"击垮"这些在经济上具有破坏性和抑制性的"怪物"，使市场力量得到重新分配和扩散，并形成真实的竞争环境。
- 完善防御性监管措施。这涉及我们所能想到的政府机构的防御性监管，例如，SEC在证券法合规性方面加大监督力度，以及完善对银行和金融机构的监管措施，防止出现在2008/2009年经济衰退期间几乎"摧毁"世界经济的各种鲁莽行为。
- 我们需要更加关注进攻性监管的发展情况，即通过监管行为确定并推进积极的目标。我们需要进行监管机制改革，利用监管体系创造就业机会，刺激创新，扭转当前行业自我监管和规制俘获的发展趋势。
- 加强工会的议价权以制衡企业的控制权，并阻止政府行动者偏袒更大实体和捐赠者的倾向。美国工会的衰落是转向自动化和裁员的关键因素。
- 如果大量的人类劳动者由于基础设施和技术发展投资而重新进入就业市场，则可以从其收入中获得税收收益。
- 大规模基础设施投资提供的体面高薪工作可减缓中产阶级的萎缩速度，并为年轻劳动者提供就业机会和职业培训。其中包括无法进入高薪就业市场的少数族裔。此项战略至少可在未来10年或更长时间内形成"放慢科技进步速度"的过渡阶段，并产生一系列积极的成果，以缓解我们正在经历的经济和社会危机。

# 第24章
## 西方的全民基本收入（UBI）：解决方案还是灾难

有人提出，UBI是所有公民享有的权利。通过一系列旨在确保所有公民都能过上体面生活的计划来管理政府福利支出，西欧和北美已经在一定程度上实现了这一目标，尽管考虑到无家可归者人数的迅速增长，许多国家显然还没有适应这种落差。无论这些受助者是否无法获得传统意义上的工作机会，或者被迫或自愿选择部分或彻底退出劳动力市场，这种"权利"都被认为是真实存在的。[1]

有关UBI的问题被频繁提出，有些人利用人工智能/机器人必然引发的失业潮呼吁各国政府提供UBI。埃隆·马斯克描述了这样一个未来，几乎所有的工作均由机器人完成，而人类只能依靠政府补贴度日。据凯瑟琳·克利福德报道："由于自动化技术的出现，我们最终很可能实现UBI或类似的目标。"马斯克说："我不确定人们还能做些什么。"[2]

作为向人工智能/机器人转型的先驱者，马斯克和其他人破坏了人类的就业形势，使得UBI制度的实施不可避免。上述报道补充道："马斯克认为，提高自动化程度有益于社会的整体利益，甚至是一个机遇。"马斯克说："人们将有更多闲暇的时间来做其他更加复杂和有趣的事情。"[3]然而，该报道也承认："拥有更多休闲时间听起来似乎不错，但也可能是一个可怕的前景。对于很多人来说，每天有一份工作和一个可以去的地方就是他们生活的基础和意义。"[4]

## 核心问题在于收入不足，而非收入不平等

问题不在于是否存在收入和财富不平等——不平等现象已经存在，而且将永远存在。从数量的角度来看，任何社会都不可能也不应该实现完全平等。理想主义者认为"绝对"平等是一个社会的理想目标，这是一种不现实的想法。我们不仅仅是彼此的克隆体。不同的人在政治和经济共同体中履行不同的职能。实施我们的政策和战略的关键要素之一是采用不断变化的形式来刺激和奖励这些特殊职能，以免我们陷入不可持续的"虚假平等"的停滞状态，在这种状态下，我们需要采取高度专制的方法，并最终陷入崩溃。在任何不断发展的动态制度中，都需要有人来搅动这口"大锅"，而在有利于整体的情况下，还需要其他人来"维持"由此产生的不断演化的混合物。

专注于"完全实现收入平等"这类理想化的抽象概念使我们无法从经济和政治的角度找出公平、有效和切实可行的方法。人们对不平等问题的反应各不相同，从极端主义到哈里森·伯格朗[5]提出的不太可能实现的各种强制平等，以及同样极端的达尔文适者生存模式，这种模式无情地忽视了不太适应的人所面临的后果。

真正的问题在于能否确保有足够的收入。我们应该如何提供包含日常生活、教育、医疗保健成本的收入基础，然后再为那些有动力和资金去追求它们的人提供机会？真正的挑战在于找到最佳平衡点。

了解大多数人在日常生活中所面临的问题对他们的未来是很有帮助的。以下方框中的内容强调了其中一部分问题，揭示了美国人口中相当一部分群体目前所处的困境。如果世界上最富有的国家都在面临这种情况，不难想象其他发达国家和发展中国家的居民必须应对的问题。

## 金融危机的绝境边缘

- 几乎一半的美国家庭负担不起房租和食物等基本生活费用。[6]
- 绝大多数美国人都是"月光族":差不多80%的美国人必须花光所有工资才能维持生计。[7]
- 报告称,超过三分之一的加州家庭几乎没有存款,并面临着破产风险。[8]
- 65%的美国人只有少量存款或完全没有存款,其中一半人可能会在退休后陷入困境。[9]
- 20%最富裕的美国人将缴纳87%的所得税:收入在15万美元或以上的家庭占美国总收入人群的52%,但他们将支付大部分所得税。[10]
- 美国行政管理和预算局(OMB):20%最富裕的人口缴纳了95%的税款,中产阶级的占比仅为"个位数"。美国行政管理和预算办公室主任表示,任何针对中等收入者的减税措施都将为收入水平更高的人带来好处。行政管理和预算局随后援引内部数据称,2016年,20%最富裕的人口缴纳的所得税占所得税总额的94.8%。与数年前相比,该数字已大幅增加。2015年,《华尔街日报》报道称,20%最富裕的人口缴纳了84%的所得税。[11]
- 芬兰针对UBI开展的试验未能达到预期结果。该国决定增加30%的税收为整个计划提供资金,而芬兰已经被课以重税。[12]
- 在美国,有五分之一的家庭无人从事有偿工作。[13]
- 近50%的美国人无须缴纳联邦所得税,因为他们的收入太低或是没有工作,并且只能依靠政府的福利支出维持生活。[14]

我们的观点是:应当作为公正、机会和生计问题予以关注的充分性问题并不需要分配完全相同的资源。我们面临的挑战是:确保有足够的机会获得维持体面生活所必需的商品，同时为寻求改善处境的人提供真正的机会和社会流动性。这种保障基础和机会使人们能够自行对其生活方向进行选择。

在一个致力于公平和允许每个人按照自己的意愿进行选择的体系中，当公平获得机会的途径被阻断或消除，使人们困在原地，没有任何积极改变的希望，并且忽略了他们的才能和优点时，这将是一个非常重要的问题。这违背了公民的利益和制度本身。如果机会被阻挡，创造力和创新能力被削弱，这个体系就会僵化，最终走向衰落。

## ‖ UBI制度是否能够不断变化？

如果我们无法在数量和质量方面保持和创造足以满足人类需求的工作岗位，就不可能避免人工智能／机器人技术引发的大规模失业及其伴随的问题。不可否认，随着工作机会不断减少，人们将越来越依赖政府提供的收入和服务。考虑到公正、公平和必要性方面的问题，人们将要求获得更多支持。如果发生这种情况，我们的社会将发生根本性的变化。我们将经历全面的冲击。接下来，我们准备眼睁睁看着人们挨饿吗？

正如赫拉利在《未来简史》一书中发出的警告，这种转变将导致社会中非自愿的非生产性群体不断扩张，其中许多人希望参加工作，但无法找到工作，因为无论从数量还是质量上讲，这些工作都是不存在的。最终，随着工作机会的持续减少，将有数千万人不知道该如何参与工作，因为他们永远不会获得这样的机会。他们将失去参与工作的特殊机会及工作所能提供的创造性机会、目标、纪律感和参与感。

保罗·维格纳解释了我们面临的问题。"如果越来越多的工人被机器人取代，那么他们将需要金钱来维持生活，不是吗？"[15]关于新兴市场金融危机的必然性，骏利资本（Janus Capital）创始人比尔·格罗斯对此提出了深刻见解：

问题并不在于这是否会发生。他说:"问题在于如何支付,答案很简单——直升机撒钱。"从本质上讲,这是中央银行印刷钞票的概念。虽然这听起来不太合理,但无论如何,这是自2008年金融恐慌以来一直发生的事情。当然,这些钱并不是完全免费的。社会将因为通货膨胀而付出代价。格罗斯指出,其本质上是一个庞氏骗局,但在现阶段是不可避免的。它本身的结构并不稳定。[16]

## 全面实施UBI制度在经济上是否可行?

美国前财政部长、世界银行首席经济学家兼负责发展经济学的副行长、哈佛大学校长劳伦斯·萨默斯认为,美国不可能实施UBI制度。他得出的结论是,这些数字的总和并不合理,并根据联邦政府向每个人提供2.5万美元的津贴来证明自己的观点。萨默斯认为,美国每年需要为UBI制度支付约5万亿美元的费用,比该国每年的所得税收入多出数万亿美元。以上结论基于这样一个假设:UBI每年向每个美国成年人(大约2亿人)支付2.5万美元。萨默斯认为美国不可能建立并维持这样一个体系,问题在于,广泛实施UBI制度的资金从何而来?

即使UBI对每个符合条件的受助者的津贴降至每年1.5万美元或2万美元,我们也没有理由相信美国联邦政府和州政府能够筹集到足够的收入来偿还此类债务。此外,这笔巨额开支并未涉及其他政府开支的成本和资金来源等问题,包括军事、安全、基础设施、教育、政府就业、对州和地方政府的援助、环境保护、对外援助等。

芬兰政府决定,不再支持该国已经运行两年的UBI试点计划,这在一定程度上使人们对UBI制度财务的可行性感到担忧。据报道,这一决定在很大程度上是基于财务成本的,此前有分析称,全面实施UBI制度将使这个已被课以"重税"的国家增加30%的税务负担。此外,人们还关心是否应该将直接支付或某种信贷账户作为最佳支付方式。

## ‖ 2016年瑞士UBI公投

UBI提案于2016年年中进行首次试验，瑞士选民以压倒性的反对票否决了在该国引入UBI制度的提案。至少在现阶段，关于此次投票结果的报告对于UBI制度的支持者而言并不是一个好兆头，该提案以80%对20%的票数差距被否决。该报告对压倒性的反对票给出如下解释：

一项为富裕国家的每位公民提供保障性基本收入的提案以极大的票数差距遭到瑞士选民的反对。支持者表示，在不考虑工作量的情况下，每月向每位成年人提供2500瑞士法郎（合2563美元）的收入，为18岁以下的儿童提供625瑞士法郎的收入，此举有利于维护公民的尊严并促进公共服务，包括政府在内的反对者称，该计划的高昂成本将削弱经济的发展。[17]

至少在西方国家，要想让人们普遍接受这样一种观点是极其困难的，即有工作的人应该承担起供养无业群体的责任。此项计划的明确性可能是UBI制度遭到反对的一个原因。实际上，几乎所有的西方发达经济体都已经实施了大量支持计划，但它们都是通过各种无形的补贴项目进行运作的。[18]大多数西方国家都形成了一种富有同情心的共识：当人们无法找到工作但愿意寻求机会，或者由于健康或医疗原因而被迫退出劳动力队伍时，为此类群体及其家庭提供支持的做法不仅具有合理性，在道义方面也具有重要意义。人们同情那些真正需要帮助的人，但对不愿意为社会整体利益做出贡献的人缺乏宽容或尊重。[19]

即使在经济上有可能全面实施UBI计划，而不是有针对性地限定一个范围，也会存在极大的政治弊端，包括不信任感和成本问题，以及如果健康的人因为想"寻找自我"、"有更好的事情要做"、"不喜欢在早上10点以前起床"或"似乎找不到让他们兴奋的事情"而选择退出职场，许多人将会因此心生不满。[20]

第 24 章　西方的全民基本收入（UBI）：解决方案还是灾难

日益加剧的阿片类药物、酒精和其他成瘾现象无法为有关UBI计划可行性的辩论提供支持。对许多人来说，这些行为表明，在全国人口中将有越来越多的人完全依赖他人维持生活，他们由于存在个人问题和成瘾行为而无法参加工作。无论此类观点是否正确，这都是公众普遍持有的一种观念，其将人们对超出其想象的精英阶层的不满情绪横向转移到同类群体或向下转移到无依无靠的群体身上。

瑞士选民对UBI提出的潜在问题包括道德、人性、对搭便车者和揩油者日益增多的负面假设、肆意滥用及对于人类实际行为的隐瞒。成本问题和揩油者（即使绝大多数人可能已经失业，并且在这个问题上没有选择的余地）是UBI制度的核心问题，但并不是唯一的问题。[21]除了成本问题和"搭便车者以他人的工作为生活基础"的假设，还有一个严重的问题：在一个有过多空闲时间的群体中，什么样的价值观和行为会成为他们的主要特征。

## UBI制度会对西方社会的完整性产生哪些影响？

一些人支持UBI概念主要有两个原因，罗伯特·斯基德尔斯基对此发表了自己的看法：

UBI包含两个极不协调的目标：消除贫困和拒绝把工作定义为生活的决定性目标。第一个目标涉及政治和实际问题；第二个目标涉及哲学或伦理问题。将UBI作为扶贫措施的主要原因是，现有的有偿工作无法保障所有人过上安全和体面的生活。[22]

在这种情况下，我们允许当前经济体系的决策者摧毁劳动力队伍的基础，即使UBI制度的实施最初是基于最大的善意和最富有同情心的意图，它仍然会被一些人归类为"免费午餐"或"不劳而获"的制度。在某种程

215

度上，这是必须付出的代价，因为有太多缺乏充分就业机会的人需要获得UBI的援助和支持，无论他们如何努力，都没有充分的就业体系为他们提供就业机会。我们必须获得资金，以便为那些因人工智能/机器人而被迫离开就业市场的人提供支持。

但是，斯基德尔斯基指出，只有当那些控制资本的人受到一种全新税制的约束时，UBI制度才有机会发挥作用。但前提条件是，人工智能/机器人技术转型所产生的效益应当用于提升社区福利，而不是留给马克·扎克伯格、史蒂夫·乔布斯或杰夫·贝索斯等在制造这场危机的过程中扮演了重要角色的极其富有或幸运的企业家。斯基德尔斯基解释说：

> UBI计划可被设计成与经济财富同步增长。实现自动化必然会增加利润，因为使人类劳动力变得多余的机器不需要工资，只需要在维护方面进行最低限度的投资即可。除非改变我们的创收体系，否则将无法控制富人和杰出企业家手中的财富集中度。在与资本生产率保持同步增长的情况下，UBI制度将确保自动化带来的利益惠及大多数人，而不仅仅局限于极少数人。[23]

实施UBI制度的另一个严重问题是，我们失去了"拒绝"的能力。这并不代表我们不需要某种形式或多种形式的UBI计划，而是意味着随着福利项目不断增加（包括代表最大福利项目之一的美国国防工业项目，尽管其从未被这样描述过），我们无法相信政治领导人能够做出负责任的预算决策，因为他们会利用政治支出和福利收买选票，安抚选民。UBI是一种策略，无论出于何种原因，它都会在富人和穷人之间产生巨大的社会矛盾。随着特征群体联盟不断为自己的成员争取更多利益，且拒绝让他人受益，预计这种压力将会增加，因为权力来自对财政的控制。

但是，人工智能/机器人对就业市场的破坏将导致一个国家的大部分人口处于闲置状态，与这个问题带来的后果相比，以上事实也显得相形见

# 第 24 章 西方的全民基本收入（UBI）：解决方案还是灾难

绌。现实情况是，我们需要将各国的资源用于聘用和雇用人类劳动力，或者以某种方式或其他方式为没有工作的人提供帮助，或是任由无业群体面对他们的命运——这将导致越来越多的人面临无家可归、饥饿、患病和过早死亡的后果。这种无情而严酷的策略不仅不道德，还会以破坏性的方式对社会产生影响。无论我们采取何种措施，都不能允许这种情况发生。

## ‖ 我们需要诚实面对美国大部分地区当前面临的社会困境

如今的美国有太多人沉迷于毒品、酒精、阿片类药物、权力和地位、物质商品、色情、肥皂剧、苹果手机、电脑应用程序和游戏。在美国，超过八分之一的人是酗酒者。阿片类药物成瘾和抑郁症已成为流行疾病。超过一半的美国人属于肥胖人群。[24] 在这个成瘾现象泛滥、虚拟现实、沉浸于特征群体、愤怒、孤独、欺骗和令人难以置信的肤浅的时代，把对 UBI 计划的支持建立在有缺陷的人类行为哲学理想之上是一种"愚蠢"的做法。

如果没有工作活动和强大的社区提供结构和价值观，人们就会失去工作的重心和纪律性，这对个人和社会而言都极具毁灭性。但是，从大多数人的角度来看，责任和义务正日益被视为需要避免的负担。这意味着一个大多数人失业的社会不会是一个"幸福"的社会。大多数人都希望被告知该做些什么，应该相信什么，指导他们应该怎么做，并且希望能有一些事情填补他们的空闲时间。

即便有上述批评之声，如果美国和西欧国家的数百万人如我们所预期的那样面临就业形势和经济状况的持续崩溃，那么以某种形式、某种程度或某种名义实施 UBI 制度将是无法避免的。实施 UBI 制度的必然后果将导致相当数量的人不再工作，但却依赖于就业群体维持生活，并默许盖茨、贝索斯、马斯克和扎克伯格等行动者将人类文明引向有利于他们自己的方向，而没有考虑到他们声称正在援助的社会所面临的更大后果。

如果 UBI 代表收入底层的利益，对于广泛取消曾经被认为是通往个人和物质进步之路的选择，大多数人将如何面对这种命运？如果合法的途径被关闭，人们将如何应对他们对进步的渴望？在机遇、流动性和发展机会逐渐消失或被剥夺的群体中会发生什么？然而，在一个日益分化为"富人"和"穷人"阶层的扁平社会中（与人口占比最大的普通公民相比，拥有巨额财富和特权的上层阶级占比要小得多），我们应当如何找到创造机会和提升社会流动性的方法？

被人工智能/机器人摧毁数百万就业机会的社会将缺乏工作所提供的内部纪律性和其他经验。缺乏社会流动性和机会的体系将缺少完整性或积极核心原则；缺乏共同的积极价值观与合作实现共同目标的能力。在脱离指导性结构的情况下，我们当中有太多人迷失在沙漠中，并且陷入漫无目的的挣扎中。

## ‖ 系统性转变背景下的UBI制度

查尔斯·默里针对UBI提出了一项具有实际意义的提案，他写道：

> 我认为UBI是我们应对人类历史上前所未有的劳动力市场的唯一希望，它代表了我们重振美国公民社会的最大希望。我的第一条重要提醒是：只有在取代所有其他转移性支付和监督转移性支付的官僚体制的情况下，UBI才能发挥我所描述的积极作用。如果保证收入是对现有制度的补充，它将带来批评者所担心的破坏性后果。[25]

默里发出的警告是该提案的重要组成部分：UBI系统只有在取代所有其他政府补贴的情况下才能发挥作用。如果能够实现这一目标，他预测美国每年将节省数千亿甚至一万亿美元。[26]根据默里的计划，UBI将完全取代所有其他政府项目，而非作为其他补贴、教育、医疗和养老津贴的补充或附加项目。有报告显示，52%的美国人已经通过某种形式获得联邦政府

第 24 章 西方的全民基本收入（UBI）：解决方案还是灾难

的支持，其中包括基本福利计划、食品券或 SNAP 计划（目前已有近 8000 万人领取该福利），还包括医疗补助和医疗保险，以及占联邦预算较大比例的社会保障退休金、遗属抚恤金和伤残抚恤金计划。

此外，还有各种州和地方政府的补贴和拨款计划，联邦政府向实施这些计划的州和地方政府分配资金，以便为某些计划提供资金支持，其中包括为低收入家庭的学生提供的免费午餐（甚至包括暑假期间）、收入所得税抵免计划、职业培训和再培训计划、儿童保育援助、启蒙计划、农场补贴计划、针对医疗需求提供医院紧急服务的补贴等。正如默里指出的那样，每年已有数千亿美元用于支持美国公民和居民的项目，其中大部分与收入水平和减轻贫困有关。此类整合措施将显著降低劳伦斯·萨默斯上文所预测的成本规模。

## 政府保障就业是否可行？

除 UBI 之外，或者可能作为 UBI 战略的关键要素被纳入其中的，是政府为任何有能力和愿意工作的人所提供的就业保障计划。这项计划的推动者认为，它将使人们从工作中获得各种积极的益处，包括目标感和维持社会关系。研究人员的观点如下：

我们建议制定相关法律，确保每个 18 岁以上的美国人都能通过国家投资就业组织获得政府提供的工作。这个在长期基础上建立的组织将确保美国实现充分就业，从而消除非自愿失业现象并减轻贫困。对于所有无法找到工作的美国人，联邦政府将提供达到非贫困水平的工作。最低时薪为 11.56 美元，即每年 24 036 美元，相当于一个四口之家目前的贫困线。这一工资水平将与通货膨胀挂钩，以便长期保持工人的购买力。据估计，所有雇员的平均年薪约为 32 500 美元。[27]

此项分析还表明，在与通货膨胀挂钩的情况下，每年还需要花费1万美元来支付医疗保健和其他福利。该计划认为：应针对广泛的工作机会提供薪酬，并根据所涉及的工作类型和劳动者的经验设定不同的水平。最低工资标准将设定在允许人们支付基本合理生活费用的水平。政府保障就业的支持者认为，这种就业保障制度将发挥以下作用：减轻贫困、减少收入不平等、限制歧视、消除阶级和特征群体之间的障碍及合理安排空闲时间。

　　虽然愿望是美好的，但同时也存在一些问题。首先，我们不知道如何获得支付保障工资的资金，尽管在测试和调整此项计划的过程中，该领域在某种程度上可有效实施战略性的"政府注资"赤字支出政策。一项分析显示，共有1500万人有资格通过该项目获得有保障的工作报酬。如果以每人每年4.2万美元的标准直接向这1500万人提供资金，每年将需要花费6300亿美元。这只是每位受助者的初始支付金额，而且几乎不可避免地会出现这样一种预期：支付金额将不断增加，至少应与生活成本的增长速度保持一致。

　　我们必须制定一套行政官僚制度来处理日常运作事宜，监督企业和就业情况，确定是否有人在参与实际工作，并调查可能因此类项目而产生的欺诈和滥用等行为。这项计划本身就需要大量的政府工作人员，还需要1000亿到2000亿美元的开支，因此，这项计划需要花费约8000亿美元来供养1500万人。另一方面，将避免支持1500万失业者及其家庭所需的费用。

# 第25章
## 美国的政府工作和私营部门的工作津贴

## ‖ 关于联邦、州和地方政府雇员的部分数据

当我们谈论美国政府工作时,我们可以争辩说这是"正确的"工作或是最需要的工作,或者在理论上说明这些资金是否有更好的用途。但批评者很少意识到,如果没有政府在就业方面(包括公共和私营部门)的大量支出,我们的经济将陷入"崩溃",中产阶级将逐渐萎缩,机会和社会流动性将更加有限。

政府间接提供了数百万个就业机会。例如,政府投资可鼓励、支持和维持从事STEM(科学、技术、工程和数学)相关活动的大量人员。这种支持为经济和社会体系提供了重要的知识和创新资源。在科学和技术领域接受教育的大学毕业生可通过这种支持获得体面的工作。

本章重点讨论直接和间接的美国政府工作及政府利用公共资金刺激私营部门就业的方式。在任何积极的情况下,以上问题都将被视为保护和创造就业机会的一个重要组成部分。数据显示,联邦政府已经在直接就业和合同就业方面投入了大量资金。美国联邦政府不仅在国防和高科技等领

域，在教育、卫生、基础研究、管理和卫生及技术等领域也创造并资助了数百万个就业岗位。

为了更全面地了解2015年的就业趋势和美国政府的贡献，以及公共和私营部门之间的关系，部分具有参考价值的就业"细节"包含以下数据。

- 截至2014年8月，联邦、州和地方政府共计雇用人数为2199.5万人。制造业雇用人数为1232.9万人。
- 1989—2014年，政府雇佣人数增加了400.6万人，制造业雇佣人数减少了563.5万人。
- 1941年8月，制造业雇佣人数为1253.2万人，与总人口的比例为10.6∶1。2015年8月，制造业雇佣人数为1232.9万人，与总人口的比例仅为26.1∶1。
- 2014年8月，在2199.5万名政府雇员中，有273.8万人为联邦政府工作。其中包括59.65万名邮政服务人员。另有509.2万人为州政府工作，1416.5万人为地方政府工作。
- 政府对教育行业的补贴是促进就业和社会流动性的关键"驱动因素"。超过50%的州和地方政府雇员受雇于教育岗位。[1]
- 15.7%的美国工人受雇于联邦、州或地方政府。
- 官方统计的政府就业数据可能具有误导性。2000—2012年，联邦政府对平民合同工（不属于政府雇员）的支出迅速增长。以美元计算，专业、行政和管理服务合同是增长最快的类别。医疗服务是规模最大的类别。[2]
- 即使联邦政府正式登记在册的劳动力略有减少，政府支出占GDP比重仍居高不下的其中一个原因是："主要或完全服务于联邦政府的政府承包商未被计入联邦雇员。"[3] 具有讽刺意味的是，同样的工作通常可由"正式的"政府雇员来完成，但其成本却高出许多。

## 第25章 美国的政府工作和私营部门的工作津贴

公共机构提供的就业支持远远超出了联邦政府。州和地方政府提供了大量的就业机会，其中最重要的是数以百万计的小学、高中和大学教师及公共教育机构的其他工作人员。目前存在的大量政府就业机会能否在向人工智能/机器人技术转型的过程中幸存下来仍是一个问题——这是关乎政治和金钱的问题，而不是风险、回报、效率和生产率方面的问题。泰勒·德登是Zero-Hedge网站（美国金融网站）上几位作家的"综合性"记者代表，他专注于人工智能/机器人领域的发展情况，在其发表的一篇文章中写道：

英国智库"改革"进行的一项研究显示，90%的英国公务员所做的工作其实"毫无意义"，这些工作很容易被机器人取代，每年可为政府节约近80亿美元的开支。该研究称，对于收集数据、处理文书及目前由低级政府职员完成的日常事务，机器人能够以更高的效率完成此类工作。[4]

但是，当我们思考裁减数十万政府雇员意味着什么时，每年节省80亿美元的说法显然只是一种"狡猾的"计算方式。假设英国裁减了25万人，并且他们在被裁减之后就将面临失业，因为私营部门正在经历至少与公共部门同样严重的失业问题。这并不是我们对财务影响进行分析的开端。他们和家人将会寻求政府的帮助，而恰恰是政府切断了与他们的联系。每年用于粮食、住房和其他基本需求的援助费用将达到每人2万美元以上，这并非不切实际的想法，需要注意的是，这25万人只是被裁减的员工本身，这个数字并不包括依赖于家庭资源的其他家庭成员。

牛津大学研究人员和金融服务公司德勤联合发布的另一份报告显示，由于人工智能/机器人技术的出现，英国政府可能会削减多达100万个工作岗位，政府工作将因此面临风险。根据牛津大学和德勤的研究结果，"改革"智库的报告指出：

牛津大学和金融服务提供商德勤均将其研究项目委托给"改革"智库，并对该智库得出的结论表示认同。牛津大学进行的这项研究表明，未来10年内，超过85万个公共部门的工作岗位可能被机器人所替代。"改革"智库认为政府雇员应当关注"共享经济"带来的机遇，例如，成为优步驾驶员——至少在机器人取代此类工作之前。[5]

以上内容所传达的信息是，削减政府部门的工作岗位并非没有代价，尤其是在其他岗位同样被削减的情况下。其影响远远超出了显而易见的财政储蓄或财政成本；简言之，实际成本将从政府机构的预算转移到福利支持系统的预算。至少，这意味着"节省"80亿美元将立即产生数十亿美元的其他成本，更不用说未来的损失和被裁减的员工及其家人被剥夺的机会。在一个大量私营部门工作正在消失的经济体中，绝大部分失业工人及其家庭成员将"依靠失业救济金维持生活"，或者，如果他们找到了工作，其社会经济地位将有所下降，他们将因此对命运充满怨恨和敌意。我们还必须记住，这些曾经的就业者并不乐意被视为"揩油者"，因为他们非常清楚自己失业的原因。

同样，就像私营企业一样，我们看到一家大型雇主（公共机构）一边关注自己的底线，一边牺牲员工的利益，同时假设政府的其他部门会对失业人员给予照顾，以此来安抚自己的良心。如果政府的其他社会福利部门不承担照料责任，他们是否还能进行如此大规模的裁员？显然，穷人并不是唯一利用社会保障制度的群体。

## ‖ 政府投资将为私营部门就业提供重要支持

在确定联邦政府的就业人数时，最终结果甚至没有计入与联邦政府签订合同的平民雇员的规模和成本，以及洛克希德·马丁公司和"百强承包商"名单中其他公司的大量雇员，这意味着联邦预算直接和间接支持的就业规模远远大于联邦政府统计的"官方"就业数据。

当然，这是企业福利的一种形式，因为大量工作均可在政府内部以极低的费率完成。毫无疑问，军工复合体的工业支出可被大幅削减，或者该部门存在大量的浪费，但是，最大挑战在于，美国、英国、欧盟、俄罗斯和以色列的武器制造商拥有极为强大的实力，它们与各级政府系统"连接"在一起，以至于我们的改革能力被限制在近乎无力的程度。尽管如此，这些行业确实产生和支持了大量多样化且报酬丰厚的工作领域，不仅在公司内部，还包括对其进行监督和监管的政府官僚机构。

**12家获得联邦政府巨额资助的公司的抽样调查**

| 公司名称 | 员工数量/人 | 金额/10亿美元 |
| --- | --- | --- |
| 洛克希德·马丁公司 | 112 000 | 44.0 |
| 国际商业机器公司（IBM） | 412 000 | 12.3 |
| 波音公司 | 165 000 | 21.2 |
| 通用动力公司 | 99 500 | 13.1 |
| 雷神公司 | 61 000 | 14.1 |
| 诺斯罗普·格鲁曼公司 | 64 300 | 10.0 |
| 联合技术公司 | 196 000 | 5.7 |
| 计算机科学 | 79 000 | 3.5 |
| 惠普公司 | 302 000 | 2.8 |
| 通用电气 | 305 000 | 2.5 |
| 霍尼韦尔公司 | 127 000 | 1.9 |
| 雅各布斯工程 | 59 900 | 1.5 |
| 总计 | 1 982 700 | 132.6 |

**13家获得联邦政府巨额资助的研究实验室和大学的抽样调查**

| 研究实验室和大学 | 金额/10亿美元 |
| --- | --- |
| 巴特尔实验室 | 2.10 |
| 洛斯阿拉莫斯国家实验室 | 2.00 |
| 加利福尼亚理工学院 | 1.70 |
| 劳伦斯利弗莫尔国家实验室 | 1.50 |
| 田纳西大学 | 1.20 |

（续表）

| 研究实验室和大学 | 金额/10亿美元 |
| --- | --- |
| 萨凡纳河核解决方案公司 | 0.92 |
| 约翰霍普金斯大学 | 0.95 |
| 麻省理工学院 | 0.83 |
| 美国太空探索技术公司（Space X公司） | 0.77 |
| 芝加哥大学 | 0.73 |
| Wyle 实验室 | 0.72 |
| Alion 科学 | 0.65 |
| 布鲁克海文国家实验室 | 0.57 |
| 总支出 | 14.64 |

12家获得最多政府项目资金的私营企业共计雇用近200万名员工，政府每年支付的金额高达1326亿美元。在此基础上，我们还可以增加13个由政府支持的研究实验室，政府资助总额为146亿美元。

这意味着，仅在研究实验室和排名前12位的企业中，美国政府就在高科技研发领域投入了至少1440亿美元。如果将"百强"名单中的其他75家私营企业纳入其中，联邦政府每年对私营部门的投资总额将超过2000亿美元。作为消费者群体，这些雇员的需求和支出可为大量其他工作岗位提供支持，并产生大量联邦、州和地方税收收入。我们并未宣称这是投资这笔巨额资金的最佳方式，但是，我们认为这对理解与维持美国就业和中产阶级具有至关重要的作用。除非我们制定出一项更好的战略，否则，谨慎对待任何大幅削减补贴的做法才是明智的选择。

上述公司是军工联合体的主要参与者。尽管联邦预算中用于军事开支的比例极大，在2018财年总计将近9000亿美元，且不可否认的是，该部门存在大量的"富余"预算，但国防工业的劳动力队伍规模庞大且报酬丰厚，其经济影响力、与国防部和能源部及此类公司生产设施所在州的政治领导人的密切关系均说明了削减或调整这部分联邦支出存在极大困难的原因。

## ‖ 美国的政府工作和平权法案①

无论人们如何看待私营部门和美国政府工作的混合、国防工业的浪费现象及外包工作本可以由联邦雇员以较低成本完成的事实，美国政府一直并将持续为女性和少数族裔提供体面的有偿就业机会。这有助于在历史上处于不利地位的阶层进入中产阶级的社会经济层面。从保护就业和为那些被拒之门外的人创造机会的角度来看，放弃这种有利于社会凝聚力以提高人工智能/机器人系统效率的重要工具将是非常无知的做法。

美国政府工作的减少将对许多人的经济状况造成直接影响，尤其是非洲裔美国人和女性。此类群体是多样性和平权措施的最大受益者。对于大多数拥有绝对优势的劳动者而言，失业意味着经济状况将迅速滑向较低的水平，因为没有现成的后备支持系统提供同等的经济回报和利益。凯文·麦克唐纳写道：

虽然非洲裔美国人只占美国平民劳动力的10%，但在美国政府工作人员中却占18%，占财政部和退伍军人事务部雇员的25%，占国务院雇员的31%，占教育部雇员的37%，占住房和城市发展部雇员的38%。他们占平等就业机会委员会和养老金福利担保公司雇员的42%，占政府印刷局雇员的55%，占法院服务和罪犯监督机构雇员的82%。

奥巴马政府建议关闭高达1500亿美元的损失必须由纳税人来弥补的两家抵押贷款巨头房利美和房地美，《华盛顿邮报》在一篇题为《逐步关闭房利美和房地美可能会危及少数族裔的职业生涯》（*Winding Down Fannie and Freddie Could Put Minority Careers at Risk*）的报道中警告说，44%的房利美雇员和50%的房地美雇员均为有色人种。[6]

---

① 平权法案（Affirmative action），又称优惠性差别待遇、积极平权等，是指防止对"肤色、宗教、性别或民族出身"等少数群体或弱势群体歧视的一种手段，将这些群体给予优待来消除歧视，从而达到平等。

戴维·库珀、玛丽·盖布尔和阿尔杰农·奥斯汀在《公共部门的失业危机：女性和非洲裔美国人在州和地方政府的失业潮中将受到最大打击》(Women and African Americans hit hardest by job losses in state and local governments) 一文中补充道：

2008年的大衰退给数百万美国人带来了巨大的困难。经济衰退及其后果的其中一个方面对女性和非洲裔美国人造成的损害尤其具有破坏性：许多州和地方政府决定削减公共部门的职位来应对收入减少和预算短缺。由于女性和非洲裔美国人历来在公共部门的就业人员中占据极高的比例，因此，州和地方政府削减预算对其产生的影响尤为严重。[7]

库珀等人的一些重要发现包括以下内容：

- 州和地方公共部门的有色人种劳动者面临着更小的工资差距，在某些教育水平上，他们的工资实际上比拥有同等教育背景的白人劳动者要高。
- 就职于州和地方政府的女性和非洲裔美国人比例极高，导致这两个群体在这些部门面临着更高的失业率。2007年（经济衰退前）到2011年，州和地方政府共计削减了76.5万个工作岗位。女性和非洲裔美国人所占的比例分别为70%和20%。
- 国家和地方公共部门的失业潮与私营部门的就业复苏形成鲜明对比。从2010年2月（劳动力市场"触底反弹"）到2012年1月，美国净增加320多万个非农就业岗位，而州和地方政府的就业岗位减少了43.8万个。

# 第26章
## 行动,刻不容缓

虽然我们希望上文所描述的末日情景永远不会发生,但分析结果表明,我们所面临的这场危机的基本情况显而易见,且"不祥之兆已经显现"。这就是为什么世界上最富有的群体当中有人在新西兰建立安全港、在美国偏远地区收购大片土地或者购买私人岛屿。出于各种原因,面对一个他们认为正在分崩离析的社会,极其理性的美国人选择迁往爱达荷州等偏远地区,或者建造防御性的综合体。[1]不足为奇的是,在美国,枪支和隐蔽携带许可证的数量正急剧增加,仅在一年内就增加了近200万个。[2]

我的祖父托马斯·赛斯·约翰是扬斯敦钢铁公司的一名钢铁工人。在我还小的时候,他向我解释说,当他们的世界变得越来越糟糕,且机会、安全感和稳定性正在消失的时候,普通民众往往比他们的领导者更能理解当前的形势。普通人是"矿井里的金丝雀",因为他们及他们的家人和朋友所受到的伤害最大。对于他们来说,这一切都是目前正在发生而不是在遥远未来的某个特定时间发生的事情。随着人工智能/机器人的影响不断扩大,我们将无法避免这种情况的发生。

我们的社会正面临日益增长的恐惧、愤怒和不确定感。让我们陷入这场混乱的精英、学者、政客和奸商们仍然固守着自身利益和自鸣得意所造成的幻觉和盲目性表象,而普通人的机会、收入和经济状况则不断被削弱。普通民众发现自己被指责为排外和偏执的"民粹主义者"和"民族主义者"。

在不计后果的全球化进程中扮演着重要角色的精英们控制着政治和经济体系,数以千万计的普通民众在恐惧和愤怒中努力维持着秩序。外包战略的失败导致大规模的失业潮,使得全球金融体系在10年前就已濒临崩溃的边缘,并引发了一场前所未有的大萧条。这些精英正在制造一场新的崩溃,但我们缺乏足够的工具来阻止这场崩溃。在这一过程中,人工智能/机器人"工人"将取代数以百万计的人类工作岗位,还会造成更多的损失。

## ‖ 相互影响的几大趋势

简言之,由于人工智能/机器人的出现,一些最重要的因素汇集成了我们目前所面对的强大力量,其中包括下文所列的因素。

物理学家斯蒂芬·霍金宣称,人工智能或"替代"智能将从根本上对人类构成威胁。我们推荐阅读尤瓦尔·赫拉利所著的《未来简史》(*Homo Deus: A Brief History of Tomorrow*)、尼克·波斯特洛姆的《超级智能》(*Superintelligence*)、迈克斯·泰格马克的《生命3.0:人工智能时代生而为人的意义》(*Life 3.0: Being Human in the Age of Artifical Intelligence*),以及詹姆斯·巴拉特的《我们最后的发明》(*Our Final Invention*),以便了解为什么人工智能会被一些极具智慧的思想家视为对人类的重大威胁。[3]

不断扩大的"监控国家"和"监控文化"意味着政府、企业、利益集团、网络流氓和小规模的身份团体正在密切关注我们的一举一动。西方社会的"去民主化"引发了人们对以下问题的担忧:监控、"大数据"的收集和评估以及对我们当前和未来行动的监控及预测将愈演愈烈。个人隐私的全面丧失已成为普遍现象,并且对个人、利益集团和政府的行为产生了严重影响。[4]

人工智能应用过程中存在着隐藏的偏见。我们曾警告说,以下软件应用过程存在着隐藏的偏见:在初次筛选求职者时,采用预测犯罪活动或发现不良作风的标准对人们进行筛选。[5]同样,在"选美比赛"中,电脑应用程序更青睐于肤色较白而非肤色较深的选手。[6]

中产阶级正在被"掏空",政治共同体的核心正在被削弱。在当前形势下,我们面临的威胁来自一系列技术创新的融合,此类技术创新正在并将日益对工作性质、经济和社会不平等及中产阶级的存在产生巨大影响,而中产阶级是决定西方所谓民主制度持久性和力量的关键因素。

计算机与互联网的连接,以及谷歌、苹果和亚马逊等超级大公司的崛起使得节约劳动力和效率成倍增长的信息、存储、通信、共享和应用系统成为可能,由于人工智能系统具备的优越性和更低的成本,这些大公司正在取代数以百万计的劳动密集型工作岗位。即使在我们当前活动的最高水平,人工智能也将不可避免地取代许多类别的工作岗位。

复杂的软件应用程序可以减少或淘汰众多行业中数百万个工作岗位的许多职能,其中不仅包括银行出纳员、商店收银员、接待员、加油站服务员、收费站收费员等较低级别的职位,还包括会计、医药、法律和法律支持、新闻、金融和证券、房地产和保险等较高级别的工作岗位。在税收、工伤赔偿、房地产、遗产规划、审计、法律文书等领域,人工智能软件将使律师、律师助理、注册会计师、房地产和保险代理人等群体面临失业,这是由于人工智能能够以更少的投入完成更多的事情,这意味着对人类雇员的需求将随之减少。

很少有不受失业潮、减少或淘汰风险影响的职业生涯。机器人技术和人工智能应用以及相关技术的发展意味着越来越多的白领工作正在由机器来完成并实现自动化。专家表示:"随着大批智能机器大军进入家庭和工作场所,机器人的数量势必会'超过'人类。"[7]随着人工智能/机器人技术不断"进化",农业、服务业、制造业、车辆使用、金融、医药、法律、新闻等众多行业的就业率都将呈下降趋势。

生产率与就业的"大脱钩"。麻省理工学院研究员布林约尔森和麦卡菲提出的见解对我们理解当前的形势至关重要。他们分析的核心是生产率与就业的"大脱钩"及其对就业的高度负面影响,这一现象可以追溯到2000年,当时他们表示"生产率继续强劲上升,但就业率突然萎缩"。布林约尔森说:"这是当今时代的一大悖论。生产力处于创纪录的水平,创新速度无与伦比,但与此同时,收入中位数有所下降,就业机会也随之减少。由于我们的技能和组织无法跟上快速进步的技术水平,因此,人类目前尚处于落后地位。"[8]

劳动力萎缩和老龄化的"年龄诅咒"及不断上升的依赖性需求。到2050年,全球老年人口预计将增加一倍,对支持和护理服务的需求将大大增加。这直接关系到美国、英国和欧盟、日本、中国和俄罗斯等国家的未来,由于医疗保健服务得到改善、生育率和出生率急剧下降,这些国家的人口结构正日益向较高年龄段倾斜。这一趋势将推动各种人工智能/机器人系统发展到更高的水平,以便照顾老年群体和健康状况较差的社会成员,并取代日益萎缩的年轻劳动力人口。

软件进化也使得非专业人员能够在需要接触神秘学科"奥秘"的领域寻求知识,他们可通过这种方式来洞悉他们曾经寻求帮助的问题。

我们可能已经达到所谓的"人类顶峰",并且只能从现在开始走下坡路。纽约梅隆银行首席信息官苏尔什·库马尔指出了企业的预期方向:"配备人工智能,能够理解并以自然语言做出回应的机器人已经可用于回答客户的问题,并在最终执行交易。你将从一些简单的事情开始,最初也许只是提供信息,之后便可以开始执行交易。我们显然希望能够实现全面自动化,但你必须分清轻重缓急。"[9]

自主武器系统的研制是一个重要的研发领域。军事人工智能/机器人技术正在被广泛应用于空中、海上和地面武器。其中包括完全自主的海军

# 第 26 章　行动，刻不容缓

舰艇、坦克、运载机器人士兵的机枪、自主战斗机和无人机及地面攻击系统。

无人机的广泛普及和使用正在造成日益严重的威胁。这甚至并没有考虑到普通民用机载无人机系统的飞速发展，也没有考虑到政府、警察、企业和个人在监视和监控活动中对机器人和人工智能技术的应用。美国国土安全部和联邦调查局已就此类系统带来的重大风险发出警告。目前，我们已经能够建立几乎隐形的空中运输系统，这套系统将在恐怖分子和其他"坏人"手中演变为几乎无法阻挡的武器系统。

财政危机愈演愈烈。按照最保守的估计，美国的联邦债务累计已超过22万亿美元，而且每年还在以大约1万亿美元的速度持续增长。这笔债务将无法还清，甚至不太可能被削减。国家已处于破产状态，这甚至没有考虑到消费者、抵押贷款和学生贷款债务或者州和地方债务。2016年7月，美国国会预算局在一份关于美国预算的预测报告中发出警告，如果不立即采取措施应对这种情况，由于政府债务迅速增加而引发的财政危机将在未来10年内爆发。

我们需要从根本上重新设计税收制度。在美国，有五分之一的家庭无人从事有偿工作。[10]近50%的美国人无须缴纳联邦所得税，因为他们的收入太低或是没有工作，只能依靠政府的福利支出维持生活。[11]在所有关于缴纳"公平份额"税款的言论中，年收入达到10万美元及以上的美国家庭已经承担了80%的联邦税收负担。随着联邦、州和地方政府对税收的需求不断扩大，这项义务将变得更加沉重。[12]

联邦应急管理局和美国国防部已针对社会动荡和体系崩溃制定应对方案。联邦应急管理局最近在开展的一项未来主义研究表明，随着许多人面临永久性失业，以及其他人为日益稀缺的公共收入而展开竞争，大规模失业可能意味着什么。研究结果表明，由于食品生产和分销系统陷入崩溃以及食品价格上涨395%，美国将出现广泛的社会动荡。另一项战略分析进一步展望和预测了西方工业社会的崩溃。国防部的战略分析还包括在处理美国主要城市地区的大规模动乱和暴力事件时可能涉及的问题。这表明，至少在其若干机构中，美国政府意识到可能存在严重的社会混乱，包括暴力事件。联邦应急管理局和国防部有必要在各自的能力和职责范围内分析应对措施，其他相关部门必须努力避免这种情况的发生，以免出现前文所述的由于"中心难以维系"而导致体系陷入崩溃。

系统的复杂性和依赖性增加了我们的脆弱性。考虑到美国系统的复杂性以及绝大多数人口对远距离运输商品（包括食品）的依赖性，食品、能源和热量分配系统出现故障将迅速导致灾难性的后果，因为人口众多的中心地区可获得的有限后备资源和供应品将在一周内耗尽。[13]

具有远见卓识的领导者发出警告称，全球经济将在不久的将来陷入崩溃。摩根大通首席执行官杰米·戴蒙警告称，我们将在未来10年内面临一场全球经济灾难。[14]分析家预测，世界上50%的人类工作将在未来10到15年内逐渐消失。

面对几乎不可阻挡地向人工智能/机器人转型的势头，以及我们的社会必须应对的与之相关的挑战，正如在本书中所描述的那样，如果我们不以维系社会整体福祉的方式进行思考并采取行动，对于大多数人而言，我们将走上一条通往可怕未来的道路。毫无疑问，我们正处于一个转折点，必须采取行动扭转和减轻更加可怕的后果。对于我们和我们的子孙后代而言，可悲的是，没有任何迹象表明我们拥有足够的智慧、智力、无私精神或政治意愿，从而采取必要的行动保护人类社会的未来，或者至少能够保护人类本身。我们必须立即采取行动，刻不容缓。

# 尾注

## 第1章

1. https://www.telegraph.co.uk/science/2018/09/05/artificial-intelligence-greater-concern-climate-change-terrorism/. Sarah Knapton, 9/6/18, "Artificial Intelligence is greater concern than climate change or terrorism, says new head of British Science As-sociation." See also, https://www.ft.com/content/0b301152-b0f8-11e8-99ca-68cf89602132. Clive Cookson, "Artificial intelligence faces public backlash, warns scientist," *Financial Times*, 9/5/18.
2. https://www.thesun.co.uk/tech/3306890/humanity-is-already-losing-control-of-artificial-intelligence-and-it-could-spell-disaster-for-our-species/.
3. https://www.theguardian.com/technology/2018/nov/11/alarm-over-talks-to-implant-uk-employees-with-microchips. Julia Kollewe, 11/11/18.
4. 同上。
5. https://phys.org/news/2018-11-google-accused-track-users.html. "Google accused of manipulation to track users," 11/27/18.
6. https://www.dailystar.co.uk/news/latest-news/743886/technology-death-civilisation-nick-bostrom-vulnerable-world-future-prediction. "Technology will be death of civilisation as humanity self-destructs—chilling warning: Technology could cause humanity to self-destruct unless we drastically change our ways, according to shocking claims by an Oxford professor," Matt Drake, 11/22/18.
7. https://www.wsj.com/articles/supersmart-robots-will-outnumber-humans-within-30-years-says-softbank-ceo-1488193423. "Supersmart Robots Will Outnumber Humans Within 30 Years, Says SoftBank CEO," Stu Woo, 2/27/17.
8. http://www.mirror.co.uk/news/uk-news/this-new-form-life-stephen-11453107. Ra-chael McMenemy and Stephen Jones, 11/2/17.
9. http://www.mirror.co.uk/news/uk-news/professor-stephen-hawking-says-humans-9271348. Anthony Bond, 11/16/16.
10. Kirstie McCrum, "Stephen Hawking issues robot warning saying, 'rogue AI could be difficult to stop.'" 6/28/16, http://www.mirror.co.uk/news/world-news/stephen-hawking-is-sues-robot-warning-8300084.
11. Nick Bostrom, *Superintelligence: Paths, Dangers, Strategies* (2014).

12. http://www.dailymail.co.uk/sciencetech/article-5110787/Elon-Musk-says-10-chance-making-AI-safe.html. Shivali Best, 11/23/17.
13. http://www.dailymail.co.uk/sciencetech/article-5843979/Killer-robots-enslave-humanity-eventually-wiping-claims-MIT-Professor.html. Tim Collins, *Daily Mail*, 6/14/18.
14. Isaac Asimov, *Foundation Trilogy* (*Foundation, Foundation and Empire, Second Foundation*). http://www.cnet.com/uk/news/google-goes-asimov-and-spells-out-concrete-ai-safety-concerns/. "Google has made no secret about its commitment to AI and machine learning, even having its own dedicated research branch, Google DeepMind. Earlier this year, Deep-Mind's learning algorithm AlphaGo challenged (and defeated) one of the world's premier (human) players at the ancient strategy game Go in what many considered one of the hardest tests for AI. Now it is advanced to engaging five Go players simultaneously." See, https://www. theguardian.com/technology/2017/apr/10/deepminds-alphago-to-take-on-five-human-players-at-once. "DeepMind's AlphaGo to take on five human players at once: After its game-playing AI beat the best human, Google subsidiary plans to test evolution of technology with GO festival."
15. http://www.dailymail.co.uk/sciencetech/article-5843979/Killer-robots-enslave-humanity-eventually-wiping-claims-MIT-Professor.html. "Killer robots could make humans their slaves before eventually destroying everyone on the planet, claims scientist," Tim Collins, *Daily Mail*, 6/14/18.
16. https://www.thesun.co.uk/tech/3306890/humanity-is-already-losing-control-of-artificial-intelligence-and-it-could-spell-disaster-for-our-species/. "Humanity is already losing control of artificial intelligence and it could spell disaster for our species," Margi Murphy, 4/11/17.
17. https://www.technologyreview.com/s/611574/the-us-may-have-just-pulled-even-with-china-in-the-race-to-build-supercomputings-next-big/, "The US may have just pulled even with China in the race to build supercomputing's next big thing: The two countries are vying to create an exascale computer that could lead to significant advances in many scientific fields," Martin Giles, 7/11/18.
18. https://www.washingtonpost.com/news/the-switch/wp/2015/01/28/bill-gates-on-dangers-of-artificial-intelligence-dont-understand-why-some-people-are-not-concerned/. "Bill Gates on dangers of artificial intelligence: 'I don't understand why some people are not concerned,'" Peter Holley, 1/29/15.
19. Richard Waters, "Investor rush to artificial intelligence is real deal," *Financial Times*, 1/4/15. http://www.ft.com/cms/s/2/019b3702-92a2-11e4-a1fd-00144feabdc0.html#ixzz3Nx-miiO3Q.
20. http://blogs.wsj.com/moneybeat/2016/05/04/bill-gross-what-to-do-after-the-robots-take-our-jobs/. "Bill Gross: What to Do After the Robots Take Our Jobs: Get ready for

driverless trucks, universal basic income, and less independent central banks," Paul Vigna, 5/4/16.

21. https://www.bloomberg.com/news/articles/2017-03-02/ai-scientists-gather-to-plot-doomsday-scenarios-and-solutions. "AI Scientists Gather to Plot Doomsday Scenarios (and Solutions): Researchers, cyber-security experts and policy wonks ask themselves: What could possibly go wrong?," Dina Bass, 3/2/17.

22. https://www.theguardian.com/technology/2016/may/20/google-ai-machine-learning-skynet-technology. "Google's AI ambitions show promise—'if it doesn't kill us,'" Danny Yadron, 5/20/16. See also, https://www.theguardian.com/technology/2016/may/22/age-of-quantum-computing-d-wave. "Has the age of quantum computing arrived? It's a mind-bending concept with the potential to change the world, and Canadian tech company D-Wave claims to have cracked the code," Andrew Anthony, 5/22/16.

23. https://www.theguardian.com/technology/2017/apr/24/alibaba-jack-ma-artificial-intelligence-more-pain-than-happiness. "Alibaba founder Jack Ma: AI will cause people 'more pain than happiness': The billionaire said key social conflict will be the rise of artificial intelligence and longer life expectancy, which will lead to aging workforce fighting for fewer jobs," Olivia Solon, 4/24/17.

24. https://www.thesun.co.uk/tech/4170364/former-facebook-executive-says-society-will-collapse-within-30-years-as-robots-put-half-of-humans-out-of-work/. "Former Facebook executive says society will collapse within 30 years as robots put half of humans out of work: Antonio Garcia Martinez fears revolution and armed conflict will erupt in America in the coming decades," Jasper Hamill, 8/4/17.

25. https://privacyinternational.org/sites/default/files/2017-12/global_surveillance_0.pdf.

26. https://money.cnn.com/2014/09/16/technology/security/fbi-facial-recognition/index.html.

27. More tellingly, the ACLU report goes on to detail the susceptibility of CCTV to abuse, whether criminal, institutional, discriminatory, or for voyeuristic or personal reasons. https://www.aclu.org/other/whats-wrong-public-video-surveillance.

28. https://www.bloomberg.com/news/articles/2018-11-22/scared-your-dna-is-exposed-then-share-it-scientists-suggest. "Scared Your DNA Is Exposed? Then Share It, Scientists Suggest," Kristen V. Brown 11/22/18.

29. http://www.reuters.com/article/us-usa-economy-employment-insight-idUSKB-N0GB0NF20140811. Howard Schneider, "For largest U.S. companies, jobs growth has lagged profits, revenues," *Business News*, 8/11/14.

30. https://www.businessinsider.com/amazon-employees-on-food-stamps-2018-8.

31. See, e.g., https://www.theguardian.com/technology/2017/sep/27/robots-destabi-lise-world-war-unemployment-un. "Robots could destabilise world through war and

unemployment, says UN: United Nations opens new centre in Netherlands to monitor artificial intelligence and predict possible threats," Daniel Boffey, 9/27/17.

32. http://www.swissinfo.ch/eng/reuters/eu-trade-chief-populist-movements-can-bring-isolation-failure/42287230. "The European Union's trade chief described populist movements in the United States and elsewhere as 'a recipe for isolation and failure' on Monday even as she sought to allay fears about Britain's exit from the EU during a trip to China. Cecilia Malmström, the commissioner for trade, [said] *The effects of the global crisis have hit many people really, really hard*." "Many populists around the world prey on these feelings, on these fears."

33. http://insct.syr.edu/wpcontent/uploads/2016/04/Kaune_AWC_Report_Combined-mwedit042016.pdf. See, US Army War College Institute for National Security and Counterterrorism, Civilian Research Project, "Analysis of US Army Preparation for Megacity Operations," Col. Patrick N. Kaune, United States Army.

34. https://www.theguardian.com/commentisfree/2017/nov/17/truck-drivers-automation-tesla-elon-musk. "Truck drivers like me will soon be replaced by automation. You're next," Finn Murphy, 11/17/17.

## 第2章

1. http://money.cnn.com/2016/05/16/news/economy/us-debt-dump-treasury/index.html.

2. http://techcrunch.com/2016/05/16/ai-learns-and-recreates-nobel-winning-physics-experiment/. "AI learns and recreates Nobel-winning physics experiment," Devin Coldewey, 5/16/16. https://www.theguardian.com/technology/2017/may/18/google-assistant-iphone-ai-future-things-we-learned-at-io. "Google's future is useful, creepy and everywhere: nine things learned at I/O: With Google Assistant coming to the iPhone, the company hopes to kill off Siri and wants to 'see' inside your home as it reiterates its AI-first approach," Olivia Solon, 5/18/17. http://www.dailymail.co.uk/news/article-4505544/Human-jobs-taken-robots-new-study-shows.html. *From travel agents to translators, rising toll of jobs taken by robots ... although nail technicians, security officers and kitchen staff are in greater demand*," James Salmon, 5/14/17. https://www.theguardian.com/commentisfree/2017/may/12/wake-up-amazon-google-apple-facebook-run-our-lives. "Wake up! Amazon, Google, Apple and Facebook are running our lives," Hannah Jane Parkinson, 5/12/17.

3. http://mashable.com/2016/04/09/google-bipedal-robot/#YS8SZHFySqqC. https://www.wsj.com/articles/a-hardware-update-for-the-human-brain-1496660400, "A Hardware Update for the Human Brain: From Silicon Valley startups to the U.S. Department of

Defense, scientists and engineers are hard at work on a brain-computer interface that could turn us into programmable, debuggable machines," Christopher Mims, 6/5/17.

4. Bostrom, *Superintelligence*. 另见第1章尾注11和15。

5. http://news.mit.edu/2018/mit-lincoln-laboratory-ai-system-solves-prob-lems-through-human-reasoning-0911, "Artificial intelligence system uses transparent, human-like reasoning to solve problems," Kylie Foy, 9/11/18. https://www.technologyreview.com/s/611536/a-team-of-ai-algorithms-just-crushed-expert-humans-in-a-complex-computer-game/, "A team of AI algorithms just crushed humans in a complex computer game: Algorithms capable of collaboration and teamwork can outmaneuver human teams," Will Knight, 6/25/18.

6. http://www.independent.co.uk/life-style/gadgets-and-tech/news/google-deepmind-go-computer-beats-human-opponent-lee-sedol-in-landmark-game-a6920671.html. "Google Deepmind Artificial Intelligence Beats World's Best GO Player Lee Sedol in Landmark Game," Andrew Griffin, 3/9/16.

7. https://www.cnbc.com/2018/02/20/facebook-co-founder-chris-hughes-wants-500-per-month-in-basic-income.html. "Facebook co-founder Hughes: The digital economy is 'going to continue to destroy' jobs in America," Mathew J. Belvedere, 2/20/18.

8. http://www.wsj.com/articles/a-401-k-from-a-robot-digital-advice-pushes-further-into-consumer-finance-1470621844. Ari I. Weinberg, "A 401(k) From a Robot? Digital Advice Pushes Further Into Consumer Finance," 8/7/16.

9. http://www.telegraph.co.uk/science/2017/05/01/robotic-brain-surgeon-will-see-now-drill-can-perform-complex/. "The robotic brain surgeon will see you now: drill can per-form complex procedures 50 times faster," Henry Bodkin, 5/1/17.

10. https://futurism.com/robot-assisted-eye-surgery-trial/. "A Robot Just Operated On A Human Eye for the First Time," Kristin Houser, 6/18/18.

11. https://www.eurekalert.org/pub_releases/2016-07/ntu-rth071816.php. "Robot therapist hits the spot with athletes: Unveiled by a Singapore start-up, the prototype robot is being used in trials for sports rehabilitation," 7/18/16.

12. http://www.bloomberg.com/news/articles/2016-04-23/robots-replacing-japan-s-farmers-seen-preserving-food-security.

13. http://www.freshplaza.com/article/161843/Apple-picking-robots-headed-for-the-farm. See, "Apple picking robots headed for the farm." https://www.technologyreview.com/s/604303/apple-picking-robot-prepares-to-compete-for-farm-jobs/, "Apple-Picking Robot Prepares to Compete for Farm Jobs:Orchard owners say they need automation because seasonal farm labor is getting harder to come by," Tom Simonite, 5/3/17.

14. https://www.fastcompany.com/40473583/this-strawberry-picking-robot-gently-picks-

the-ripest-berries-with-its-robo-hand, "This Strawberry-Picking Robot Gently Picks The Ripest Berries With Its Robo-Hand: "As labor shortages make human pickers scarce and expensive, farms are turning to bots like this one to be the new generation of farm workers."

15. Chris Pash, "A one-armed Australian robot can build a house four times quicker than a brickie," July 27, 2016. http://www.businessinsider.com.au/video-a-one-armed-australian-robot-can-build-a-house-four-times-quicker-than-a-brickie-2016-7.

16. http://www.latimes.com/science/sciencenow/la-sci-sn-3d-printing-robots-20170428-story.html. "Check out this building that was 3-D-printed by a robot," Amina Khan, 4/28/17.

17. https://www.aol.com/article/finance/2017/03/06/this-tiny-home-was-printed-from-a-3d-printer-in-less-than-24-hou/21874721/?ncid=txtlnkusaolp00000058&. "This tiny home was printed from a 3D printer in less than 24 hours [400 sq. feet]," Emily Rella, AOL.com, 5/6/17.

18. www.webopedia.com. http://whatis.techtarget.com/definition/teraflop. https://www.scienceabc.com/humans/the-human-brain-vs-supercomputers-which-one-wins.html. John Staughton, "The Human Brain vs. Supercomputers: Which One Wins?"

19. https://www.technologyreview.com/s/611574/the-us-may-have-just-pulled-even-with-china-in-the-race-to-build-supercomputings-next-big/. 参见第1章尾注17。

20. http://www.businessinsider.com/only-solution-to-chinas-labor-shortage-2016-2. "This is the only solution to China's labor shortage," John Mauldin, 2/11/16.

21. https://www.aol.com/article/news/2017/06/02/report-japan-dementia-crisis-expected-get-worse/22123376/, "Report: Japan's dementia crisis expected to get even worse by 2025," 6/2/17. https://www.bloomberg.com/news/articles/2017-06-02/births-in-japan-fall-to-record-low-as-challenges-mount, "Births in Japan Fall to Record Low in 2016," Keiko Ujikane and Lily Nonomiya, 6/2/17.

22. http://www.theguardian.com/lifeandstyle/2016/mar/14/robot-carers-for-elderly-people-are-another-way-of-dying-even-more-miserably. "Robot carers for elderly people are 'another way of dying even more miserably': Japan has a robot with 24 fingers that can wash hair, while in Europe we're getting a 'social companion robot.' I'm going off for a little cry," Michele Hanson, 3/14/16.

23. https://www.theguardian.com/technology/2017/may/05/human-robot-interactions-take-step-forward-with-emotional-chatting-machine-chatbot. *"Human-robot interactions take step forward with 'emotional' chatbot: Researchers describe the 'emotional chatting machine' as a first attempt at the problem of creating machines that can fully understand user emotion,"* Hannah Devlin, 5/5/17."

24. http://www.techinsider.io/these-robots-may-be-better-than-humans-at-helping-the-

autistic-or-the-elderly-2016-7. "When it comes to caregiving, these robots may be better companions than humans," Dan Bobkoff and Andrew Stern, 7/11/16.
25. http://www.dailymail.co.uk/sciencetech/article-3459854/The-end-courier-Self-driving-ground-drone-takes-streets-London-make-drops-capital.html.
26. http://www.bloomberg.com/news/articles/2016-08-01/delphi-to-begin-testing-on-demand-robot-taxis-in-singapore-irbidct9.
27. https://www.theguardian.com/us-news/2017/aug/08/humans-v-robots-defending-jobs. "Automation is a real threat. How can we slow down the march of the cyborgs?," *The Guardian* [online], Alissa Quart, 8/8/17.
28. 同上。
29. 同上。
30. http://www.mirror.co.uk/tech/self-driving-robots-deliver-food-7647386.
31. https://www.bloombergquint.com/onweb/2018/09/19/amazon-is-said-to-plan-up-to-3-000-cashierless-stores-by-2021. "Amazon Will Consider Opening Up to 3,000 Cashierless Stores by 2021," Spencer Soper.
32. http://www.theguardian.com/commentisfree/2016/feb/29/the-guardian-view-on-the-automated-future-fewer-shops-and-fewer-people. http://www.washingtonexaminer.com/a-first-more-workers-at-online-sites-than-newspapers/article/2594197.
33. https://www.google.com/search?q=jobs+vulnerable+to+AI+and+robotics&btnG=Google+Search&gws_rd=ssl. http://www.theguardian.com/culture/2016/mar/12/robots-taking-jobs-future-technology-jerry-kaplan-sxsw. http://www.mirror.co.uk/news/technology-science/robots-to-take-50-jobs-7363442. http://www.theguardian.com/commen-tisfree/2016/apr/07/robots-replacing-jobs-luddites-economics-labor.
34. http://www.nytimes.com/2016/02/28/magazine/the-robots-are-coming-for-wall-street.html?_r=0; https://www.theguardian.com/business/us-money-blog/2016/may/15/hedge-fund-managers-algorithms-robots-investment-tips. http://www.bloomberg.com/news/articles/2016-02-05/the-rich-are-already-using-robo-advisers-and-that-scares-banks. http://www.bloomberg.com/news/articles/2016-06-02/dimon-says-jpmorgan-can-offer-free-robo-advice-to-best-clients.
35. http://www.bloomberg.com/news/articles/2016-03-29/newspapers-gob-ble-each-other-up-to-survive-digital-apocalypse. https://www.yahoo.com/news/us-news-paper-industry-hollowed-job-losses-190549050.html. "Official US Labor Department data showed the newspaper sector lost 271,800 jobs in the period from January 1990 to March 2016, or 59.7 percent of the total over the past 26 years. … Magazines fared only slightly better, losing 36 percent of their jobs in the same period."

## 第 3 章

1. http://www.futuristspeaker.com/business-trends/2-billion-jobs-to-disappear-by-2030/. Thomas Frey, "2 Billion Jobs to Disappear by 2030," 2/3/12: Date Modified: 9/4/16.
2. https://www.finextra.com/newsarticle/32240/10000-jobs-could-be-lost-to-robots-says-citi. "10,000 jobs could be lost to robots says Citi," 6/12/18. "
3. https://qz.com/923442/wendys-is-responding-to-the-rising-minimum-wage-by-replacing-humans-with-robots/. "Wendy's is responding to the rising minimum wage by replacing humans with robots," Sarah Kessler, 3/3/17.
4. http://money.cnn.com/2016/07/11/technology/mit-robot-labor/index.html. "MIT robot helps deliver babies," Sara Ashley O'Brien, 7/11/16.
5. http://www.dailymail.co.uk/sciencetech/article-3680874/Scientists-verge-creating-EMOTIONAL-computer-AI-think-like-person-bond-humans-2-years.html. "Scientists are on the verge of creating an emotional computer: AI could think like a person and bond with humans within years Abigail Beall," 7/8/16.
6. http://www.oxfordmartin.ox.ac.uk/downloads/academic/The_Future_of_Employment.pdf. Carl Benedikt Frey and Michael A. Osborne, "The Future of Employment: How Susceptible Are Jobs to Computerisation?," 9/13/13.
7. https://www.theguardian.com/careers/2016/may/11/robot-jobs-automated-work. Charlotte Seager, "After the robot revolution, what will be left for our children to do?," 5/11/16.
8. http://www.oxfordmartin.ox.ac.uk/downloads/academic/The_Future_of_Employment.pdf. Carl Benedikt Frey and Michael A. Osborne, "The Future of Employment: How Susceptible Are Jobs to Computerisation?," 9/13/13.
9. Seager, "After the robot revolution," 参见本章尾注 7。
10. 同上。
11. http://www.thedailybeast.com/articles/2016/08/11/today-s-tech-oligarchs-are-worse-than-the-robber-barons.html. Joel Kotkin, "Today's Tech Oligarchs Are Worse Than the Robber Barons," 8/11/16.
12. http://www.reuters.com/article/us-usa-economy-employment-insight-idUSKB-N0GB0NF20140811. Howard Schneider, "For largest U.S. companies, jobs growth has lagged profits, revenues," *Business News*, 8/11/14.
13. 同上。
14. https://www.theguardian.com/business/2018/jun/10/rolls-royce-set-to-announce-more-than-4000-job-cuts. "Rolls-Royce set to announce more than 4,000 job cuts: Aero-engine maker attempts to increase profits by losing middle-management posts," Simon Goodley, 6/10/18.

15. 同本章尾注2。
16. "Fast Forward 2030: The Future of Work and the Workplace," CBRE. http://www.cbre.com/o/international/AssetLibrary/Genesis%20Report_Exec%20Summary_1029.pdf. See also, http://www.business-standard.com/article/pti-stories/50-of-occupations-today-will-no-longer-exist-in-2025-report-114110701279_1.html.
17. 同上。
18. https://www.theguardian.com/technology/2016/sep/13/artificial-intelligence-robots-threat-jobs-forrester-report. "Robots will eliminate 6% of all US jobs by 2021, report says: Employees in fields such as customer service and transportation face a 'disruptive tidal wave' of automation in the not-too-distant future," Olivia Solon, 9/13/16.
19. 同上。
20. https://www.theguardian.com/careers/2016/may/11/robot-jobs-automated-work. Charlotte Seager, "After the robot revolution, what will be left for our children to do?," 5/11/16.
21. https://www.wsj.com/articles/now-cropping-up-robo-farming-1527854402. "Now Cropping Up: Robo-Farming: Agricultural-equipment makers gear up driverless tractors, combines in quest to produce more food, more sustainably." Vibhuti Agarwal, 6/1/18.
22. For one example, see, https://www.wsj.com/articles/next-leap-for-robots-picking-out-and-boxing-your-online-order-1500807601. "Next Leap for Robots: Picking Out and Boxing Your Online Order: Developers close in on systems to move products off shelves and into boxes, as retailers aim to automate labor-intensive process," Brian Baskin, 7/23/17.
23. https://www.msn.com/en-us/news/other/robot-janitors-are-coming-to-mop-floors-at-a-walmart-near-you/ar-BBQpDb3. "Robot Janitors Are Coming to Mop Floors at a Walmart Near You," Pavel Alpeyev, 12/3/18.
24. https://www.theatlantic.com/ideas/archive/2018/06/taxi-driver-suicides-are-a-warning/561926/. Reihan Salam, 6/5/18.
25. "Robots will take over most jobs in the world by 2045," Techradar, 6/6/16, http://economictimes.indiatimes.com/articleshow/52617490.cms?utm_source=contentofinterest&utm_medium=text&utm_campaign=cppst.
26. 同上。
27. 同上。
28. https://www.weforum.org/agenda/2016/08/technology-could-be-the-best-or-worst-thing-that-happened-to-inequality. Vivek Wadhwa, "Technology could be the best or worst thing that happened to inequality," 8/11/16.

## 第 4 章

1. https://www.nytimes.com/2018/01/12/business/ai-investing-humans-dominating.html. Conrad De Aenlle, *New York Times*, 1/12/2018.
2. http://www.bloomberg.com/news/articles/2016-06-08/wall-street-has-hit-peak-human-and-an-algorithm-wants-your-job. "We've Hit Peak Human and an Algorithm Wants Your Job. Now What? On Wall Street, the still-essential business of banking will go on—but maybe without as many suits." Hugh Son, 6/8/16.
3. https://www.yahoo.com/news/rich-powerful-warn-robots-coming-jobs-011130242—sector.html. "Rich and powerful warn robots are coming for your jobs," Olivia Oran, Reuters, 5/3/16.
4. Brian Fung, "Elon Musk: Tesla's Model 3 factory could look like an alien warship" 8/4/16. https://www.washingtonpost.com/news/the-switch/wp/2016/08/04/the-future-of-car-production-will-be-devoid-of-people-according-to-tesla/.
5. 同上。
6. http://www.marketwatch.com/story/elon-musk-robot-software-will-make-tesla-worth-as-much-as-apple-2017-05-04. "Elon Musk: Robot software will make Tesla worth as much as Apple," Jeremy C. Owens, 5/4/17.
7. http://www.aei.org/publication/reality-check-us-factory-jobs-lost-are-due-over-whelmingly-to-increases-in-productivity-and-theyre-not-coming-back/. Mark J. Perry, 1/20/17.
8. See Robertt Kuttner, *Can Democracy Survive Global Capitalism?* (2018).
9. https://www.recode.net/2017/3/28/15094424/jobs-eliminated-new-robots-work-force-industrial. "Six jobs are eliminated for every robot introduced into the workforce, a new study says: The threat of robots taking our jobs is very real." April Glaser, 3/28/17.
10. http://www.fastcodesign.com/3058708/a-computer-paints-a-rembrandt-and-it-looks-just-like-the-real-thing. "A Computer Paints A Rembrandt, And It Looks Just Like The Real Thing: Algorithms are the ghosts of artists' past," Mark Wilson, 4/7/16.
    https://www.theguardian.com/technology/2016/apr/14/cutting-edge-theatre-worlds-first-virtual-reality-operation-goes-live. "Cutting-edge theatre: world's first virtual reality operation goes live: Medical experts hope surgery live-streamed in VR will make healthcare fairer and boost training," Nicola Davis, 4/14/16.
    http://s.telegraph.co.uk/graphics/projects/go-google-computer-game/index.html. "Humans versus robots: How a Google computer beat a world champion at this board game—and what it means for the future," Madhumita Murgia, 5/14/16.
11. https://www.christies.com/features/A-collaboration-between-two-artists-one-human-one-a-machine-9332-1.aspx, "Is artificial intelligence set to become art's next medium?: AI

artwork sells for $432,500—nearly 45 times its high estimate—as Christie's becomes the first auction house to offer a work of art created by an algorithm."

12. http://www.scmp.com/tech/enterprises/article/1934516/aliba-bas-ai-out-prove-it-can-recognise-aesthetic-beauty-predicting. Alibaba's 'Ai' out to prove it can recognise aesthetic beauty by predicting winner of reality TV singing contest" 4/7/16 and 8/5/16. "Artificial intelligence software from China's e-commerce king will be put to the test this Friday on Hunan TV's 'I'm a singer.'" http://www.telegraph.co.uk/technology/2016/05/06/google-ai-to-learn-art-of-conversation-through-erotic-novels/. "Google AI to learn art of conversation through erotic romance novels," Cara McGoogan, 5/6/16.

13. "Jack Ma Sees Decades of Pain as Internet Upends Old Economy," Sherisse Pham, April 23, 2017. https://www.bloomberg.com/news/articles/2017-04-23/jack-ma-sees-decades-of-pain-as-internet-upends-older-economy. [Also] http://money.cnn.com/2017/04/24/technology/alibaba-jack-ma-30-years-pain-robot-ceo/. "Jack Ma: In 30 years, the best CEO could be a robot," Sherisse Pham, 4/24/17.

14. https://www.nytimes.com/2017/11/05/technology/machine-learning-artificial-intelligence-ai.html. "Building A.I. That Can Build A.I.: Google and others, fighting for a small pool of researchers, are looking for automated ways to deal with a shortage of artificial intelligence experts," Cade Metznov, 11/5/17.

15. https://www.techworld.com/apps-wearables/google-deepmind-what-is-it-how-it-works-should-you-be-scared-3615354/. "Google DeepMind: What is it, how does it work and should you be scared?," Sam Shead, 3/15/16.

16. https://www.yahoo.com/news/microchips-under-skin-techno-phile-swedes-033147071.html. "Microchips get under the skin of technophile Swedes." *Yahoo News*, Camille Bas-Wohlert, 5/12/18.

17. *Fox News*, Chris Ciaccia, 5/11/18.

18. *The Sun UK*, Sean Keach, 4/23/18.

19. *Daily Mail*, Tim Collins, 4/18/18.

20. *Associated Press*, Kelvin Chan, 1/16/18.

21. *Daily Mail*, Phoebe Weston, 9/20/17.

# 第5章

1. Joseph Schumpeter, Capitalism, Socialism and Democracy (1942).

2. Real wages for top quintile earners grew significantly from the mid-1970s through the present. See Drew Desilver, "For most workers, real wages have barely budged for decades," Pew Research Center (10/9/14), http://www.pewresearch.org/fact-tank/2014/10/09/for-most-

workers-real-wages-have-barely-budged-for-decades/.

3. Lawrence Mishel, "The wedges between productivity and median compensation growth," Economic Policy Institute (April 26, 2012), http://www.epi.org/publication/ ib330-productivity-vs-compensation/. See also Gillian B. White, "Why the Gap Between Worker Pay and Productivity Is So Problematic," *The Atlantic* (Feb. 25, 2015), https://www. theatlantic.com/business/archive/2015/02/why-the-gap-between-worker-pay-and-productivity-is-so-problematic/385931/.

4. Paul Davidson, "Provo's economy ranks best in U.S.," *USA Today*, 1/10/18.

5. Ellen Ruppel Shell, *The Job: Work and Its Future in a Time of Radical Change* (Currency, 2018).

6. 参见第1章尾注5～6。

7. 参见第1章尾注7。

8. 同上。

9. https://www.bradhuddleston.com. Brad Huddleston, *Digital Cocaine: A Journey Toward iBalance*, 2016. See also, https://nypost.com/2016/08/27/its-digital-heroin-how-screens-turn-kids-into-psychotic-junkies/. "It's 'digital heroin': How screens turn kids into psychotic junkies," Dr. Nicholas Kardaras, 8/27/16.

## 第6章

1. https://next.ft.com/content/695bfa18-1797-11e6-b197-a4af20d5575e.

2. https://www.theguardian.com/us-news/2016/jun/16/manufacturing-industry-america-jobs-election-politics. "Manufacturing jobs return to US during election year— but not quite like before," Benjamin Parkin, 6/16/16.

3. http://money.cnn.com/2016/05/15/news/economy/america-job-killing-companies/index. html. "America's top 10 job-killing companies," Heather Long, 5/17/16.

4. 同第3章尾注12。

5. Ramin Rahimian, "Armies of Expensive Lawyers, Replaced by Cheaper Software," *New York Times*, 3/4/11.

6. 同第3章尾注12。

7. David Rotman, "How Technology Is Destroying Jobs," 6/12/13, *MIT Technology Review* magazine July/August 2013, https://www.technologyreview.com/magazine/2013/07/.

8. 同上。

9. 同上。

10. 同上。

11. https://www.theguardian.com/business/2016/may/05/job-market-cuts-highest-level-since-

2009-layoffs-unemployment. http://www.theguardian.com/business/2016/may/02/ the-global-economic-growth-funk.
12. 参阅本章尾注7。

## 第7章

1. https://www.theguardian.com/business/2016/nov/15/trumpism-solution-crisis-neoliberalism-robert-skidelsky. Robert Skidelsky, "Trumpism could be a solution to the crisis of neoliberalism," 11/15/2016.
2. http://thehill.com/homenews/state-watch/351432-fury-fuels-the-modern-political-climate-in-us. "Fury fuels the modern political climate in US," Reid Wilson, 9/20/17.
3. http://www.breitbart.com/video/2017/11/01/justice-thomas-i-dont-know-what-we-have-as-a-country-in-common/. "Justice Thomas: 'I Don't Know' What 'We Have as a Country In Common,'" Ian Hanchett, 11/1/17.
4. *Fast Company.com.*, 12/11/17.
5. https://www.theguardian.com/business/2017/may/13/mohamed-el-erian-signals-system-enormous-stress-global-capitalism. "Mohamed El-Erian: 'we get signals that the system is under enormous stress' The leading economist and investor believes world leaders, and global capitalism, have reached a decisive fork in the road between equality and chaos," Nils Pratley and Jill Treanor, 5/13/17.
6. http://homedesign7.com/18-billionaire-homes-a-look-inside-the-houses-of-the-richest-people-in-the-world/. "Lavish Lifestyles of the Rich and Famous: A Look Inside 18 Billionaire Homes."
7. *The Guardian*, Michael Savage, 4/7/18.
8. *The Guardian*, Rupert Neate, 11/14/17.
9. *The Guardian*, Rupert Neate, 10/26/17.
10. *The Guardian*, Gabriel Zucman, 11/8/17.
11. *Forbes*, Kenneth Rapoza, 9/15/17.
12. *The Guardian*, Peter Fleming, 2/14/17.
13. *The Guardian*, Shadi Hamid, 4/23/18.
14. *Wall Street Journal*, Janet Hook, 9/6/17.
15. *Yahoo News*, Rachel La Corte and David A. Lieb, 11/12/17.
16. *The Hill*, Reid Wilson, 9/20/17.
17. *Fox News*, Tucker Carlson, 6/2/18.
18. *Indy100.com*, Greg Evans.
19. *The Guardian*, Umair Haque, 1/20/18.

20. *Axios*, Steve LeVine.
21. *Independent UK*, Clark Mindock, 4/5/18.
22. *The Guardian*, Sam Levin, 10/7/17.
23. *Fox News*, Rick Leventhal, 5/18/18.
24. Daniel Steingold, 10/18/17.
25. *Fast Company.com*, 10/29/17.
26. *The Guardian*, Sam Woolley and Marina Gorbis, 10/16/17.
27. *The Guardian*, Paul Lewis, 2/2/18.
28. *Reuters*, David Ingram, 1/22/18.
29. *Daily Mail*, Max Hastings, 1/1/18.
30. *The Guardian*, Alex Hern, 11/14/17.
31. http://baltimore.cbslocal.com/2017/11/15/baltimore-mayor-crime-violence/. "Baltimore Mayor Reacts To Crime: 'I Am Deeply Disturbed,'" Rick Ritter, 11/15/17.
32. https://www.theguardian.com/business/2017/jan/12/ilo-warns-of-rise-in-social-unrest-and-migration-as-inequality-widens. "ILO warns of rise in social unrest and migration as inequality widens: UN agency records rising discontent in all regions and calls on policy-makers to tackle unemployment and inequality urgently," Katie Allen, 1/12/17.

## 第 8 章

1. https://www.theguardian.com/business/2016/jul/14/up-to-70-per-cent-people-developed-countries-seen-income-stagnate. "Up to 70% of people in developed countries 'have seen incomes stagnate': New report calculates that earnings did not rise for more than half a billion people between 2005 and 2014," Larry Elliott, 7/13/16.
2. http://www.bloomberg.com/news/articles/2016-08-22/worker-hours-are-more-unpredictable-than-ever. Rebecca Greenfield, "Worker Hours Are More Unpredictable Than Ever," 8/22/16.
3. https://www.theguardian.com/business/2018/jun/07/america-gig-economy-work-bureau-labor-statistics. "US gig economy: data shows 16m people in 'contingent or alternative' work: Government data shows scale of freelance or temporary economy as American workers try to navigate changing work environment," Caleb Gayle, 6/7/18.
4. https://www.theguardian.com/careers/2016/aug/16/why-are-uk-workers-so-unproductive. Charlotte Seager, "Why are UK workers so unproductive?," 8/16/16.
5. 同上。
6. https://www.theguardian.com/business/2017/jun/05/nearly-10-million-britons-are-in-insecure-work-says-union, "Nearly 10 million Britons are in insecure work, says union: GMB research explores impact of gig economy and warns of its impact on health and

family life," Sarah Butler, 6/5/17.
7. See, e.g. the following analysis of earnings levels in the UK. https://www.theguardian.com/business/2017/mar/09/uk-pay-growth-budget-resolution-foundation. "No pay rise for 15 years, IFS warns UK workers: Thinktank's post-budget analysis says average wages will be no higher in 2022 than in 2007 with weak pay growth exacerbated by looming welfare cuts," Katie Allen, Angela Monaghan and Phillip Inman, 3/9/17.
8. http://www.oecd.org/eco/surveys/United-States-2016-overview.pdf. "OECD Economic Surveys: United States Overview," June 2016.
9. https://www.ced.org/blog/entry/the-skills-gap-and-the-seven-skill-sets-that-employers-want-building-the-id. "The Skills Gap and the Seven Skill Sets that Employers Want: Building the Ideal New Hire," Monica Herk, 6/11/15.

## 第9章

1. http://www.pewresearch.org/fact-tank/2016/04/25/millennials-overtake-baby-boomers/. Richard Fry, "Millennials overtake Baby Boomers as America's largest generation," 4/25/16.
2. http://www.theguardian.com/sustainable-business/2016/may/03/young-australians-face-revolutionary-obstacles-to-score-job-security.
3. https://heatst.com/life/new-research-millennials-likely-to-lose-their-jobs-to-robots/. "New Research: Millennials Most Likely to Lose Their Jobs to Robots," Tom Teodorczuk, 6/20/17.
4. http://www.theguardian.com/world/2016/mar/15/us-millennials-feel-more-working-class-than-any-other-generation.
5. https://www.thetimes.co.uk/article/why-insecure-millennials-are-set-for-an-unhealthy-middle-age-825mjshs5. "Why insecure millennials are set for unhealthy middle age," Greg Hurst, 6/18/18.
6. McKinsey, https://www.theguardian.com/business/2016/jul/14/up-to-70-percent-people-developed-countries-seen-income-stagnate,
7. 同上。
8. https://www.theguardian.com/commentisfree/2016/jul/07/middle-class-struggle-technology-overtaking-jobs-security-cost-of-living. "'Middle class' used to denote comfort and security. Not anymore: The apps and robots celebrated by Silicon Valley wunderkinds are helping make previously white-collar lives ever more precarious," Alissa Quart, 7/7/16.
9. https://www.thesun.co.uk/news/1436480/millennials-are-lazy-self-indulgent-and-lack-the-initiative-to-be-successful-warns-lifestyle-guru-martha-stewart/. "The millionaire lifestyle

guru Martha Stewart has issued a stinging criticism of the millennial generation and claimed youngsters are too lazy to get ahead. Too many members of 'Generation Snowflake' are still living with their parents rather than getting out into the world and making something of their lives [Stewart lamented]."

10. Mark Bauerlein, *The Dumbest Generation: How the Digital Age Stupifies Young Americans and Jeopardizes Our Future* (Penguin, 2008).

11. https://www.thetimes.co.uk/edition/news/dumb-and-dumber-why-we-re-getting-less-intelligent-80k3bl83v. "Dumb and dumber: why we're getting less intelligent: The IQ scores of young people have begun to fall after rising steadily since the Second World War, according to the first authoritative study of the phenomenon."

12. https://www.nytimes.com/2018/10/26/style/digital-divide-screens-schools.html?action=click&module=RelatedLinks&pgtype=Article, "The Digital Gap Between Rich and Poor Kids Is Not What We Expected," Nellie Bowles, 10/26/18.

13. https://www.nytimes.com/2018/10/26/style/phones-children-silicon-valley.html, "A Dark Consensus About Screens and Kids Begins to Emerge in Silicon Valley," Nellie Bowles, 10/26/18.

14. http://money.cnn.com/2017/09/20/technology/jack-ma-artificial-intelligence-bloomberg-conference/index.html?iid=ob_homepage_tech_pool. "Jack Ma: We need to stop training our kids for manufacturing jobs," Julia Horowitz, 9/20/17.

15. https://next.ft.com/content/a1614f98-4123-11e6-9b66-0712b3873ae1. "*What the UK needs—with its high employment*, terrible productivity performance and low investment—*is more robots*," said Adam Corlett, analyst at the Resolution Foundation. The think-tank sug-gests that new technologies will be crucial to a recovery in UK productivity and pay growth.

16. http://www.pewresearch.org/fact-tank/2015/02/02/u-s-students-improving-slowly-in-math-and-science-but-still-lagging-internationally/.

17. http://www.latimes.com/science/sciencenow/la-sci-sn-why-do-asian-american-students-perform-better-than-whites-20140505-story.html. "Asian and Asian American youth are harder working because of cultural beliefs that emphasize the strong connection between effort and achievement," the authors wrote.

18. http://www.news.cornell.edu/stories/2010/04/tougher-grading-one-reason-high-stem-dropout-rate. George Lowery, 4/2/2010,

19. https://www.cnsnews.com/news/article/terence-p-jeffrey/65-public-school-8th-graders-not-proficient-reading-67-not-proficient, "65% of Public School 8th Graders Not Proficient in Reading; 67% Not Proficient in Math," Terence P. Jeffrey, 5/1/18.

20. 同上。

21. https://www.theguardian.com/business/2016/aug/10/joseph-stiglitz-the-problem-with-europe-is-the-euro. Joseph Stiglitz, "The problem with Europe is the euro," 8/10/16.
22. https://www.theguardian.com/commentisfree/2016/jul/07/middle-class-struggle-technology-overtaking-jobs-security-cost-of-living.
23. http://www.theguardian.com/commentisfree/2016/mar/08/robots-technology-industrial-strategy. "Manufacturing will increasingly take place with limited and highly specialized human labor." "When robots do all the work, how will people live? Technology is bringing profound, unstoppable change to society. It is vital that government faces this—and comes up with a new industrial strategy," Tom Watson, 3/8/16.
24. http://www.theguardian.com/business/2016/mar/17/one-in-3-workers-in-wrong-job-productivity-ons. "One in three UK workers are in the wrong job, ONS figures claim: Data shows one in six staff are overqualified for their role with a further one in six undereducated," Katie Allen, 3/17/16.
25. Salam, "Taxi-Driver Suicides Are a Warning," 参见第3章尾注23。
26. https://www.theguardian.com/inequality/2017/aug/24/inside-gig-economy-vulnerable-human-underbelly-of-uk-labour-market. "Inside the gig economy: the 'vulnerable human underbelly' of UK's labour market: Frank Field MP's recent report into the UK's delivery sector demanded 'emergency government intervention' to protect self-employed workers from exploitation. This is the story behind that investigation," Frank Field and Andrew Forsey, 8/24/17.
27. Paul Vigna, "Bill Gross: What to Do After the Robots Take Our Jobs," 参见第1章尾注17。
28. https://www.theguardian.com/us-news/2016/jul/07/middle-class-squeeze-money-household. "'The US? We're in bad shape': squeezed middle class tell tales of struggle—As Voices of America highlights issues that matter to voters, in North Carolina, talk of helping the middle class feels like an empty promise without a plan," Dan Roberts, 7/7/16.
29. http://www.nbcnews.com/news/us-news/most-millennials-are-finding-it-hard-transition-adulthood-report-n748676. "Most Millennials Are Finding It Hard to Transition Into Adulthood: Report," Safia Samee Ali, 4/20/17.
30. http://www.dailymail.co.uk/news/article-5835419/More-half-Millennials-expect-millionaires-someday-according-new-study.html. "More than half of Millennials expect to be millionaires someday, according to a new study," Valerie Bauman, 6/12/18.

## 第10章

1. http://www.bbc.com/capital/story/20170626-the-downside-of-limitless-career-options. "The

downside of limitless career options," Alina Dizik, 6/26/17.
2. https://www.theguardian.com/money/2016/jun/15/he-truth-about-working-for-deliveroo-uber-and-the-on-demand-economy. "The truth about working for Deliveroo, Uber and the on-demand economy: Drivers, couriers, cleaners and handymen are now at your beck and call thanks to a host of apps. But what's it like to earn your living waiting for someone else to press a button?," Homa Khaleeli, 6/15/16. See also, https://www.theguardian.com/sustainable-business/2017/apr/15/seventeen-jobs-five-careers-learning-in-the-age-of-automation."Seventeen jobs, five careers: learning in the age of automation: Online courses will help employees to upskill as redundancies sweep away jobs—but will universities be able to keep up?," Max Opray, 4/15/17.
3. https://bigfuture.collegeboard.org/careers/management-medical-health-services-managers.
4. From https://www.usatoday.com/story/tech/news/2017/05/30/heres-what-you-need-land-americas-best-jobs/101730006/. "Here's what you need to land America's best jobs," Marco della Cava and Eli Blumenthal, *USA Today*, 5/30/17, updated 7/20/17.
5. http://searchsoftwarequality.techtarget.com/feature/FAQ-What-does-development-operations-really-mean. "FAQ: What does 'development operations' really mean?"
6. http://searchbusinessanalytics.techtarget.com/definition/big-data-analytics."big data analytics," Margaret Rouse.
7. https://www.gartner.com/it-glossary/data-scientist. "Data Scientist."
8. https://datasciencedegree.wisconsin.edu/data-science/what-do-data-scientists-do/. "What Do Data Scientists Do?"
9. 同上。
10. https://blogs.gartner.com/carlie-idoine/2018/05/13/citizen-data-scientists-and-why-they-matter/. "Citizen Data Scientists and Why They Matter," Carlie Idoine, 5/13/18.
11. https://insidebigdata.com/2018/08/01/citizen-data-scientists-yet/. "Citizen Data Scientists: Are we there yet?," 8/1/18. Editorial Team and Matthew Attwell.
12. See, e.g., https://www.wsj.com/articles/why-old-timey-jobs-are-hot-again-1496754001. "Why Old-Timey Jobs Are Hot Again: Millennials are driving a resurgence of age-old crafts, choosing to become bartenders, butchers and barbers in part as a reaction to the digital age," Lauren Weber, 6/6/17.
13. http://www.scotsman.com/news/smartphone-separation-anxiety-is-growing-problem-says-scientist-1-4532910. "Smartphone separation anxiety is growing problem, says scientist," Tom Bawden, 8/15/17.
14. https://www.bbc.co.uk/bbcthree/article/d80d46eb-253d-4b99-ba60-caca6858d757. "Inside the kids-only rehab that treats video games like cocaine: What happens when you make teenagers abstain from alcohol, drugs and even *Call of Duty?*," Ben Bryant, 11/22/18.

15. 同上。
16. http://www.bbc.co.uk/newsbeat/article/39176828/us-psychologists-claim-social-media-increases-loneliness. "US psychologists claim social media 'increases loneliness.'" See also, http://www.express.co.uk/news/uk/773002/One-in-eight-people-faced-with-loneliness. "Loneliness on the RISE: One in eight people have no close friends to turn to," 3/1/17.
17. http://computer.howstuffworks.com/augmented-reality.htm. "How Augmented Reality Works," Kevin Bonsor.
18. https://www.theguardian.com/world/2017/jul/04/chinese-internet-giant-limits-online-game-play-for-children-over-health-concerns. "Chinese internet giant limits online game play for children over health concerns: Tencent says young players will be restricted to one hour's play on one of the country's most popular games due to concerns over development," 7/4/17.
19. https://www.theguardian.com/technology/2017/feb/09/robots-taking-white-collar-jobs.
20. https://www.futuristspeaker.com/business-trends/2-billion-jobs-to-disappear-by-2030/. "2 Billion Jobs to Disappear by 2030," Thomas Frey, 2/3/12, modified 2016.
21. 同上。

## 第11章

1. https://globaldigitalcitizen.org/the-importance-of-teaching-critical-thinking. "The Importance of Teaching Critical Thinking," Lee Watanabe Crockett, 7/25/15. See also, https:// www.theguardian.com/teacher-network/2012/sep/12/critical-thinking-overlooked-in-secondary-education. "Why critical thinking is overlooked by schools and shunned by students," Ben Morse, 9/12/12.
2. https://www.brainyquote.com/quotes/upton_sinclair_138285.
3. William Egginton, *The Splintering of the American Mind: Identity Politics, Inequality, and Community on Today's College Campuses* (Bloomsbury 2018).
4. https://code.facebook.com/posts/1686672014972296/deal-or-no-deal-training-ai-bots-to-negotiate/. "Deal or no deal? Training AI bots to negotiate," 6/14/17.
5. https://www.theregister.co.uk/2017/06/15/facebook_to_teach_chatbots_negotiation/. "Facebook tried teaching bots art of negotiation—so the AI learned to lie: Given training data was real human chatter, this says more about us than anything else," Katyanna Quach, 6/15/17.
6. https://www.theguardian.com/inequality/2017/aug/08/rise-of-the-racist-robots-how-ai-is-learning-all-our-worst-impulses. "Rise of the racist robots—how AI is learning all our worst impulses," Stephen Buranyi 8/8/17.

7. https://www.theguardian.com/commentisfree/2016/aug/18/google-re"wiring-your-mind-memory-journal-plato. Steven Poole, "Does it matter if Google is rewiring our minds? Ask Plato," 8/18/16.
8. 同上。
9. 同上。
10. 同上。
11. See also: https://www.washingtonpost.com/local/how-millions-of-kids-are-being-shaped-by-know-it-all-voice-assistants/2017/03/01/c0a644c4-ef1c-11e6-b4ff-ac2cf509efe5_story.html?utm_term=.9114bfa62b7a. "How millions of kids are being shaped by know-it-all voice assistants," Michael S. Rosenwald, 3/2/17.
12. http://theweek.com/articles/689527/hightech-cities-future-utterly-lonely. "Will the high-tech cities of the future be utterly lonely?," Jessica Brown, 4/24/17.

## 第12章

1. Paul Ehrlich and Anne Ehrlich, *The Population Bomb* (1968).
2. https://blog-imfdirect.imf.org/2016/08/17/the-euro-area-workforce-is-aging-costing-growth/. Shekhar Aiyar, Christian Ebeke, and Xiaobo Shao, "The Euro Area Workforce is Aging, Costing Growth," 8/17/16.
3. http://www.nytimes.com/2015/01/07/opinion/an-aging-europes-decline.html?_r=0. Arthur C. Brooks, *An Aging Europe in Decline*," 1/6/15.
4. 同上。
5. 同上。
6. 同上。
7. http://www.cnbc.com/2017/07/06/elon-musk-the-worlds-population-is-accelerating-toward-collapse-and-nobody-cares.html. "Elon Musk: The world's population is accelerating toward collapse and nobody cares." 7/6/17.
8. http://www.economist.com/blogs/democracyinamerica/2017/04/not-going-gentle. "Not going gentle: Political polarisation has grown most among the old, so don't blame social media, argues a new study," 4/20/17.
9. "Elon Musk," 参见本章尾注7。
10. *CNS News*, Terence P. Jeffrey, 5/7/18.
11. *USA Today*, Adam Shell, 1/10/18.
12. *CNBC*, Jessica Dickler, 3/6/18.
13. *Wall Street Journal*, Heather Gillers, 5/8/18.
14. *CNS News*, Susan Jones, 5/7/18.

15. *BBC*, Laurence Peter, 4/23/18.
16. *USA Today*, Doyle Rice, 2/7/18.
17. *Bloomberg News*, Suzanne Woolley, 5/29/18.
18. *CBS News*, 5/29/18.
19. https://www.cbsnews.com/news/american-seniors-are-sicker-than-global-peers/. Steve Vernon, MoneyWatch 11/22/17, "American seniors are sicker than global peers."
20. http://www.foxbusiness.com/markets/2017/08/10/decreasing-life-expectancy-could-benefit-us-businesses.html. "Decreasing life expectancy could benefit US businesses," 8/10/17. https://www.bloomberg.com/news/articles/2017-08-08/americans-are-dying-younger-saving-corporations-billions. "Americans Are Dying Younger, Saving Corporations Billions: Life expectancy gains have stalled. The grim silver lining? Lower pension costs," John Tozzi, 8/8/17.
21. https://www.wsj.com/articles/why-are-states-so-strapped-for-cash-there-are-two-big-reasons-1522255521. "Why Are States So Strapped for Cash? There Are Two Big Reasons: *The proportion of state and local tax revenues dedicated to Medicaid and public pensions is the highest since the 1960s*," Cezary Podkul and Heather Gillers, 3/28/18.
22. http://www.who.int/mediacentre/news/releases/2016/health-inequalities-persist/en/.
23. http://www.bloomberg.com/news/articles/2016-08-11/more-old-than-young-a-population-plague-spreads-around-the-globe. Sunny Oh, "More Old Than Young: A Demographic Shock Sweeps the Globe," *Bloomberg*, 8/11/16.
24. https://www.cnbc.com/2018/03/06/42-percent-of-americans-are-at-risk-of-retiring-broke.html. "42% of Americans are at risk of retiring broke: Nearly half of Americans have less than $10,000 stashed away for retirement, according to a report by GoBankingRates," Jessica Dickler, *CNBC*, 3/6/18.
25. http://www.cbsnews.com/news/slashed-pensions-another-blow-for-heartland-workers/. "Another blow for heartland workers: Slashed pensions," Ed Leefeldt, *MoneyWatch*, 7/20/17.
26. https://www.theguardian.com/money/2016/jul/03/retirement-pensions-money. "Let's make retirement great again—by bringing back a pension system: As Americans look to build their future on 401k plans, they find themselves perched atop nest eggs that are far too small," Suzanne McGee, 7/3/16.
27. http://www.cnn.com/2016/06/22/opinions/pensions-a-financial-time-bomb-an-drew-scott/index.html. "What happens if we all live to 100?," Andrew Scott, 9/3/16.
28. http://papers.ssrn.com/sol3/papers.cfm?abstract_id=2800220 (posted 6/28/16). Anne Alstott, "Raising the Retirement Age, Fairly," Chapters 6 and 7 of *A New Deal for Old Age* (Harvard University Press, 2016), Yale Law School, *Public Law Research Paper No.*

*566*, 3/1/2016.

29. http://www.zerohedge.com/news/2017-04-01/moscow-and-beijing-join-forces-by-pass-us-dollar-global-markets-shift-gold-standard. "Moscow And Beijing Join Forces To Bypass US Dollar In Global Markets, Shift To Gold Trade," Tyler Durden, 4/2/17.

30. http://fortune.com/2015/09/08/germany-migrant-crisis/. Claire Groden, "Here's why Germany is welcoming migrants with open arms," 9/8/15.

31. http://www.bloomberg.com/news/articles/2016-08-18/aging-danes-hope-robots-will-save-their-welfare-state. Peter Levring, "Aging Danes Hope Robots Will Save Their Welfare State," 8/18/16.

32. "Japan's demography: The incredible shrinking country," 3/25/14. http://www.economist.com/blogs/banyan/2014/03/japans-demography. See also, http://www.japantimes.co.jp/news/2015/11/25/national/social-issues/public-pensions-health-care-stretch-japans-population-ages/.

33. "Japan's demography: The incredible shrinking country," 3/25/14, http://www.economist.com/blogs/banyan/2014/03/japans-demography.

34. http://www.latimes.com/world/asia/la-fg-japan-population-snap-story.html. "As Japan's population shrinks, bears and boars roam where schools and shrines once thrived," Julie Makinen, 7/10/16.

35. https://www.reuters.com/article/us-japan-ageing-robots-widerimage/aging-japan-robots-may-have-role-in-future-of-elder-care-idUSKBN1H33AB. "Aging Japan: Robots may have role in future of elder care," 3/27/18.

36. 同上。

37. https://www.theguardian.com/technology/2016/may/20/silicon-assassins-condemn-humans-life-useless-artificial-intelligence. "AI will create 'useless class' of human, predicts bestselling historian: Smarter artificial intelligence is one of 21st century's most dire threats, writes Yuval Noah Harari in follow-up to Sapiens." https://www.penguin.co.uk/ books/1111302/homo-deus/. See also: http://www.theguardian.com/books/2014/sep/11/sapiens-brief-history-humankind-yuval-noah-harari-review.

38. Juval Noah Harari, *Homo Deus: A Brief History of Tomorrow*, (2016).

39. http://www.breitbart.com/big-government/2016/05/09/cbo-nearly-1-6-young-men-u-s-jobless-incarcerated/. "CBO: Nearly 1 in 6 Young Men in U.S. Jobless or Incarcerated."

## 第13章

1. https://www.theguardian.com/technology/2016/jun/17/self-driving-trucks-impact-on-drivers-jobs-us.

https://www.theguardian.com/technology/2016/feb/13/artificial-intelligence-ai-unemployment-jobs-moshe-vardi.

2. http://www.marketwatch.com/story/hello-self-driving-cars-goodbye-41-million-jobs-2016-09-15, "Hello, self-driving cars, and goodbye to 4.1 million jobs?," Shawn Langlois, 9/17/16. See also, http://www.latimes.com/opinion/op-ed/la-oe-greenhouse-driverless-job-loss-20160922-snap-story.html, "Autonomous vehicles could cost America 5 million jobs. What should we do about it?," Steven Greenhouse, 9/22/16.

3. See various links at Bureau of Labor Statistics under truck, delivery, bus and taxi driver data.

4. http://www.cnet.com/uk/news/you-can-now-sign-up-to-take-a-driverless-car-for-a-spin-around-london/. https://www.theguardian.com/technology/2016/jul/02/elon-musk-self-driving-tesla-autopilot-joshua-brown-risks. https://www.theguardian.com/technology/2016/jul/01/bmw-intel-mobileye-develop-self-driving-cars.

5. http://www.nytimes.com/2016/05/07/business/fiat-chrysler-chief-sees-self-driving-technology-in-five-years.html?emc=edit_th_20160507&nl=todaysheadlines&nlid=60842176. http://www.cnet.com/roadshow/news/ubers-first-self-driving-car-takes-to-the-streets-of-pittsburgh/. https://next.ft.com/content/3af5aa62-33ac-11e6-ad39-3fee5f-fe5b5b. [Rolls Royce self driving "vision" car].

6. Julia Carrie Wong, "'We're just rentals': Uber drivers ask where they fit in a self-driving future," 8/19/16.

7. 同上。

8. http://www.sfchronicle.com/news/article/DMV-Humans-soon-no-longer-required-in-10993072.php. "State DMV backs allowing self-driving cars with no human on board," David R. Baker and Carolyn Said, 5/10/17. "Self-driving cars with no human behind the wheel—or, for that matter, any steering wheel at all—may soon appear on California's public roads, under regulations state officials proposed Friday." See also, https://www.yahoo.com/ news/self-driving-bus-no-back-driver-nears-california-031247012—finance.html. "Self-driving bus with no back-up driver nears California street," Reuters, 3/6/17.

9. https://apnews.com/b248a02690604d36b79719cc227d2ba3/Autonomous-cars-(no-human-backup)-may-hit-the-road-next-year, "Autonomous cars (no human backup) may hit the road next year," Tom Krisher and Dee-Ann Durbin, 6/8/17."

10. https://www.theguardian.com/business/2016/may/06/lyft-driverless-cars-uber-tax-is-us-roads-chevrolet-bolt. http://www.mirror.co.uk/tech/self-driving-robots-deliver-food-7647386.

11. http://bigstory.ap.org/article/81b31f2909c943b1a824a3ecb80fa40d/startup-wants-put-self-driving-big-rigs-us-highways.

12. As to fears that the AI driving systems on cars, trucks and busses could be hacked or remotely controlled for various reasons, including terrorist bombings or the spread of toxic and biological materials, consider: https://www.yahoo.com/tech/cia-mission-cars-shows-concern-next-generation-vehicles-035020504—finance.html. "CIA 'mission' on cars shows concern about next-generation vehicles," Alexandria Sage, Reuters, 3/8/17.

13. The CIA has good reason to be concerned since it has now been demonstrated that the super-secret spy and intelligence gathering agency is unable to protect its own systems against hacking and data theft. See, e.g., http://www.spiegel.de/international/world/wikileaks-data-dump-on-cia-spying-vault-7-a-1137740.html. "New WikiLeaks Revelations CIA Spies May Also Operate in Frankfurt." Michael Sontheimer, 3/7/17.

14. http://thehill.com/policy/defense/342659-top-us-general-warns-against-rogue-killer-robots. "Top US general warns against rogue killer robots," John Bowden, 7/18/17.

15. https://www.theguardian.com/commentisfree/2017/aug/22/killer-robots-international-arms-traders. "We can't ban killer robots—it's already too late: Telling international arms traders they can't make killer robots is like telling soft-drinks makers that they can't make orangeade," Philip Ball, 8/21/17. See also, http://www.foxnews.com/tech/2017/08/21/elon-musk-joins-other-experts-in-call-for-global-ban-on-killer-robots.html. "Elon Musk joins other experts in call for global ban on killer robots," 8/21/17. https://www.thesun.co.uk/ tech/4262775/scientists-create-terminator-style-immortal-robot-with-self-healing-flesh/. "Scientists create Terminator-style robot with self-healing 'flesh': In a terrifying new advance for machine-kind, robots are now able to heal themselves," Margi Murphy, 8/17/17. "https:// www.thesun.co.uk/news/2992038/human-troops-will-be-battling-terminator-style-killer-robots-within-10-years-experts-warn/. "Human troops could be battling 'Terminator-style' killer robots within 10 years, experts warn: Cyber warfare experts say death machines will soon be locked in mortal combat with soldiers," Mark Moore, 3/2/17.

16. https://www.aol.com/article/news/2017/03/08/stephen-hawking-warns-that-human-aggression-may-destroy-us-all/21876064/?ncid=txtlnkusaolp00000058&. "Stephen Hawking warns that human aggression 'may destroy us all,'" 3/8/17.

17. Margi Murphy, "Scientists create Terminator-style robot with self-healing 'flesh': In a terrifying new advance for machine-kind, robots are now able to heal themselves," 参见第4章尾注9。

18. *The Guardian*, Ian Sample, 11/13/17.

19. *The Guardian*, Daniel Boffey, 9/27/17.

20. *Wall Street Journal*, Paul Scharre, 4/11/18.

21. *Scout.com*, Kris Osborn, 11/25/17.

22. *Yahoo News*, 11/27/17.
23. *Military.com Daily News*, Martin Egnash, 4/8/18.
24. *Defense One*, Patrick Tucker, 10/10/17.
25. *Defense One*, Patrick Tucker, 11/8/17.
26. http://bgr.com/2017/11/08/ai-weapons-systems-military-destruction-apocalypse/. "When AI rules, one rogue programmer could end the human race," Mike Wehner, 11/8/17.
27. See, http://news.softpedia.com/news/Skynet-a-Real-Worry-US-Military-Researching-Robotic-Morality-441438.shtml. "Skynet a Real Worry, US Military Researching Robotic Morality," Sebastian Pop, 5/9/14.
28. http://www.techworld.com/social-media/sir-tim-berners-lee-lays-out-nightmare-scenario-where-ai-runs-world-economy-3657280/. "Sir Tim Berners-Lee lays out nightmare scenario where AI runs the financial world: The architect of the world wide web laid out a scenario where AI could become the new masters of the universe by creating and running multitudes of companies better and faster than humans," Scott Carey, 4/10/17.
29. http://www.bloomberg.com/news/articles/2016-06-08/wall-street-has-hit-peak-human-and-an-algorithm-wants-your-job. Hugh Son, 6/18/16.
30. 同上。
31. *Bloomberg News*, Niklas Magnusson & Hanna Hoikkala, 5/15/18.
32. *The Guardian*, 5/14/18.
33. *CNBC*, Abigail Hess, 11/8/17.
34. *Bloomberg News*, Tasneem Hanfi Brogger, 12/10/17.
35. *Bloomberg News*, Silla Brush, 11/1/17.
36. *Wall Street Journal*.
37. "Ford's factory robots make coffee and give fist bumps," Duncan Geere http://www.techradar.com/news/car-tech/ford-s-factory-robots-make-coffee-and-give-fist-bumps-1324925.
38. https://www.theguardian.com/technology/2017/jul/29/foxconn-china-apple-wisconsin-trump. "Foxconn's $10bn move to the US is not a reason to celebrate: The company doesn't have a great track record of keeping its job-creation promises, for one. Then there's the issue of worker conditions in China," Zoe Sullivan, 7/29/17.
39. *Associated Press*, Yuri Kageyama, 4/23/18.
40. *Digital Trends*, Dyllan Furness, 9/25/17.
41. *Bloomberg News*, Kyle Stock, 1/30/18.
42. *Daily Star UK*.
43. *The Guardian*, Finn Murphy, 11/17/17.
44. *Associated Press*, Colleen Barry & Charlene Pele, 4/2/18.

45. *The Guardian*, 1/22/18.
46. *Axios*, 12/20/17
47. *The Guardian*, Dominic Rushe, 1/13/18.
48. *Fox News*, Kathleen Joyce, 1/10/18.
49. *The Guardian*, Julia Carrie Wong, 8/16/17.
50. *Daily Mail UK*, Tracy You, 8/2/17.
51. *Bloomberg News*, Jing Cao, 11/6/17.
52. *The Guardian*, Dan Hernandez, 6/2/18
53. See, e.g., http://www.lawsitesblog.com/2016/12/10-important-legal-technology-developments-2016.html. Robert Ambrogi, 12/20/16, "The 10 Most Important Legal Technolo-gy Developments of 2016."
54. https://www.theguardian.com/commentisfree/2016/jul/07/middle-class-struggle-technology-overtaking-jobs-security-cost-of-living. Laura Donnelly, 7/27/16. http:// www.telegraph.co.uk/news/2016/07/27/robots-as-good-as-human-surgeons-study-finds/.
55. Nadya Sayej, "Robot Customer Service Will Dominate Travel in the Future," 8/4/16. http://motherboard.vice.com/read/future-of-travel-robots-chihira.
56. *Telegraph UK*, Henry Bodkin, 9/11/17.
57. *New York Post*, Lauren Tousignant, 8/31/17.
58. *South China Morning Post* [SCMP], 9/21/17.
59. *The Guardian*, Hannah Devlin, 5/21/18.
60. *Yahoo News*, AFP, 5/28/18.
61. *The Guardian*, Damien Gayle, 2/6/17.
62. http://money.cnn.com/2017/01/10/technology/jack-ma-trump-us-jobs-claim/index.html?iid=EL. "Alibaba's 1 million American jobs promise isn't realistic," Sherisse Pham, 1/11/17.
63. http://www.dailymail.co.uk/news/article-4754078/China-s-largest-smart-warehouse-manned-60-robots.html. "Wifi-equipped robots triple work efficiency at the warehouse of the world's largest online retailer: China's largest 'smart warehouse' is manned by 60 cutting-edge robots," Tracy You, 8/2/17.
64. https://www.nytimes.com/2018/04/01/technology/retailer-stores-automation-amazon.html. "Retailers Race Against Amazon to Automate Stores," Nick Wingfield, Paul Mozur and Michael Corkery, 4/1/18.
65. http://www.latimes.com/local/lanow/la-me-ln-anaheim-homeless-emergency-20170913-story.html. "Anaheim's emergency declaration sets stage for removal of homeless encampment," Anh Do, 9/14/17.
66. http://www.sfgate.com/news/article/Homeless-explosion-on-West-Coast-pushing-

cities-12334291.php. "Homelessness soars on West Coast as cities struggle to cope," Gillian Flaccus and Geoff Mulvihill, 11/6/17.
67. *The Guardian*, Alastair Gee, 12/5/17.
68. *The Guardian*, Andrew Gumbel, 3/16/18.
69. *Los Angeles Times*, Gale Holland, 4/11/18.
70. *Fox News*, Tori Richards, 2/26/18.
71. *Seattle Times*, Vernal Coleman, 12/30/17.
72. *East Bay Times*, Louis Hansen, 12/17/17.
73. *Fox News*, Travis Fedschun, 11/27/17.
74. *Fox News*, Tori Richards, 11/22/17.
75. *The Guardian*, Charlotte Simmonds, 12/12/17.
76. *San Francisco Chronicle*, Kevin Fagan and Alison Graham, 9/8/17.
77. *WNYC Report*, Mirela Iverac, 12/6/17
78. http://www.foxnews.com/politics/2017/11/22/homeless-people-defecating-on-la-streets-fuels-horror-hepatitis-outbreak-as-city-faulted.html. "Homeless people defecating on LA streets fuels horror hepatitis outbreak, as city faulted," Tori Richards, 11/22/17.
79. http://www.foxnews.com/us/2018/06/11/voluntarily-vagrant-homeless-youth-crusty-urban-challenge.html. "Voluntarily vagrant, homeless youth a 'crusty' urban challenge," Andrew O'Reilly, 6/11/18.
80. http://www.rawstory.com/2016/01/older-and-sicker-how-americas-homeless-population-has-changed/.
81. https://www.csoonline.com/article/3192519/security/cyber-infrastructure-too-big-to-fail-and-failing.html. "Cyber infrastructure: Too big to fail, and failing: The cyberse-curity industry isn't keeping up with cyber threats, the Atlantic Council's Joshua Corman told a Boston audience. And things are about to get even worse," Taylor Armerding, 4/26/17.
82. *Free Beacon*, Adam Kredo, 3/27/18.
83. https://www.domesticpreparedness.com/resilience/cascading-consequences-electrical-grid-critical-infrastructure-vulnerability/. "Cascading Consequences: Electrical Grid Critical Infrastructure Vulnerability," George H. Baker & Stephen Voland, 5/9/18.
84. https://www.eenews.net/stories/1060086303. "Coal plants' vulnerabilities are largely unknown to feds," Blake Sobczak, Energywire: 6/25/18.
85. *The Hill*, Morgan Chalfant, 5/31/18
86. https://www.theguardian.com/business/2018/nov/09/bank-of-england-stages-war-games-combat-cyber-attacks-data-breaches, Angela Monaghan, 11/9/18. "Bank of England stages day of war games to combat cyber-attacks: Spate of data breaches in financial sector prompts voluntary exercise to test resilience."

87. https://www.cnbc.com/2018/06/01/the-next-911-will-be-a-cyberattack-security-expert-warns.html. Natasha Turak, 6/1/18.
88. https://www.theguardian.com/technology/2018/feb/21/ai-security-threats-cybercrime-political-disruption-physical-attacks-report. Alex Hern, 2/21/18.
89. *The Guardian*, Alex Hern, 9/6/17.
90. https://www.infowars.com/black-sky-event-feds-preparing-for-widespread-power-outages-across-u-s/. "Black Sky Event": Feds Preparing For Widespread Power Outages Across U.S.: Experts gear up for catastrophe that would 'bring society to its knees,'" Paul Joseph Watson, 8/9/17.
91. https://www.theguardian.com/technology/2017/jun/13/industroyer-malware-virus-bring-down-power-networks-infrastructure-wannacry-ransomware-nhs. "'Industroyer' virus could bring down power networks, researchers warn: Discovery of new malware shows vulnerability of critical infrastructure, just months after the WannaCry ransomware took out NHS computers," Alex Hern, 6/13/17.
92. "Total Chaos": Cyber Attack Feared As Multiple Cities Hit With Simultaneous Power Grid Failures," Tyler Durden, 4/21/17.
93. https://www.yahoo.com/news/britain-apos-four-meals-away-060000661.html. "Britain 'four meals away from anarchy' if cyber attack takes out power grid," Ben Farmer, *The Telegraph*, 3/17/18.
94. See, e.g., http://www.foxnews.com/tech/2017/06/27/huge-ransomware-attack-hits-europe-sparks-mass-disruption.html. "Huge 'Petya' ransomware attack hits Europe, sparks mass disruption," James Rogers, 6/27/17.
95. http://www.businessinsider.com/warren-buffett-cybersecurity-berkshire-hatha-way-meeting-2017-5?utm_source=newsletter&utm_medium=email&utm_campaign=news-letter_axiosam. "Buffett: This is 'the number one problem with mankind,'" Akin Oyedele, 5/6/17.
96. https://www.wired.com/2010/12/ff-ai-flashtrading/. "Algorithms Take Control of Wall Street." Felix Salmon and Jon Stokes, 12/27/10.
97. Robert J. Kauffman, Yuzhou Hu & Dan Ma, "Will high-frequency trading practices transform the financial markets in the Asia Pacific Region?," *Financial Innovation* (2015) 1:4, DOI 10.1186/s40854-015-003-8.
98. https://www.nytimes.com/2018/01/12/business/ai-investing-humans-dominating.html. Conrad De Aenlle, *The New York Times*, 1/12/2018.
99. http://www.zerohedge.com/news/2017-04-21/total-chaos-cyber-at-tack-feared-multiple-cities-hit-simultaneous-power-grid-failures. "Total Chaos"—Cyber At-tack Feared As Multiple Cities Hit With Simultaneous Power Grid Failures," Tyler Durden, 4/21/17.

100. https://www.domesticpreparedness.com/resilience/cascading-consequences-electrical-grid-critical-infrastructure-vulnerability/. "Cascading Consequences: Electrical Grid Critical Infrastructure Vulnerability," George H. Baker and Stephen Voland, 5/9/18.

101. 同上。

102. https://www.nytimes.com/2018/08/14/us/puerto-rico-electricity-power.html. "Puerto Rico Spent 11 Months Turning the Power Back On." 8/14/18.

103. Baker and Voland, 参见本章尾注100。

104. http://dailycaller.com/2017/09/27/fbi-director-terrorist-drones-coming-here-imminently-video/. "FBI Director: Terrorist Drones 'Coming Here Imminently,'" Chuck Ross, 9/27/17.

105. http://www.defenseone.com/threats/2017/07/trumps-special-ops-pick-says-terror-drones-might-soon-reach-us-africa-how-worried-should-we-be/139642/?oref=d-topstory. "Trump's Special Ops Pick Says Terror Drones Might Soon Reach the US from Africa. How Worried Should We Be?," Caroline Houck, 7/21/17.

106. See, e.g., https://www.theguardian.com/world/2018/feb/20/north-korea-cyber-war-spying-study-fire-eye?utm_source=esp&utm_medium=Email&utm_campaign=GU+Today+USA+-+Collections+2017&utm_term=264822&subid=15825848&CMP=GT_US_collection. "Study reveals North Korean cyber-espionage has reached new heights: Spying unit is widening its operations into aerospace and defence industries, according to US security firm," David Taylor, 2/20/18.

107. https://www.theverge.com/2017/6/23/15860668/amazon-drone-delivery-patent-city-centers. "Amazon's vision for the future: delivery drone beehives in every city: Welcome to Amazontopia," James Vincent, 6/23/17.

108. http://www.fox5ny.com/news/company-plans-drone-to-carry-400-pound-payloads. "Company plans drone to carry 400 pound payloads," 4/2/18.

109. https://ca.news.yahoo.com/u-officials-warn-congress-risks-drones-seek-powers-101645306.html. "U.S. officials warn Congress on risks of drones, seek new powers," David Shepardson, Reuters, 6/6/18.

110. *Sun UK*, Patrick Knox, 7/21/17.

111. *The Guardian*, Alyssa Sims, 1/19/18.

112. *ABC News*, Geneva Sands, 11/9/17.

113. *Technology Review*, Jamie Condliffe, 1/10/17.

114. Shepardson, 参见本章尾注109。

115. See, e.g., https://www.thesun.co.uk/news/4072863/plague-disease-biological-weapon-terrorists-isis-spread-from-air/. "Terrorists could weaponise deadly plague disease by releasing it as a cloud above cities killing thousands, experts warn: Warning comes amid

fears imploding ISIS have been developing chemical and biological weapons," Patrick Knox, 7/21/17.

## 第14章

1. https://www.theguardian.com/business/2018/apr/07/global-inequality-tipping-point-2030. "Richest 1% on target to own two-thirds of all wealth by 2030: World leaders urged to act as anger over inequality reaches a 'tipping point,'" Michael Savage, 4/7/18.
2. http://globaleconomicanalysis.blogspot.com/2016/01/multiple-jobholders-artificially-boost.html. "Multiple Jobholders Artificially Boost 'Full-Time' Employment: Does the Sum of the Parts Equal the Whole?," 1/8/16. See also, http://www.adamtownsend.me/jobs-in-the-gig-economy/. "Are There Any Jobs in the Gig Economy?"
3. https://www.theguardian.com/sustainable-business/2017/may/04/we-need-to-track-more-than-gdp-to-understand-how-automation-is-transforming-work. "We need to track more than GDP to understand how automation is transforming work: *Governments and business don't have the right information to understand what the future of work really looks like*," Tim Dunlop, 5/4/17.
4. 同上。
5. http://taxprof.typepad.com/taxprof_blog/2018/07/outstanding-student-loan-debt-hits-15-trillion-women-hold-most-of-it.html. Paul Caron, 7/6/18.
6. http://www.theoccidentalobserver.net/2011/07/discrimination-against-whites-in-federal-employment/. Kevin MacDonald, "Discrimination against Whites in Fed-eral Employment," 7/14/11.
7. See, e.g., https://www.afp.com/en/news/2266/despairing-young-italians-seek-greener-pastures-abroad. "Despairing young Italians seek greener pastures abroad," 7/21/17.
8. https://www.yahoo.com/news/why-swiss-voted-no-guaranteed-basic-income-163626337.html?ref=gs. https://ca.news.yahoo.com/swiss-voters-decide-guaran-teed-monthly-income-plan-103534182—business.html. "Swiss reject free income plan after worker vs. robot debate," Silke Koltrowitz and Marina Depetris, Reuters, 6/5/16.
9. https://www.lmtonline.com/business/article/A-record-number-of-folks-age-85-and-older-are-13051373.php. Andrew Van Dam, *Washington Post*, 7/5/18.
10. https://www.imf.org/external/pubs/ft/wp/2016/wp16238.pdf. INF Working Paper, "The Impact of Workforce Aging on European Productivity," Shekhar Aiyar, Christian Ebeke and Xiaobo Shao, December 2016.
11. http://www.bloomberg.com/news/articles/2016-07-26/golden-years-redefined-as-older-americans-buck-trend-and-work. "A rising share of Americans is holding jobs into their

golden years, bucking the overall trend of people leaving the labor force that is concerning Federal Reserve policy makers trying to boost growth."

12. https://www.theguardian.com/business/us-money-blog/2016/jul/07/fix-us-jobs-report-gig-economy-unemployment-data. "How to fix the jobs report: stop responding to it like Pavlov's dog: *We can't trust the monthly employment data as the labor department often misses the mark and more Americans are working in the gig economy,*" Suzanne McGee, 7/7/16.

13. http://apps.npr.org/unfit-for-work/. Chana Joffe-Walt, "Unfit for Work: The startling rise of disability in America." "In other words, people on disability don't show up in any of the places we usually look to see how the economy is doing. ... *It's the story not only of an aging workforce, but also of a hidden, increasingly expensive safety net.*"

14. 同上。

15. http://www.zerohedge.com/news/2016-06-03/americans-not-labor-force-soar-record-947-million-surge-664000-one-month. https://www.theguardian.com/business/2016/jun/03/jobs-report-may-unemployment-rate-economy. "US economy adds paltry 38,000 jobs in May for weakest growth since 2010," Jana Kasperkevic, 6/3/16.

16. https://www.ushmm.org/information/exhibitions/online-exhibitions/special-fo-cus/nazi-persecution-of-the-disabled. United States Holocaust Museum, Nazi Persecution of the Diasabled."

17. http://www.zerohedge.com/news/2017-07-19/social-security-will-be-paying-out-more-it-receives-just-five-years. "*Social Security Will Be Paying Out More Than It Receives In Just Five Years,*" Tyler Durden, 7/19/17. (Authored by Mac Slavo via SHTFplan.com), "When social security was first implemented in the 1930s, America was a very different country. Especially in regards to demographics. The average life expectancy was roughly 18 years younger than it is now, and birth rates were a bit higher than they are now. By the 1950s, the fertility rate was twice as high as it is in the 21st century."

## 第15章

1. https://www.washingtonpost.com/news/the-switch/wp/2016/06/02/everything-you-think-you-know-about-ai-is-wrong/. Brian Fung, "Everything you think you know about AI is wrong," 6/2/16.

2. 同上。

3. Jeff Hawkins & Donna Dubinsky, "What is Machine Intelligence vs. Machine Learning vs. Deep Learning vs. Artificial Intelligence (AI)?," 1/11/16. http://numenta.com/blog/machine-intelligence-machine-learning-deep-learning-artificial-intelligence.html.

4. Richard Waters, "Investor rush to artificial intelligence is real deal," *Financial Times*, 1/4/15. http://www.ft.com/cms/s/2/019b3702-92a2-11e4-a1fd-00144feabdc0.html#ixzz3Nx-miiO3Q.
5. http://money.cnn.com/2016/02/22/technology/google-brain-artificial-intelligence-quoc-le/index.html?iid=EL. "AI can solve world's biggest problems: Google brain engineer." Sarah Ashley O'Brien, 2/22/16.
6. http://www.dailymail.co.uk/sciencetech/article-4382162/Scientists-create-AILEARNS-like-human-mind.html. "The birth of intelligent machines? Scientists create an artificial brain connection that learns like the human mind," Harry Pettit, 4/5/17.
7. Machine learning, deep learning and algorithms are explained in greater depth at the following source. https://deeplearning4j.org/neuralnet-overview.html.
8. "AI program gets really good at navigation by developing a brain-like GPS system: DeepMind's neural networks mimic the grid cells found in human brains that help us know where we are." *MIT Technology Review*, May 2018. Will Knight, May 9, 2018.
9. https://www.thesun.co.uk/tech/3306890/humanity-is-already-losing-control-of-artificial-intelligence-and-it-could-spell-disaster-for-our-species/. "Humanity is already losing control of artificial intelligence and it could spell disaster for our species: Researchers highlight the 'dark side' of AI and question whether humanity can ever truly understand its most advanced creations," Margi Murphy, 4/11/17.
10. http://theweek.com/articles/689359/how-humans-lose-control-artificial-intelli-gence. "How humans will lose control of artificial intelligence," 4/2/17.
11. 同上。
12. https://home.ohumanity.org/breaking-down-superintelligence-890e86c59564. "Breaking Down Superintelligence." This is a cogent analysis of Nick Bostrom's book, *Superintelligence: Paths, Dangers, Strategies*.
13. http://numenta.com/blog/machine-intelligence-machine-learning-deep-learning-artificial-intelligence.html. Jeff Hawkins & Donna Dubinsky, "What is Machine Intelligence vs. Machine Learning vs. Deep Learning vs. Artificial Intelligence (AI)?," 1/11/16.
14. https://www.wsj.com/articles/tiny-hard-drive-uses-single-atoms-to-store-data-1468854001. "Tiny Hard Drive Uses Single Atoms to Store Data: It packs hundreds of times more information per square inch than best currently available technologies, study says." Daniela Hernandez, 7/18/16.
15. For some interesting background on this issue, see: http://www.defenseone.com/technology/2017/09/can-us-military-re-invent-microchip-ai-era/141065/. "Can the US Military Re-Invent the Microchip for the AI Era?," Patrick Tucker, 9/17/17.
16. https://iq.intel.co.uk/exascale-supercomputer-race/. "Who's winning the race to build an exascale supercomputer?," *That Media Thing Writer*.

17. *New Scientist*, Mark Kim, 9/28/17.
18. *Technology Review*, Will Knight, 11/10/17.
19. *New Statesman*, Philip Ball, 12/17.
20. *Live Science*, Robert Coolman, 9/26/14.
21. *IBM Research*, Dario Gill.
22. *Engadget*, Andrew Tarantola, 2/23/18.

# 第16章

1. http://www.techworld.com/picture-gallery/big-data/9-tech-giants-investing-in-artificial-intelligence-3629737/. http://startuphook.com/tech/startups-leading-the-artificial-intelligence-revolution/918/. http://www.businessinsider.com/10-british-ai-companies-to-look-out-for-in-2016-2015-12?r=UK&IR=T.
2. https://www.ft.com/content/3d2c2f12-99e9-11e4-93c1-00144feabdc0, "Scientists and investors warn on AI: Greater focus needed on safety and social benefits, says open letter," Tim Bradshaw, 1/11/15.
3. 同上。
4. https://www.nbcnews.com/mach/technology/godlike-homo-deus-could-replace-humans-tech-evolves-n757971, "Godlike 'Homo Deus' Could Replace Humans as Tech Evolves: What happens when the twin worlds of biotechnology and artificial intelligence merge, allowing us to re-design our species to meet our whims and desires?," 5/31/17.
5. https://www.theguardian.com/technology/2017/feb/23/wikipedia-bot-editing-war-study. "Study reveals bot-on-bot editing wars raging on Wikipedia's pages," Ian Sample, 2/23/17.
6. https://www.theguardian.com/commentisfree/2017/jul/24/robots-ethics-shake-speare-austen-literature-classics. "We need robots to have morals. Could Shakespeare and Austen help? Using great literature to teach ethics to machines is a dangerous game. The classics are a moral minefield," John Mullan, 7/24/17.
7. https://www.theguardian.com/technology/2016/jun/12/nick-bostrom-artificial-intelligence-machine. "Artificial intelligence: 'We're like children playing with a bomb': Sentient machines are a greater threat to humanity than climate change, according to Oxford philosopher Nick Bostrom," Tim Adams, 6/12/16.
8. https://www.recode.net/2017/1/10/14226564/linkedin-ebay-founders-donate-20-million-artificial-intelligence-ai-reid-hoffman-pierre-omidyar, "LinkedIn's and eBay's founders are donating $20 million to protect us from artificial intelligence: It's part of a $27 million fund being managed by MIT and Harvard," April Glaser, 1/10/17. https://www.wired.com/2015/01/elon-musk-ai-safety/, Davey Alba, "Elon Musk Donates $10M to Keep AI

From Turning Evil," 1/15/15.

9. https://www.thesun.co.uk/news/techandscience/1287163/mark-zuckerberg-says-well-be-plugged-into-the-matrix-within-50-years/. "Mark Zuckerberg says we'll be plugged into 'The Matrix' within 50 years: Tech titan claims computers will soon be able to read our minds and beam our thoughts straight onto Facebook," Jasper Hamill.

10. For the interchange see, http://www.cnbc.com/2017/07/25/elon-musk-mark-zuckerberg-ai-knowledge-limited.html. Elon Musk: Facebook CEO Mark Zuckerberg's knowledge of A.I.'s future is 'limited,'" Arjun Kharpal, 7/25/7.http://www.cnbc.com/2017/07/24/mark-zuckerberg-elon-musks-doomsday-ai-predictions-are-irresponsible.html. "Facebook CEO Mark Zuckerberg: Elon Musk's doomsday AI predictions are 'pretty irresponsible,'" Catherine Clifford, 7/24/17.

11. https://www.cnbc.com/2017/09/21/head-of-google-a-i-slams-fear-mongering-about-the-future-of-a-i.html. "Head of A.I. at Google slams the kind of 'A.I. apocalypse' fear-mongering Elon Musk has been doing," Catherine Clifford, 9/21/17.

12. All this may sound like SciFi but really isn't. See, e.g., a recent report on a DARPA project. https://futurism.com/darpa-is-planning-to-hack-the-human-brain-to-let-us-upload-skills/. "DARPA Is Planning to Hack the Human Brain to Let Us 'Upload' Skills."

13. https://www.forbes.com/sites/gregsatell/2016/06/03/3-reasons-to-believe-the-singularity-is-near/#62471f817b39. "3 Reasons To Believe The Singularity Is Near," Greg Satell, 6/3/16.

14. https://www.technologyreview.com/s/528656/ray-kurzweil-says-hes-breathing-intelligence-into-google-search/. Tom Simonite, "Ray Kurzweil Says He's Breathing Intelligence into Google Search," *MIT Technology Review*, 6/26/14.

15. "Disrupters bring destruction and opportunity: FT Series: Who has been wreaking havoc on traditional business models in 2014," https://next.ft.com/content/b9677026-8b6d-11e4-ae73-00144feabdc0#slide0.

16. http://www.telegraph.co.uk/technology/2016/03/25/we-must-teach-ai-machines-to-play-nice-and-police-themselves/. "Microsoft's racist bot shows we must teach AI to play nice and police themselves," Madhumita Murgia, 3/29/16.

17. http://www.theguardian.com/technology/2016/mar/03/artificial-intelligence-hackers-security-autonomous-learning. "These engineers are developing artificially intelligent hackers: In a sign of the autonomous security of the future, a $2m contest wants teams to build a system that can exploit rivals' vulnerabilities while fixing its own," Olivia Solon, 3/3/16.

18. http://www.nytimes.com/2016/03/07/technology/taking-baby-steps-toward-soft-ware-that-reasons-like-humans.html?_r=0. "Taking Baby Steps Toward Software That Reasons Like

Humans," John Markoff, 3/6/16.
19. https://www.theguardian.com/books/2016/jun/15/the-age-of-em-work-love-and-life-when-robots-rule-the-earth-robin-hanson-review. "The Age of Em review—the horrific future when robots rule the Earth," Steven Poole, 6/15/16.
20. https://scout.com/military/warrior/Article/Army-Tests-New-Super-Soldier-Exoskeleton-111085386. "Army Tests New Super-Soldier Exoskeleton: The Army is testing an exoskeleton technology which uses AI to analyze and replicate individual walk patterns, provide additional torque, power and mobility," Kris Osborn, 11/25/17.
21. https://www.yahoo.com/news/artificial-muscles-superpower-robots-204049571.html. "Artificial muscles give 'superpower' to robots," 11/27/17.

## 第17章

1. http://fortune.com/2018/06/07/mit-psychopath-ai-norman/. "MIT Scientists Create 'Psychopath' AI Named Norman," *Fortune*, Carson Kessler, 6/7/18.
2. http://norman-ai.mit.edu/. "NORMAN: World's First Psychopath AI."
3. https://www.theguardian.com/science/2017/jul/19/give-robots-an-ethical-black-box-to-track-and-explain-decisions-say-scientists. "Give robots an 'ethical black box' to track and explain decisions, say scientists: As robots start to enter public spaces and work alongside humans, the need for safety measures has become more pressing, argue academics," Ian Sample, 7/19/17.
4. Although reports such as the following may well be overstated, the fact is that there is ongoing research into how to "join" humans with computerized capabilities through connections and implants. See, http://www.dailymail.co.uk/sciencetech/article-4683264/US-military-reveals-funding-Matrix-projects.html. "US military reveals $65m funding for 'Matrix' projects to plug human brains directly into a computer: System could be used to give soldiers 'supersenses' and boost brainpower," Mark Prigg, 7/10/17.
5. "Scientists are closer to creating a computer with emotions." Abigail Beall, Mailonline, 7/8/16.
6. https://www.livescience.com/62239-elon-musk-immortal-artificial-intelligence-dictator.html, Brandon Specktor, 4/6/18.

## 第18章

1. Michael S. Rosenwald, "Serious reading takes a hit from online scanning and skimming, researchers say," *Washington Post*, 4/6/14. http://www.washingtonpost.com/local/serious-

reading-takes-a-hit-from-online-scanning-and-skimming-researcherssay/2014/04/06/088028d2-b5d2-11e3-b899-20667de76985_story.html.

2. http://www.cnbc.com/2017/02/13/elon-musk-humans-merge-machines-cyborg-artificial-intelligence-robots.html. "Elon Musk: Humans must merge with machines or become irrelevant in AI age," Arjun Kharpal, 2/13/17.

3. Jacques Ellul, *The Technological Society* (Alfred A. Knopf 1964).

4. Rosenwald, "Serious reading takes a hit from online scanning and skimming, researchers say," See *North West Indiana Times*, Joseph S. Pete, 10/11/15.

5. http://miami.cbslocal.com/2017/03/03/doc-claims-too-much-screen-time-turns-kids-into-digital-junkies/. "Doc Claims Too Much Screen Time Turns Kids Into Digital Junkies," Lauren Pastrana, 3/3/17.

6. http://theweek.com/articles/677922/5-new-brain-disorders-that-born-digital-age. "5 new brain disorders that were born out of the digital age," Tammy Kennon, 2/28/17.

7. http://miami.cbslocal.com/2017/03/03/doc-claims-too-much-screen-time-turns-kids-into-digital-junkies/, 参见本章尾注 5。See also, https://www.theatlantic.com/magazine/archive/2017/09/has-the-smartphone-destroyed-a-generation/534198/. "Have Smartphones Destroyed a Generation?," Jean M. Twenge, *The Atlantic*, September 2017 Issue.

8. http://www.psychguides.com/guides/internet-and-computer-addiction-treatment-program-options/. "Internet and Computer Addiction Treatment Program Options."

9. http://www.psychguides.com/guides/computerinternet-addiction-symptoms-causes-and-effects/. Signs and Symptoms of Internet or Computer Addiction. "An Internet or computer addiction is the excessive use of the former or the latter. The latest edition of the *Diagnostic and Statistical Manual of Mental Disorders* (*DSM-V*) actually includes it as a disorder that needs further study and research."

10. http://www.virtualreality-news.net/news/2016/jun/28/can-virtual-reality-really-be-addictive/. "Feature: Can virtual reality really be addictive?," 6/28/16.

11. https://www.theguardian.com/society/2017/nov/30/more-than-half-of-american-children-set-to-be-obese-by-age-35-study-finds. "More than half of American children set to be obese by age 35, study finds: Harvard researchers predict 57% of children will grow up obese," Jessica Glenza, 11/30/17.

12. https://www.forbes.com/sites/reenitadas/2017/07/17/goodbye-loneliness-hello-sexbots-how-can-robots-transform-human-sex/2/#3b85a22962e3. "Goodbye Loneliness, Hello Sexbots! How Can Robots Transform Human Sex?," Reenita Das, 7/17/17.

13. http://www.wbur.org/onpoint/2015/10/06/fda-oxycontin-heroin-opioid-addiction-crisis. Tom Ashbrook, "American Opioid Addiction Keeps Growing: "American addiction. From prescription painkillers to heroin. The numbers are staggering. Why?," 10/6/15.

尾注

14. Henry David Thoreau, *Walden* (1854).
15. https://www.theguardian.com/technology/2016/dec/29/oculus-touch-control-future-vr. "Why the future of VR is all down to touch control: The new controllers from Oculus represent a glimpse of a virtual reality people can really lose themselves in," Samuel Gibbs, 12/29/16.
16. Robert Dahl, *Dilemmas of Pluralist Democracy: Autonomyvs. Control*, 44-45 (1982).
17. 同上。

## 第19章

1. See, e.g., https://www.theguardian.com/technology/2017/sep/26/tinder-person-al-data-dating-app-messages-hacked-sold. "I asked Tinder for my data. It sent me 800 pages of my deepest, darkest secrets: The dating app knows me better than I do, but these reams of intimate information are just the tip of the iceberg. What if my data is hacked—or sold?," Judith Duportail, 9/26/17.
2. http://www.mcclatchydc.com/news/nation-world/national/national-security/article166488597.html. "Is Alexa spying on us? We're too busy to care—and we might regret that," Tim Johnson, 8/10/17.
3. https://ca.news.yahoo.com/lebanese-tourist-referred-criminal-trial-insulting-egypt-facebook-190518538.html. "Lebanese tourist referred to criminal trial for insulting Egypt on Facebook," *Reuters*, 6/3/18.
4. See, e.g., the concerns voiced by a leading private sector AI executive. https://www.theguardian.com/technology/2017/mar/13/artificial-intelligence-ai-abuses-fascism-donald-trump. "Artificial intelligence is ripe for abuse, tech executive warns: 'a fascist's dream': Microsoft's Kate Crawford tells SXSW that society must prepare for authoritarian movements to test the 'power without accountability' of artificial intelligence," Olivia Solon, 3/13/17.
5. https://www.goethe.de/en/kul/ges/20440422.html. "Yvonne Hofstetter on Big Data "We Carry The Bugging Device Around With Us In Our Pockets,'" Judith Reker. "Yvonne Hofstetter is herself the managing director of a company that processes and evaluates huge amounts of data. In her book "Sie wissen alles" (They Know All) she calls for a better way of dealing with the digital revolution."
6. https://www.yahoo.com/news/top-experts-warn-against-malicious-ai-014639573.html. "Top experts warn against 'malicious use' of AI," Marlowe Hood, 2/20/18.
7. https://us.macmillan.com/noplacetohide/glenngreenwald/9781250062581/. Glenn Greenwald, *No Place to Hide: Edward Snowden, the NSA, and the U.S. Surveillance State*

(2014).

8. John Kampfner, "As in Russia, the terror threat has become the excuse to curtail our rights" 8/20/13, *The Guardian*, http://www.theguardian.com/commentisfree/2013/aug/20/russia-terror-excuse-curtail-rights.

9. https://www.telegraph.co.uk/news/2018/12/02/chief-mi6-calls-new-era-spying-using-ai-robots-combat-rogue/. "MI6 chief calls for new era of spying using AI and robots to combat rogue states," Robert Mendick and Dominic Nicholls, 12/2/18.

10. Kampfner, 参见本章尾注8。

11. https://www.yahoo.com/news/privacy-fears-over-artificial-intelligence-crimestopper-015326163.html. "Privacy fears over artificial intelligence as crimestopper," Rob Lever, 11/11/17.

12. http://www.bloomberg.com/view/articles/2016-07-08/freedom-is-receding-around-the-world. "Freedom Is Receding Around the World: By itself, Brexit isn't a big deal. But it symbolizes the decade-long weakening of the U.S.-led bloc that advanced liberal values," Noah Smith, 7/8/16.

13. http://www.mcclatchydc.com/news/nation-world/national/national-security/article212173259.html. "Big Tech firms march to the beat of Pentagon, CIA despite dissension," *McClatchy News*, Tim Johnson, 6/4/18.

14. Scott Moxley, "FBI Used Best Buy's Geek Squad To Increase Secret Public Surveillance," 3/8/17. http://www.ocweekly.com/news/fbi-used-best-buys-geek-squad-to-increase-secret-public-surveillance-7950030.

15. Kampfner, 参见本章尾注8。

16. https://www.axios.com/the-growing-antitrust-concerns-about-u-s-tech-giants-2433870013.html. Kim Hart, 6/15/17, https://www.wsj.com/articles/amazon-is-leading-techs-takeover-of-america-1497653164, "Amazon Is Leading Tech's Takeover of America: The tentacles of a handful of tech giants are reaching into industries no one ever expected them to, reshaping our world in their image," Christopher Mims, 6/16/17.

17. http://www.foxnews.com/opinion/2017/03/09/andrew-napolitano-spies-among-us-congress-has-created-monster-that-is-coming-for-us.html. "Spies among us—Congress has created a monster that is coming for us," Andrew P. Napolitano, 3/9/17.

18. *Daily Star UK*, Rachel O'Donoghue, 12/12/17.

19. *Forbes*, Thomas Fox-Brewster, 4/16/18.

20. *Loss Prevention Media*, Chris Trlica, 6/19/17.

21. *New York Times*, Nick Wingfield, 5/22/18.

22. *Physics News*, 8/27/17.

23. *Next Government*, Caitlin Fairchild, 2/20/18.

24. *Yahoo News,* Rob Lever, 11/11/17.
25. *Ars Technica,* Dan Goodin, 11/20/2017.
26. http://www.theverge.com/2016/11/3/13507126/iot-drone-hack. Thomas Ricker, "Watch a drone hack a room full of smart lightbulbs from outside the window," 11/3/16.
27. See, e.g., http://www.mcclatchydc.com/news/nation-world/national/national-secu-rity/article166488597.html. "Is Alexa spying on us? We're too busy to care—and we might regret that," Tim Johnson, 8/10/17.
28. https://www.theguardian.com/technology/2017/mar/08/wikileaks-cia-leak-apple-vault-7-documents. "Apple to 'rapidly address' any security holes as companies respond to CIA leak: Company says it already fixed many exploits described in 'Vault 7' documents released by WikiLeaks, as CIA and Trump administration refuse to comment." Alex Hern, 3/8/17. https://www.theguardian.com/world/2017/mar/08/fbi-james-comey-privacy-wikileaks-cia-hack-espionage. Julian Borger, 3/8/17.
29. Softbank has an enormous stake in Alibaba, although it has begun selling off a significant portion of its shares to raise new money. See, http://fortune.com/2016/06/03/soft-bank-alibaba-shares-sale/. "SoftBank Bulks Up Alibaba Deal by Selling $1.1 Billion More Shares," *Reuters,* 6/3/16.
30. https://www.theguardian.com/business/2016/jul/18/arm-holdings-to-be-sold-to-japans-softbank-for-234bn-reports-say. "ARM Holdings to be sold to Japan's SoftBank for £24bn: Chancellor says sale of country's most successful technology company shows 'Britain has lost none of its allure to international investors,'" Sean Farrell, 7/18/16.
31. https://www.newscientist.com/article/2094629-beware-the-brexit-bots-the-twitter-spam-out-to-swing-your-vote/. 6/21/16, "Beware the Brexit bots: The Twitter spam out to swing your vote," Chris Baraniuk.

## 第20章

1. We don't have far to look for examples. Spencer Ackerman, "NSA under renewed fire after report finds it violated its own privacy rules," 8/16/13. *The Guardian,* http://www.theguardian.com/world/2013/aug/16/nsa-violated-privacy-rules-audit.
2. Peter Drucker, *The New Realities* 76 (Harper & Row 1989).
3. https://www.theguardian.com/technology/2017/mar/11/tim-berners-lee-on-line-political-advertising-regulation. "Tim Berners-Lee calls for tighter regulation of online political advertising: Inventor of the worldwide web described in an open letter how it has become a sophisticated and targeted industry, drawing on huge pools of personal data," Olivia Solon, 3/11/17. See also, http://www.usatoday.com/story/tech/news/2017/03/11/world-wide-webs-

inventor-warns-s-peril/99005906/. "The World Wide Web's inventor warns it's in peril on 28th anniversary," Jon Swartz, *USA Today*, 3/11/17.

4. 同上。
5. 同上。
6. https://www.yahoo.com/news/sir-tim-berners-lee-launches-214716734.html, "Sir Tim Berners-Lee launches 'Magna Carta for the web' to save internet from abuse," Laurence Dodds, *The Telegraph*, 11/5/18.
7. 同上。
8. Philip Hensher, "The bigger a community gets, the easier and more virulent ano-nymity becomes," *The Guardian*, 8/23/13; http://www.theguardian.com/commentisfree/2013/aug/23/bigger-community-easier-virulent-anonymity.
9. https://www.theguardian.com/world/2017/nov/06/workplace-surveil-lance-big-brother-technology. "Big Brother isn't just watching: workplace surveillance can track your every move: Employers are using a range of technologies to monitor their staff's web-browsing patterns, keystrokes, social media posts and even private messaging apps," Olivia Solon, 11/6/17.

## 第21章

1. http://www.dailymail.co.uk/sciencetech/article-3613443/The-device-eavesdrops-voices-head-Mind-reaching-machine-soon-turn-secret-thoughts-speech.html. http://mashable.com/2016/05/19/perching-robot-bee/#Ohrhp7CxSgqX.
2. https://www.theguardian.com/technology/2017/jun/26/google-will-stop-scanning-content-of-personal-emails. "Google will stop scanning content of personal emails: Company did read emails in personal Gmail accounts to target users with tailored adverts but said it would stop," Alex Hern, 6/26/17.
3. Dan Gillmor, "Obama's NSA phone-record law ignores the other (big) data we're giving away: We are no longer merely creatures of metadata. We are now bystanders to the demise of privacy. Will anyone protect us?," 3/26/14, theguardian.com. http://www.theguardian.com/commentisfree/2014/mar/26/obama-nsa-phone-record-law-big-data-giving-away.
4. *Axios*, Steve LeVine.
5. *The Guardian*, Jonathan Freedland, 3/23/18.
6. https://www.theguardian.com/technology/2018/mar/11/tim-bern-ers-lee-tech-companies-regulations. "Tim Berners-Lee: we must regulate tech firms to pre-vent 'weaponised' web: The inventor of the world wide web warns over concentration of power among a few companies 'controlling which ideas are shared,'" Olivia Solon, 3/11/18.

7. *New York Post*, Kevin Carty, 2/3/18.
8. *The Verge*, Vlad Savov, 5/17/18.
9. *The Guardian*, Dylan Curran, 5/19/18.
10. https://www.bloomberg.com/news/articles/2017-11-13/top-tech-stocks-1-7-tril-lion-gain-eclipses-canada-s-economy. "World's Top Tech Giants Amass $1.7 Trillion in Mon-ster Year," Sofia Horta E Costa, 11/12/17.
11. https://www.bloomberg.com/news/articles/2018-02-21/the-rise-of-amazon-facebook-may-be-bad-news-for-the-economy. "The Rise of Tech Giants May Be Bad News for the Economy: The dominance of a few firms risks harming productivity and growth, study finds," Alessandro Speciale, 2/21/18.
12. Solon, 参见本章尾注6。
13. *Hollywood Reporter*, Paul Bond, 12/3/17.
14. *The Guardian*, Larry Elliott, 4/19/18.
15. *The Guardian*, Nick Srnicek, 8/30/17.
16. *Wall Street Journal*, Mark Epstein, 12/18/17.
17. *Bloomberg News*, Alessandro Speciale, 2/21/18.
18. *The Guardian*, Chris Hughes, 4/27/18.
19. *Fox News*, James Rogers, 3/30/18. [Or, it's not our fault if people use us to do bad things.]
20. *The Guardian*, John Naughton, 10/8/17.
21. Solon, 参见21章尾注9。
22. See, e.g., http://www.seattletimes.com/business/amazon-isnt-technically-dominant-but-it-pervades-our-lives/. "Amazon isn't technically dominant, but it pervades our lives," Anick Jesdanun, 7/19/17.
23. https://www.independent.co.uk/news/world/europe/facebook-goo-gle-too-big-french-president-emmanuel-macron-ai-artificial-intelligence-regulate-govern-a8283726.html. "Facebook and Google are becoming too big to be governed, French president Macron warns: 'At a point of time, your government, your people, may say, 'wake up'," Jane Dalton, 4/1/18.
24. *The Guardian*, Nicola Perrin and Danil Mikhailov, 11/3/17.
25. *Washington Post*, Michael Birnbaum, 5/12/18.
26. *The Hill*, Harper Neidig, 4/1/18.
27. *The Guardian*, 5/21/18.
28. *Yahoo News*, Rob Lever, 5/25/18.
29. *The Guardian*, Alex Hern, 4/19/18.
30. https://wjla.com/news/nation-world/does-the-government-have-an-antitrust-case-against-amazon-google-and-facebook, "Does the government have an antitrust case against Amazon,

Google and Facebook?," Leandra Bernstein, 9/10/18.

31. https://www.theringer.com/tech/2018/6/7/17436870/apple-amazon-google-face-book-break-up-monopoly-trump, "Monopoly Money: How to Break Up the Biggest Companies in Tech," Victor Luckerson, 6/7/18.

32. See e.g., http://www.businessinsider.com/peter-thiel-google-monopoly-2014-9; "Peter Thiel: Google Has Insane Perks Because It's A Monopoly," Drake Baer, 9/16/14. http://theweek.com/articles/693488/google-monopoly-crushing-internet, "Google is a monopoly—and it's crushing the internet," Ryan Cooper, 4/21/17.

33. http://www.nextgov.com/cloud-computing/2017/09/amazon-web-services-can-now-host-defense-departments-most-sensitive-data/140973/. "Amazon Web Services Can Now Host the Defense Department's Most Sensitive Data," Frank Konkel, 9/13/17.

34. http://observer.com/2016/08/tech-companies-apple-twitter-google-and-instagram-collude-to-defeat-trump/. Liz Crokin, "Tech Companies Apple, Twitter, Google, and Instagram Collude to Defeat Trump," 8/12/2016.

35. http://www.news.com.au/technology/online/social/leaked-document-reveals-facebook-conducted-research-to-target-emotionally-vulnerable-and-insecure-youth/news-sto-ry/d25 6f850be6b1c8a21aec6e32dae16fd. Nick Whigham, "Leaked document reveals Facebook conducted research to target emotionally vulnerable and insecure youth: A secret document shows in scary detail how Facebook can exploit the insecurities of teenagers using the platform."

36. http://www.cnbc.com/2016/05/27/mark-zuckerberg-is-dictator-of-facebook-nation-the-pirate-bay-founder.html. "Mark Zuckerberg is 'dictator' of Facebook 'nation': The Pirate Bay founder," Arjun Kharpal, 5/27/16.

37. http://www.thedailybeast.com/articles/2016/08/11/today-s-tech-oligarchs-are-worse-than-the-robber-barons.html. Joel Kotkin, "Today's Tech Oligarchs Are Worse Than the Robber Barons," 8/11/16.

38. https://www.theguardian.com/us-news/2017/sep/26/tech-industry-washington-google-amazon-apple-facebook. "'From heroes to villains': tech industry faces bipartisan backlash in Washington: In an effort uniting such disparate figures as Steve Bannon and Eliz-abeth Warren, leaders are calling for a clampdown on what some see as unchecked power," Sabrina Siddiqui, 9/26/17.

39. 同上。

40. http://www.politico.com/agenda/story/2017/09/17/open-markets-google-antitrust-barry-lynn-000523. "Inside the new battle against Google: Barry Lynn and his team think monopoly is the next great Democratic political cause. But what happens when they aim for the tech giants?," Danny Wink, 9/17/17. https://www.bloomberg.com/news/arti-

cles/2017-09-15/the-silicon-valley-backlash-is-heating-up. "The Silicon Valley Backlash is Heating Up," Eric Newcomer, 9/15/17.

41. https://www.theguardian.com/world/2017/aug/23/silicon-valley-big-data-extraction-amazon-whole-foods-facebook. "Silicon Valley siphons our data like oil. But the deepest drilling has just begun: Personal data is to the tech world what oil is to the fossil fuel industry. That's why companies like Amazon and Facebook plan to dig deeper than we ever imagined," Ben Tarnoff, 8/23/17.

42. http://www.telegraph.co.uk/technology/2017/11/11/eu-closes-google-prepares-second-antitrust-fine/. "EU closes in on Google as it prepares second antitrust fine," James Titcomb, 11/11/17.

43. https://www.theguardian.com/commentisfree/2017/aug/30/nationalise-google-facebook-amazon-data-monopoly-platform-public-interest. "We need to nationalise Google, Facebook and Amazon. Here's why," Nick Srnicek, 8/30/17.

44. http://www.independent.co.uk/life-style/gadgets-and-tech/news/google-my-activity-shows-everything-that-company-knows-about-its-users-and-there-s-a-lot-a7109256.html. https://www.theguardian.com/technology/2016/jun/29/facebook-privacy-secret-pro-file-exposed.

45. https://www.axios.com/artificial-intelligence-pioneer-calls-for-the-break-up-of-big-tech-2487483705.html. Steve LeVine, 9/21/17.

46. Tom Z. Spencer, "Police investigating reports of peeping drones spying inside NH homes," NH1.com, 7/30/16. http://www.nh1.com/news/police-investigating-reports-of-peep-ing-drones-spying-inside-nh-homes/.

47. http://www.nbcnews.com/tech/tech-news/biometric-scanning-use-grows-so-do-security-risks-n593161.

48. http://www.breitbart.com/london/2016/06/01/claim-corrupt-google-suppressing-eurosceptic-website-says-founder/.

49. http://www.telegraph.co.uk/news/2016/06/01/twitter-suspends-popular-an-ti-putin-parody-accounts/. http://www.theguardian.com/world/2016/jun/02/twitter-un-blocks-darthputinkgba-spoof-russia.

50. http://www.breitbart.com/tech/2016/05/18/facebook-censoring-content-critical-immigration/.http://www.independent.co.uk/voices/facebook-is-censoring-our-views-and-this-is-feeding-extremism-a7029251.html.https://www.washingtonpost.com/news/the-switch/wp/2016/03/28/mass-surveillance-silences-minority-opinions-according-to-study/.

51. 同上。

52. https://ca.news.yahoo.com/edward-snowden-warns-against-relying-092615819.html. Mary Pascaline, "Edward Snowden Warns Against Relying On Facebook For News,"

11/17/16.
53. http://fortune.com/2017/02/16/mark-zuckerberg-facebook-globalism/. "Mark Zuckerberg Warns Against Threats to Globalism and Says Facebook Is Here to Help," 2/17/17.
54. *The Guardian*, Alex Hern, 6/19/17.
55. *Technology Review*, Will Knight, 3/27/18.
56. https://www.theguardian.com/commentisfree/2017/jun/12/general-election-so-cial-media-facebook-twitter. "Facebook needs to be more open about its effect on democracy: Social media plays a huge role in elections. But while Twitter allows access to its data, Facebook's secrecy means the extent of its influence may never be known," John Gallacher and Monica Kaminska, 6/12/17.
57. See, e.g., http://www.cnbc.com/2017/06/26/mark-zuckerberg-compares-facebook-to-church-little-league.html. "Mark Zuckerberg: Facebook can play a role that churches and Little League once filled: Mark Zuckerberg wants Facebook groups to be as important to people's lives as their local, community-support groups. Facebook's AI software led to a 50% rise in people signing up for online groups. Zuckerberg praised the role played in society by Little League coaches and leader of local religious congregations," John Shinal, 6/26/17.
58. https://www.washingtonpost.com/technology/2018/10/11/face-book-purged-over-accounts-pages-pushing-political-messages-profit/?utm_ter-m=.260d701d6d9c, "Facebook purged over 800 U.S. accounts and pages for pushing political spam," Elizabeth Dwoskin and Tony Romm, 10/11/18.
59. https://www.wsj.com/articles/amazon-is-leading-techs-takeover-of-ameri-ca-1497653164. "Amazon Is Leading Tech's Takeover of America: The tentacles of a handful of tech giants are reaching into industries no one ever expected them to, reshaping our world in their image," Christopher Mims, 6/16/17.
60. https://pjmedia.com/trending/google-reveals-plans-to-monitor-our-moods-our-movements-and-our-childrens-behavior/. "Google Reveals Plans to Monitor Our Moods, Our Movements, and Our Children's Behavior at Home," Phil Baker, 11/24/18.
61. https://www.usatoday.com/story/tech/2018/08/28/facebook-employees-hint-con-servative-intolerance/1127988002/. "Facebook 'mobs' attack conservative views within com-pany, some employees say," Jessica Guynn, 8/28/18.
62. https://www.usatoday.com/story/opinion/2018/09/10/trump-google-you-tube-search-results-biased-against-republicans-conservatives-column/1248099002/. "Trump is right: More than Facebook & Twitter, Google threatens democracy, online freedom," Brad Parscale, 9/10/18.
63. Ewen MacAskill, "NSA paid millions to cover Prism compliance costs for tech com-

panies," *The Guardian*, 8/23/13, http://www.theguardian.com/world/2013/aug/23/nsa-prism-costs-tech-companies-paid.

64. Ackerman, "US should re-evaluate surveillance laws, ex-NSA chief acknowledges," 参见第21章尾注1。Brian Bergstein, "In this data-mining society, privacy advocates shudder," Seattle Post-Intelligencer, 1/2/04; Kim Zetter, "GAO: Fed Data Mining Extensive," Wired News, 5/27/04; "Large Volume of F.B.I. Files Alarms U.S. Activist Groups," NYT 7/18/05; John Markoff, "Marrying Maps to Data for a New Web Service," NYT 7/18/05; Jeremiah Marquez, "LAPD Recruits Computer to Stop Rogue Cops," 7/24/05.
65. *Forbes*, Thomas Fox-Brewster, 4/16/18.
66. Quartz/QZ.com, Hannah Kozlowska, 12/19/17.
67. *CNET*, Sean Hollister, 4/13/18.
68. *The Hill*, Ron Yokubaitis, 01/19/18.
69. *Daily Mail*, Tim Collins, Matt Leclere and Nicole Pierre, 3/1/18.

# 第22章

1. http://blogs.wsj.com/economics/2016/07/21/a-shrinking-world-spurs-calls-to-rewrite-the-tax-guidebook/. "A Shrinking World Spurs Calls to Rewrite the Tax Guidebook: The argument against taxing capital income relatively more than wages is losing its force," Adam Creighton, 7/21/16.
2. https://www.theguardian.com/world/2016/aug/06/two-resign-from-panama-papers-commission-over-publicity-of-report. "Stiglitz resigns from Panama Papers commission," 8/5/16.
3. https://www.wsj.com/articles/the-numberof-americans-caught-underpaying-sometaxes-surges-40-1502443801. "Number of Americans Caught Underpaying Some Taxes Surges 40%: People who pay taxes quarterly—such as gig workers, retirees and business own-ers—are getting their payments wrong," Laura Saunders, 8/11/17.
4. Eric Lipton and Julie Creswell, "Panama Papers Show How Rich United States Clients Hid Millions Abroad," 6/5/16. http://www.nytimes.com/2016/06/06/us/panama-papers.html?emc=edit_na_20160606&nlid=60842176&ref=headline&_r=0. "Federal law allows United States citizens to transfer money overseas, but these foreign holdings must be declared to the Treasury Department, and any taxes on capital gains, interest or dividends must be paid—just as if the money had been invested domestically. Federal officials estimate that the government loses between $40 billion and $70 billion a year in unpaid taxes on offshore holdings."
5. https://www.nytimes.com/2017/11/05/world/paradise-papers.html. "Millions of Leaked

Files Shine Light on Where the Elite Hide Their Money," Michael Forsythe, 11/5/17.

6. http://equitablegrowth.org/report/taxing-capital/. David Kamin, "Taxing Capital: Paths to a fairer and broader U.S. tax system," 8/10/16.
7. 同上。
8. 同上。
9. 同上。
10. http://www.heritage.org/taxes/report/the-laffer-curve-past-present-and-future. "The Laffer Curve: Past, Present, and Future," Arthur Laffer, The Heritage Foundation, June 1, 2004.
11. Arthur Laffer noted that the Laffer Curve is subject to limitations and qualifications. "Revenue responses to a tax rate change will depend upon the tax system in place, the time period being considered, the ease of movement into underground activities, the level of tax rates already in place, the prevalence of legal and accounting-driven tax loopholes, and the proclivities of the productive factors." Likewise, the effectiveness of any change in tax rates—such as a tax cut—depends upon the size, timing, and location of the change. 参见本章尾注10。
12. http://www.telegraph.co.uk/news/worldnews/europe/france/11844532/Actor-Gerard-Depardieu-to-sell-everything-in-France.html. "Actor Gérard Depardieu to 'sell everything' in France."
13. https://www.ft.com/content/19feb16a-1aaf-11e7-a266-12672483791a. "France's wealth tax riles and divides presidential candidates: Amid cries for tariffs on rich, critics say it drives entrepreneurs away," Harriet Agnew, 4/10/17.
14. https://papers.ssrn.com/sol3/papers.cfm?abstract_id=2912395. "Defending Worldwide Taxation with a Shareholder Based Definition of Corporate Residence," Brigham Young University Law Review, Vol. 2016, No. 6, 2017. Posted: 5 Mar 2017, J. Clifton Fleming Jr.
15. http://fortune.com/2016/12/19/apple-eu-tax-ireland/. "Ireland Says the EU Overstepped in Its $14 Billion Apple Tax Ruling," 12/19/16.
16. https://www.cnbc.com/2018/06/18/how-amazon-made-jeff-bezos-the-richest-man-alive-worth-141-billion.html.
17. http://www.bloomberg.com/news/articles/2016-08-22/bill-gates-s-net-worth-hits-record-high-of-90-billion-chart. Devon Pendleton, "Bill Gates's Net Worth Hits Record High of $90 Billion," 8/22/16.
18. https://www.socialeurope.eu/2017/05/getting-robots-pay-tax/. "Getting The Robots To Pay Tax," Vincenzo Visco, 5/2/17.
19. 同上。
20. 同上。

21. 同上。
22. http://clsbluesky.law.columbia.edu/2017/06/06/how-tax-policy-favors-robots-over-workers-and-what-to-do-about-it/, "How Tax Policy Favors Robots over Workers and What to Do About it," Ryan Abbott and Bret Bogenschneider, 6/6/17.
23. 同上。
24. 同上。
25. http://www.telegraph.co.uk/technology/2017/08/09/south-korea-introduces-worlds-first-robot-tax/. "South Korea introduces world's first 'robot tax,'" Cara McGoogan, 8/9/17.

## 第23章

1. https://www.theguardian.com/business/2016/nov/15/joseph-stiglitz-what-the-us-economy-needs-from-donald-trump. "Joseph Stiglitz: what the US economy needs from Donald Trump," Joseph Stiglitz, 11/15/16.
2. Paul Krugman, "Borrow-and-build spree is precisely what U.S. needs," *Plain Dealer*, 8/9/16, at p. A10.
3. http://www.marketwatch.com/story/productivity-declines-for-third-straight-quarter-2016-08-09. Greg Robb, 8/9/16, "Productivity declines for third straight quarter."
4. For an intriguing analysis, see: https://www.theguardian.com/commentisfree/ 2017/ jun/09/seven-years-of-pain-austerity-experiment-over-general-election. "After seven years of pain, the austerity experiment is over ," Larry Elliott, 6/9/17.
5. https://www.theguardian.com/business/2016/nov/15/joseph-stiglitz-what-the-us-economy-needs-from-donald-trump. Joseph Stiglitz, 11/15/16, "Joseph Stiglitz: what the US economy needs from Donald Trump."
6. https://www.theguardian.com/business/2018/oct/03/world-economy-at-risk-of-another-financial-crash-says-imf. "World economy at risk of another financial crash, says IMF: Debt is above 2008 level and failure to reform banking system could trigger crisis," Phillip Inman, 10/3/18.

## 第24章

1. http://fortune.com/2017/04/05/jobs-automation-artificial-intelligence-robotics/. "The Bright Side of Job-Killing Automation," Barb Darrow, 4/5/17.
2. Catherine Clifford, "Elon Musk: Robots will take your jobs, government will have to pay your wage," 11/4/2016.

http://www.cnbc.com/2016/11/04/elon-musk-robots-will-take-your-jobs-government-will-haveto-pay-your-wage.html.

3. 同上。
4. 同上。
5. Novelist Kurt Vonnegut, in "Harrison Bergeron," *The Magazine of Fantasy and Science Fiction* (October 1961), envisioned a society that rigidly enforced principles of perfect equality among its members—the strong were forced to wear heavy weights, the intelligent were required to medicate or wear distracting earbuds, the beautiful were disfigured, and so on.
6. *CNN Money*, Tami Luhby, 5/18/18.
7. *CBS MoneyWatch*, Aimee Picchi, 8/24/17.
8. *Pasadena Star*, Kevin Smith, 7/25/17.
9. *CNBC*, Emmie Martin, 3/15/18.
10. *Wall Street Journal*, Laura Sanders, 4/6/18.
11. *Washington Examiner*, Paul Bedard, 10/27/17.
12. *BBC*, Laurence Peter, 4/23/18.
13. http://freebeacon.com/issues/1-5-families-u-s-no-one-works/. "No One Works inIin5U.S. Families: In 2015, there were 16,060,000 families with no member employed," Ali Meyer, 4/22/16.
14. http://www.marketwatch.com/story/45-of-americans-pay-no-federal-income-tax- 2016-02-24.
15. Paul Vigna, "Bill Gross: What to Do After the Robots Take Our Jobs: Get ready for driverless trucks, universal basic income, and less independent central banks," 5/4/16. http://blogs.wsj.com/moneybeat/2016/05/04/bill-gross-what-to-do-after-the-robots-take-our-jobs/.
16. 同上。
17. https://ca.news.yahoo.com/swiss-voters-decide-guaranteed-monthly-in-come-plan-103534182—business.html.
18. See https://finance.yahoo.com/news/universal-basic-free-monthly-income-utopian-switzerland-silicon-valley-finland-canada-122210548.html. "Free income is a great idea— unfortunately, it sort of doesn't work," Melody Hahm, 6/7/16. Hahm writes: "in theory, the idea of having a fall-back income foundation sounds delightful. But what most advocates aren't getting specific about is where exactly this money would come from." See also, http:// forums.canadiancontent.net/news/153316-what-we-can-learn-finland. html. "What We Can Learn From Finland's Basic Income Experiment."
19. Other discussions of UBI include: https://www.theguardian.com/commentis-free/2017/mar/06/utopian-thinking-poverty-universal-basic-income. "Utopian thinking: the easy way

to eradicate poverty," Rutger Bregman, 3/6/17. http://www.pressherald. com/2017/03/05/to-panhandlers-program-may-offer-welcome-change-jobs/. "To Portland panhandlers, program may offer welcome change: Jobs," Randy Billings, 3/5/17.
20. https://www.bloomberg.com/news/articles/2017-08-21/people-start-hating-their-jobs-at-age-35. "People Start Hating Their Jobs at Age 35: The shiny newness of life in the workforce begins to wear off," Chris Stokel-Walker, 8/21/17. https://www.theguardian.com/us-news/2017/aug/21/missouri-fast-food-workers-better-pay-popeyes-economics. "Fran works six days a week in fast food, and yet she's homeless: 'It's economic slavery.'" Dominic Rushe and Tom Silverstone, 8/21/17.
21. http://money.cnn.com/2017/01/02/news/economy/finland-universal-basic-income/. "Finland is giving 2,000 citizens a guaranteed income," Ivana Kottasova, 1/3/17.
22. See, e.g., Robert Skidelsky, "A basic income could be the best way to tackle inequality," 6/23/16. https://www.theguardian.com/business/2016/jun/23/universal-basic-income-could-be-the-best-way-to-tackle-inequality.
23. 同上。
24. http://www.ibtimes.co.uk/alcoholism-epidemic-more-1-8-americans-are-now-alcoholics-1634315. "Alcoholism epidemic: More than 1 in 8 Americans are now alcoholics: Alcoholism has risen 49% in the US in just 11 years, national surveys find," Martha Henriques, 8/9/17.
25. Charles Murray, 6/3/16, http://www.wsj.com/articles/a-guaranteed-income-for-every-american-1464969586. "A Guaranteed Income for Every American."
26. 同上。
27. http://www.scholarsstrategynetwork.org/brief/why-us-federal-government-needs-guarantee-jobs-all-willing-workers. "Why the U.S. Federal Government Needs to Guarantee Jobs for All Willing Workers," Mark Paul, William Darity Jr., Darrick Hamilton.

## 第25章

1. Terence P. Jeffrey, "21,995,000 to 12,329,000: Government Employees Outnumber Manufacturing Employees 1.8 to 1," September 8, 2015. http://cnsnews.com/news/article/terence-p-jeffrey/21955000-12329000-government-employees-outnumber-manufacturing.
2. Charles S. Clark, "Even CBO Is Stumped on the Size of the Contractor Workforce," 3/12/15, http://www.govexec.com/contracting/2015/03/even-cbo-stumped-size-contractor-workforce/107436/.
3. http://blogs.wsj.com/economics/2014/11/07/the-federal-government-now-employs-the-

fewest-people-since-1966/.
4. http://www.zerohedge.com/news/2017-02-08/most-government-workers-could-be-replaced-robots-new-study-finds. "Most Government Workers Could Be Replaced By Robots, New Study Finds," Tyler Durden, 2/8/17.
5. 同上。
6. http://www.theoccidentalobserver.net/2011/07/discrimination-against-whites-in-federal-employment/. Kevin MacDonald, "Discrimination against Whites in Fed-eral Employment," 7/14/11.
7. http://www.epi.org/publication/bp339-public-sector-jobs-crisis/. David Cooper, Mary Gable and Algernon Austin, "The public-sector jobs crisis: Women and African Americans hit hardest by job losses in state and local governments," 5/2/12. Briefing Paper # 339.

## 第26章

1. http://www.dailymail.co.uk/news/article-4190322/Tech-billionaires-building-boltholes-New-Zealand.html. "Apocalypse island: Tech billionaires are building boltholes in New Zealand because they now fear social collapse or nuclear war. So what do they know that we don't?"Tom Leonard, Daily Mail, Feb. 3, 2017/2/3.
2. http://www.foxnews.com/us/2017/07/20/concealed-handgun-permits-surging-blacks-women-lead-growth.html. "Concealed handgun permits surging, blacks, women lead growth," 2017/7/20.
3. Yuval Noah Harari, *Homo Deus: A Brief History of Tomorrow* (2015); Nick Bostrom, *Superintelligence: Paths, Dangers, Strategies* (2014); James Barrat, *Our Final Invention: Artifi-cial Intelligence and the End of the Human Era* (2013).
4. http://www.dailymail.co.uk/sciencetech/article-3721365/Can-predict-turn-crime-Minority-Report-computers-soon-mark-children-likely-criminals.html. Paul McGorrery and Dawn Gilmore, "Can we predict who will turn to crime? 'Minority Report' comput-ers may soon mark out children as 'likely criminals,'" *The Conversation*, 8/9/16. This fear is not without foundation. See, e.g., http://www.foxnews.com/tech/2016/08/22/chicago-police-push-back-on-criticism-crime-prediction-system.html. Stephanie Mlot, "Chicago Police push back on criticism of crime-prediction system," 8/22/16.
5. http://www.sciencemag.org/news/2017/04/even-artificial-intelligence-can-acquire-biases-against-race-and-gender. "Even artificial intelligence can acquire biases against race and gender," Mathew Hutson, 4/13/17. https://www.theguardian.com/technology/2017/jul/16/how-can-we-stop-algorithms-telling-lies. "How can we stop algorithms telling lies? Algorithms can dictate whether you get a mortgage or how much you pay for insurance.

But sometimes they're wrong—and sometimes they are designed to deceive," Cathy O'Neil, 7/16/17.

6. https://www.theguardian.com/technology/2016/sep/08/artificial-intelligence-beauty-contest-doesnt-like-black-people, "A beauty contest was judged by AI and the robots didn't like dark skin," Sam Levin, 9/8/16.
7. https://arxiv.org/ftp/arxiv/papers/1607/1607.05402.pdf. See, "Web-based Teleoperation of a Humanoid Robot." The research paper on the ability to use the Internet to control others' devices remotely is found at the above link.
8. David Rotman, "How Technology Is Destroying Jobs," 6/12/13, *MIT Technology Review*magazineJuly/August2013, https://www.technologyreview.com/magazine/2013/07/.
9. https://www.bloomberg.com/enterprise/blog/weve-hit-peak-human-and-an-algorithm-wants-your-job-now-what/. "We've hit peak human and an algorithm wants your job.Now what?," Hugh Son, *Bloomberg Markets*, 6/8/16.
10. http://freebeacon.com/issues/1-5-families-u-s-no-one-works/. "No One Works in 1 in 5 U.S. Families: In 2015, there were 16,060,000 families with no member employed," Ali Meyer, April 22, 2016.
11. http://www.marketwatch.com/story/45-of-americans-pay-no-federal-income-tax-2016-02-24.
12. Who carries the US tax burden? http://www.marketwatch.com/story/45-of-americans-pay-no-federal-income-tax-2016-02-24. "45% of Americans pay no federal income tax:77.5 million households do not pay federal individual income tax," 4/18/16.
13. http://www. zerohedge. com/ news/2017 -04 -21/ total-chaos-cyber-at-tack-feared-multiple-cities-hit-simultaneous-power-grid-failures. ""Total Chaos"—Cyber Attack Feared As Multiple Cities Hit With Simultaneous Power Grid Failures," Tyler Durden, 4/21/17.
14. http://www.infowars.com/jpmorgan-chase-ceo-economic-crisis-inevitable/, "JP-Morgan Chase CEO: Economic Crisis Inevitable." Kit Daniels, Infowars.com, 4/11/15.

## 致谢

作者大卫谨对在本书撰写和完稿过程中给予帮助的各位人士表示衷心的感谢。

我的儿子丹尼尔·巴恩希泽是本书的合著者,除了就本书的结构、重点和内容与我进行交流,他还负责完成编辑工作,并对重要文本进行补充。苏·巴恩希泽不仅在精神方面持续提供支持,在编辑和学术内容方面也做出了重大贡献。乔舒亚·巴恩希泽经常为本书中所讨论的问题提供具有参考价值的观点。布赖恩·巴恩希泽提供了一系列与人工智能/机器人技术相关的文章。巴里·巴恩希泽分享了他丰富的商业经验,扩充了我们的见识,布雷特·巴恩希泽也贡献了他丰富多彩的商业经验,并强调中国在人工智能/机器人领域扮演着极为重要的角色。

除了上述人士之外,罗伯特、鲍勃和布赖森针对与本书相关的若干问题不断提出意见、批评和建议。我一生的朋友比尔·多南来自一家面向众多美国中西部公司的经验丰富的技术供应商。他提供的一些例子说明其客户将生产活动转向人工智能/机器人系统及减少人力投入的速度和规模。里奇·库珀经常就人工智能的发展提供一系列想法,蒂莫西·霍尔沃森也是如此，他推荐了各种读物，尤其是尤瓦尔·赫拉利的著作。罗伯特·巴斯克特是一家成功的人工智能咨询公司的所有者，他对量子计算技术研究的稳步发展提供了令人振奋的见解。马克·莫雷茨提供了一些建议，并向我介绍了麻省理工学院马克斯·泰格马克的工作成果。大卫·库珀是一名驻纽约的商业和技术顾问，他针对本书内容提供了实质性的概述和评论，对我们的未来提出了一个"实事求是且令人信服"的视角。我还要感谢来自Dixie旅社的朋友格雷格·尼科尔斯、罗恩·汉森和基思·索沃德，在本书撰写过程中，我经常与他们就本书的内容进行讨论。

最后，我必须向克拉里蒂（Clarity Press, Inc.）的戴安娜·科利尔表达我的钦佩之情，她在文体编辑方面做了细致而专业的工作，并提出了极具参考价值的实质性和结构性建议。

丹尼尔：与我的父亲大卫合作完成这个项目是一次绝佳的机会，他鼓励我挑战、质疑、探索这个世界及人类行为和决策所带来的影响。这是一本具有重要意义的书，它讲述了一个"可怕的"故事，描绘了我们正在为下一代建造什么样的世界，我很感激能为这个项目贡献一份力量。

# 作者简介

【大卫·巴恩希泽】

克利夫兰州立大学名誉法学教授。他以优异的成绩毕业于俄亥俄州立大学并获得了法学博士学位，就读哈佛大学期间曾担任福特基金会城市法律研究员和CLEPR临床教学研究员，毕业后获得法学硕士学位。他是《俄亥俄州法律杂志》的文章编辑，并在科罗拉多州的科罗拉多斯普林斯法律服务办公室以雷金纳德·希伯·史密斯社区律师的身份开始了自己的法律职业生涯。他曾担任伦敦大学高级法律研究所高级研究员、伦敦威斯敏斯特大学法学院客座教授，他在俄罗斯圣彼得堡与圣彼得堡州立大学的联合项目中教授人权和国际环境法课程，并在哈佛大学的学期间项目中提供诉讼辩护方面的指导。他曾担任自然资源保护委员会（NRDC）国际项目的高级顾问。他是地球峰会观察组织的高级研究员，也是国际捕虾行动网络（ISANET）的董事会成员。ISANET是一个国际性的非政府组织网络，由20多个参与发展中的国家环境、发展和海岸带管理的非政府组织组成。他是总部设在华盛顿特区的2000年国际委员会的执行董事，曾为多个环境和发展组织提供广泛的咨询服务。此类机构包括世界资源研究所、国际环境与发展研究所、联合国开发计划署、总统环境质量理事会、世界银行、联合国粮食及农业组织（FAO）、世界野生动物基金会、蒙古政府和全球变化中心。此外，他曾在绩效资本管理公司（Performance Capital Management）担任过9年的董事会成员，曾任高科技开发公司NanoLogix（一个从事替代性燃料开发与商业化运作的纳米生物技术公司，译者注）的总法律顾问，并为英国石油子公司苏维尼克斯太阳能系统（Sovonics Solar Systems）提供战略咨询服务。他还曾担任美国众议院能源和商业委员会预见能力研讨会的会务报告人，并与众多联邦机构共同开展项目工作。他撰写了五十多篇法律评论文章和书籍章节，并撰写和编辑了多部专著，包括《勇士律师》（*The Warrior Lawyer*，一本根据孙子兵法制定战略原则的著作）和武藏的《五环之书》（*A book of Five Rings*）。其他著作包括《可持续社会战略》（*Strategies for Snstainable Societies*）、《克利夫兰环境》（*Environment Cleveland*）、《革命的蓝调》（*The Blues of a Revolution*）、《保护人权的有效战略》（*Effective*

## 作者简介

*Strategies for Protecting Human Rights*）（两卷）及与丹尼尔·巴恩希泽合著的《伪善与神话：法治的隐藏秩序》（*Hypocrisy & Myth: The Hidden Order of the Rule of Law*）。

**【丹尼尔·巴恩希泽】**

美国密歇根州立大学法学院的学者。他以优异的成绩毕业于美国迈阿密大学并获得了学士学位，并担任斐陶斐（Phi Beta Kappa）荣誉学会的成员。他以优异的成绩从哈佛法学院获得法学博士学位，曾担任《哈佛环境法评论》的编辑。他的教学和写作领域包括税收、合同法和理论、保护法、比较法及与法治相关的法理学。他是合同和商业交易领域案例书籍的合著者。巴恩希泽教授是密歇根州立大学保护法项目的负责人，也是波兰比亚韦斯托克大学法学院 MSU 比较法与法理学研究所的负责人。他定期在波兰和立陶宛授课，并在中国广州的暨南大学法学院担任讲师。巴恩希泽教授曾就职于华盛顿特区的豪森律师事务所和凯威莱德国际律师事务所，在2001年来到密歇根州立大学之前，积累了丰富的商业经验。他曾担任美国联邦第三巡回上诉法院法官理查德·L.尼加德和美国联邦第六巡回上诉法院法官罗伯特·B.克鲁潘斯基的法官助理。

## 译者的话

随着人工智能技术的发展，人工智能已广泛应用到各行各业，推动着人类社会发生广泛而深刻的变革。然而，人工智能技术是把"双刃剑"，它也可能会给人类带来意想不到的后果。例如，人工智能技术的应用将改变产业结构和就业结构；人工智能将取代大量工作岗位，可能会引发大规模结构性失业。可以说，未来，人工智能的技能发展史就是人类的失业史。

人工智能的影响远不止如此，它将影响整个社会形态和人类生存。人类失去工作还能做什么？人类存在的意义何在？没有了就业，税收又从何而来？人工智能是否会导致两极分化，强者恒强，弱者更弱？同时，人工智能技术的普及应用，导致政治权力呈现"去中心化"趋势，非国家行为体的权力扩大，国家治理难度大幅增加，政治安全风险呈上升趋势。本书深入地讨论了人工智能的未来发展场景，并试着在一些可能的解决方案的基础上再进行分析。这种不断深入的分析方式，使我们的思考和认识能够跟随作者不断升华。

人工智能也可能带来诸多伦理道德问题。例如，人工智能是否拥有独立人格？人与人工智能的关系是什么？是否允许人工智能对人类进行改造？是否允许人工智能自我复制？2019年7月，马斯克宣布，已经找到了高效实现脑机接口的方法。马斯克旗下神经技术初创公司Neuralink用神经外科机器人将直径几微米的导线"缝"入脑部，外部与一种定制芯片连接，用于读取、清理和放大来自大脑的信号。目前该系统已经在老鼠身上的实验成功，并将进行人体试验。

智能机器人能否取代人类一直在科技界存在很大争议。但无论如何，人工智能技术本身不断发生着变革，总体朝着安全、易用、智能的方向发展，在某些领域已经显现了巨大的经济、社会潜能。人工智能对人类既有社会秩序和经济发展的影响越来越深远。人工智能对社会、经济、人口就业及全人类可能产生的深远影响令人警醒。

本书语言简明轻松、实例丰富，在当前人工智能成为社会热点问题的时代背景下，电子工业出版社对其进行译介，必将能够在业内引起广泛关注。

# 反侵权盗版声明

电子工业出版社依法对本作品享有专有出版权。任何未经权利人书面许可，复制、销售或通过信息网络传播本作品的行为，歪曲、篡改、剽窃本作品的行为，均违反《中华人民共和国著作权法》，其行为人应承担相应的民事责任和行政责任，构成犯罪的，将被依法追究刑事责任。

为了维护市场秩序，保护权利人的合法权益，我社将依法查处和打击侵权盗版的单位和个人。欢迎社会各界人士积极举报侵权盗版行为，本社将奖励举报有功人员，并保证举报人的信息不被泄露。

举报电话：（010）88254396；（010）88258888
传　　真：（010）88254397
E-mail：　dbqq@phei.com.cn
通信地址：北京市海淀区万寿路173信箱
　　　　　电子工业出版社总编办公室
邮　　编：100036